Alexander Lüdeke

DMAX

PANZER WELTWEIT

Motor
buch
Verlag

IMPRESSUM

Einbandgestaltung: Luis dos Santos (verwendete Fotos: © Sgt. Leon Cook, Sergij Popsuewitsch, © GFDL, © Paul Appleyard).

Bildnachweis: Sofern Bilder nicht gemeinfrei sind oder aus dem Archiv des Autors stammen, befinden sich die Bildquellen unter den jeweiligen Abbildungen; die Rechte an den Bildern verbleiben bei den Urhebern.

ISBN 978-3-613-03973-5

1. Auflage 2017

Lektorat: Martin Gollnick/Joachim Köster/Joachim Kuch
Innengestaltung: Sven Rauert
Projektkoordination DMAX: Laura Lamertz/Rolf Schlipköter
Druck und Bindung: Conzella Verlagsbuchbinderei Urban Meister GmbH & Co KG, 85609 Aschheim
Printed in Germany

PzKpfw V Panther. (Foto: Galen Parks Smith, © CC-BY-SA-3.0)

INHALT

VORWORT

Als am frühen Morgen des 15. September 1916 32 britische Mk I Tanks auf die deutschen Linien bei Flers-Courcelette zurollten, begann ein neues Kapitel der Kriegsgeschichte. Schon seit der Antike gab es die Idee eines gepanzerten Kampfwagens, der, immun gegenüber den Geschossen des Gegners, in dessen Reihen einbrechen und dort Verheerungen anrichten sollte. Doch erst die seit Mitte des 19. Jahrhunderts gemachten technischen Fortschritte ermöglichten es, diese Vorstellung auch Realität werden zu lassen. Bedingt durch die Notwendigkeit, das Patt des Grabenkriegs an der Westfront zu beenden, entstanden daher die ersten tatsächlich im Gefecht eingesetzten Kampfpanzer der Weltgeschichte. Und so groß Angst und Schrecken auch waren, die diese feuerspuckenden Ungeheuer vor nun knapp über 100 Jahren verbreiteten, so groß ist auch die Faszination, die seither von ihnen ausgeht. Riesige, stählerne Monster, scheinbar unverwundbar und durch nichts aufzuhalten – dieses Bild hat nichts von seiner Kraft verloren.

Nach ihrem Debüt während der Schlacht an der Somme im Jahre 1916 wurden Panzer bald zu einem wichtigen Bestandteil zahlreicher Streitkräfte. Weltweit entstand daher eine kaum überschaubare Vielzahl von gepanzerten Fahrzeugen – so viele, dass eine Gesamtdarstellung aller Typen den Umfang dieses Buches sprengen würde. Dieses Werk beschränkt sich daher, mit wenigen Ausnahmen, auf die wichtigsten und interessantesten Kampfpanzer. Selbstfahrlafetten, Schützenpanzer, Panzerwagen und andere Kampffahrzeuge müssen leider außen vor bleiben.

Dennoch hoffe ich, dass dieses Buch einen guten Überblick über die Vielfalt der Kampfpanzerentwicklung in den letzten 100 Jahren geben wird.

ALEXANDER LÜDEKE

Britischer Mark I und US-amerikanischer M1 Abrams.
(Fotos: Bundesarchiv 104-0754 © CC-BY-SA-3.0 und Mark Holloway, © CC-BY-2.0)

OF GLORY
34

DEUTSCHLAND

Während des Ersten Weltkrieges legten die kaiserlichen Streitkräfte keinen besonderen Wert auf die Entwicklung von Kampfwagen, sodass nur 20 Panzer des Typs A7V produziert wurden.

Obwohl der Vertrag von Versailles dem Deutschen Reich den Besitz von Panzern untersagte, wurden im Geheimen doch Planungen für die Konstruktion und den Einsatz solcher Fahrzeuge durchgeführte. Nach der Machtübernahme durch die Nationalsozialisten 1933 wurden diese alsbald in die Tat umgesetzt und innerhalb weniger Jahre entstand eine enorm schlagkräftige Panzertruppe. Obwohl die Panzer der Wehrmacht nicht unbedingt qualitativ überlegen waren, sicherten hervorragend ausgebildete Besatzungen und überlegene Taktik zunächst den Erfolg. Als Schock für die Panzertruppe entpuppte sich dann jedoch die Konfrontation mit den Typen T-34 und KW-1 beim Überfall auf die UdSSR. Der als Antwort auf den T-34 entwickelte Panther oder auch die schweren Typen Tiger I und Tiger II setzten zwar Maßstäbe im Panzerbau, litten aber unter Kinderkrankheiten oder mechanischen Problemen aufgrund ihrer Gewichtes. Zudem wurden sie in viel zu geringer Zahl gebaut. So entstanden rund 6000 Panther, 1355 Tiger I und 489 Tiger II. Dagegen wurden sowohl vom M4 Sherman als auch vom T-34 jeweils rund 50.000 Exemplare gefertigt.

Nach dem Zweiten Weltkrieg fand die deutsche Industrie rasch wieder Anschluss an die Spitze des Panzerbaus und entwickelte mit dem Leopard 1 und dem Leopard 2 zwei erstklassige Fahrzeuge, die zu den besten ihrer Art zählten und zählen. Obgleich der Entwurf des Leopard 2 mittlerweile über vier Jahrzehnte alt ist, gilt er aufgrund zahlreicher Kampfwertsteigerungen noch immer zu den besten Kampfpanzern weltweit.

Pzkpfw VI Tiger des Tankmuseums Bovington, Großbritannien. Der Tiger » 131« ist der einzige fahrbereite Tiger weltweit. (Foto: © Paul Appleyard)

131

DEUTSCHLAND

A7V SCHWERER STURMWAGEN

Obwohl noch an diversen Versuchskonstruktionen gearbeitet wurde, veranlasste das Kriegsministerium am 13. November 1916 die Konstruktion und den Bau von eigenen deutschen Panzerkampfwagen unter dem Decknamen A7V. Die Verantwortung oblag der Verkehrstechnischen Prüfungskommission in Zusammenarbeit mit der Gewehr- und der Artillerieprüfungskommission sowie elf Unternehmen der Industrie. Die Firma Holt-Caterpillar Company/Budapest kümmerte sich um die Herstellung der Gleisketten. Weil man mit der Antriebsanlage und den Gleisketten keinerlei Erfahrungen hatte, wurde von der österreichisch-ungarischen Heeresverwaltung ein Holt-Caterpillar-Traktor besorgt. Diesen ersetzte später ein anderer, modernerer Caterpillar aus Metz, der nach dem Kriegsleistungsgesetz ausgehoben und der Verkehrsprüfungskommission zur Verfügung gestellt wurde. Er bildete die Vorlage für das Fahrgestell. Am 16. Januar 1917 entstand vom A7V zunächst ein Holzmodell. Geplant war allerdings, dass zunächst nur zehn der 100 bestellten Fahrzeuge eine Panzerung erhalten sollten. Die Panzerplatten dafür mussten 30 mm stark sein, um die geforderte Sicherheit gegen Geschütztreffer zu gewährleisten. Um nicht zu schwer zu werden, erhielten die 20 serienmäßig produzierten Sturmwagen A7V nur vorn eine Panzerung dieser Stärke. Als Bewaffnung wurden 5,7-cm-Kanonen L/26,3 eingebaut, die aus belgischen Beständen erbeutet worden waren. Zwei 100-PS-Ottomotoren sorgten dafür, dass der 33t schwere A7V auf der Straße bis zu 15 km/h erreichte. Seine Besatzung bestand aus nicht weniger als 16 Mann.

Für den Munitionstransport, als Bergefahrzeuge und als Träger für je zwei 7,7-cm-Flak kamen 79 A7V als ungepanzerte Geländewagen zur Auslieferung. Ein weiterer ungepanzerter A7V diente ab September 1917 als Fahrschulwagen. Ende Oktober waren dann auch die ersten Kampfwagen einsatzbereit.

Die drei Sturmpanzer-Kraftwagen-Abteilungen erhielten jeweils fünf A7V, weitere fünf Wagen wurden als Reserve zurückgehalten. Eine zweite Serie von Kampfwagen dieses Typs sollten zwar eigentlich noch hergestellt werden, doch diese Pläne wurden nicht mehr verwirklicht. Stattdessen lief die Produktion entsprechend einer Anweisung, die schon vom 6. März 1918 herrührte, aus.

Ihre Feuertaufe erlebten die A7V. am 21. März 1918, als sie im Rahmen der Sturmpanzer-Kraftwagen-Abteilung Nr. 1 bei St. Quentin zum Einsatz kamen. Technisch konnten sie bei diesem ihrem ersten Kampfeinsatz allerdings nicht überzeugen, auch nicht hinsichtlich ihrer Geländegängigkeit. Ihre Panzerung, Bewaffnung und Ausrüstung hingegen erfüllten die an sie gesetzten Erwartungen. Trotz dieses durchwachsenen Resultates wurden die A7V.-Sturmwagen einige weitere Male eingesetzt, so z.B. bei Villers-Bretonneux und Amiens. Die zum Kriegsende noch verfügbaren Kampfwagen mussten an Polen abgegeben werden.

Nach der deutschen Frühjahrsoffensive 1918 den Alliierten in die Hände gefallener A.7.V. (Foto: © PD)

Das deutsche Kriegsministerium beschloss am 13. November 1916 den Bau von eigenen Panzerkampfwagen mit der Bezeichnung A.7.V. (Foto: SimonQ, © CC-BY-2.0)

Dieser verladene A.7.V. wird genauestens untersucht. (Foto: © PD)

Zwei 100-PS-Ottomotoren waren nötig, um den A.7.V. auf immerhin 15 km/h zu bringen. Bewaffnet war er mit einer 5,7-cm-Kanone L/26,3. (Foto: SimonQ, © CC-BY-2.0)

Ihren ersten Kampfeinsatz hatten die A.7.V.-Tanks am 21. März 1918 bei St. Quentin. Lediglich ihre Bewaffnung und ihre Panzerung erfüllten die in sie gesetzten Erwartungen. (Foto: SimonQ, © CC-BY-SA-2.0)

Pzkfpw I während des Polenfeldzugs.

PzKpfw I Ausf. B mit 100-PS-Maybach-Motor und zwei 7,92-mm-MG.
(Foto: © Seth Gaines)

Pz.Kpfw. I Ausf. A, bei einer Parade in der Vorkriegszeit. Eigentlich war dieses Fahrzeug nie als Kampfpanzer geplant und sollte lediglich der Ausbildung dienen.

PzKpfw I Ausf. C. Mit seinen beiden Vorgängern A und B hatte er kaum noch etwas gemein. (Abb.: © Vincent Bourguignon)

PANZERKAMPFWAGEN I

Die Ursprünge des Panzerkampfwagen I (PzKpfw. I) gehen auf das Jahr 1932 zurück, als die Reichswehrführung an Krupp den Auftrag zur Entwicklung eines Leichttraktors vergab, da das Deutsche Reich laut Versailler Vertrag keine Panzer bauen durfte. So trugen die ab Dezember 1933 gebauten Prototypen die Tarnbezeichnung »Landwirtschaftlicher Schlepper«. Im Sommer 1934 begann die Serienfertigung des ersten neuen Panzers, und obwohl schon bald eine verbesserte Version folgte, wurde diese ursprüngliche Version in 818 Exemplaren gebaut. Als Umbau aus vorhandenen Panzern entstanden zudem 51 Munitionsschlepper, einige wenige Flammpanzer, sowie 24 Flakpanzer mit 2-cm-Flak 38.

Schon bald stellte sich heraus, dass der 60 PS starke Krupp-Motor für den 5,4 t schweren Landwirtschaftlichen Schlepper I zu schwach war. Daher wurde ab August 1935 eine verbesserte Version mit einem 100-PS-Maybach-Motor gebaut, die aufgrund des größeren Motors eine um 40 cm verlängerte Wanne und ein um ein Laufrollenpaar verlängertes Laufwerk erhielt. Zudem lag das Leitrad nun nicht mehr am Boden. Der stärkere Motor erforderte auch Änderungen an Getriebe und Wannenbug. Die sonstige Ausstattung und Bewaffnung blieb jedoch unverändert. Das Gewicht des Zwei-Mann-Fahrzeugs betrug nun 6 t und die Höchstgeschwindigkeit lag bei 40 km/h. Die Bewaffnung bestand aus zwei 7,92-mm-MG und die Panzerung war bis zu 13 mm stark. Diese Version trug ab 1938 die Bezeichnung PzKpfw. I Ausf. B, während die erste Version als Ausf. A bezeichnet wurde. Insgesamt wurden bis Juni 1937 675 Ausf. B gebaut. Auf Basis der Ausf. B entstanden bis November 1938 weitere 164 Instandsetzungskraftwagen I ohne Aufbau. Auch als Ladungsleger, Minenräumer und Fahrschulpanzer wurde die Ausf. B eingesetzt.

Der PzKpfw. I war eigentlich nie als Kampfpanzer geplant, er sollte als rasch herzustellende Zwischenlösung vor allem zur Ausbildung eingesetzt werden. Da jedoch niemals genug Exemplare der leistungsfähigeren PzKpfw. III und IV produziert wurden, kamen PzKpfw. I noch 1941 beim Angriff auf die Sowjetunion und in Nordafrika zum Einsatz. 1943 erging die Anweisung, alle noch vorhandenen PzKpfw. I zu Munitionsschleppern umzubauen.

Im September 1939 erteilte das Heereswaffenamt den Auftrag zur Entwicklung eines leichten Aufklärungs- und Luftlandepanzers. Für das Fahrgestell des VK 601 (bzw. später PzKpfw. I Ausf. C) genannten Projektes zeichnete Krauss-Maffei, für den Turm Daimler-Benz verantwortlich. Außer der Bezeichnung hatte die Ausf. C jedoch kaum noch etwas mit den Ausf. A oder B gemein. Das Laufwerk bestand aus fünf großen Laufrädern in Schachtelanordnung, und ein Maybach-Motor HL45P mit 150 PS verlieh dem Sd.Kfz. 101 eine Geschwindigkeit von 65 km/h. Auch die Wanne wurde umgestaltet und stärker gepanzert. Der zweiköpfigen Besatzung stand eine 7,92-mm-EW 141 sowie ein 7,92-mm-MG im Drehturm zur Verfügung. Ab Juli 1942 wurden 40 Vorserienexemplare produziert, zu einem Serienbau kam es jedoch nicht. Zwei Fahrzeuge wurden in Russland erprobt, der Rest wurde in die Reserve des LVIII. Panzerkorps eingegliedert und ging 1944 in der Normandie verloren. Beim PzKpfw. I Ausf. D (VK 602) handelte es sich um eine in nur wenigen Exemplaren gebaute verbesserte Version der Ausf. C mit 180 PS und stärkerer Panzerung.

Die Ausf. F des PzKpfw. diente der Infanterieunterstützung. Nachdem Ende Dezember 1939 Krauss-Maffei den Auftrag zur Entwicklung eines entsprechenden Fahrzeuges (VK 1801) erhalten hatte, wurde im Juni 1940 der erste Prototyp vorgestellt. Eine Vorserie von 30 Stück entstand von April bis Dezember 1942. Das Laufwerk erinnerte an das der Ausf. C, verfügte aber über auf 54 cm verbreiterte Ketten, da die bis auf 80 mm verstärkte Panzerung das Gewicht auf 21.000 kg erhöhte. Die Bewaffnung bestand jedoch nur aus zwei MG im Turm, und auch die Geschwindigkeit betrug lediglich 25 km/h, da sich am 150 PS leistenden Maybach-Motor der Ausf. C nichts geändert hatte. Einige Fahrzeuge wurden ab 1943 bei der 1. und 12. Panzerdivision erprobt, bis August 1944 waren alle diese Panzer verloren gegangen.

DEUTSCHLAND

PANZERKAMPFWAGEN II

Ähnlich wie der PzKpfw. I war auch der PzKpfw. II als Zwischenlösung bis zum Erscheinen der geplanten Standard-Panzer III und IV gedacht. Krupp, Henschel und MAN entwickelten jeweils Vorschläge für einen 10-t-Panzer (aus Geheimhaltungsgründen »Landwirtschaftlicher Schlepper 100« genannt). Das Waffenamt entschied sich für das MAN-Modell, von dem Ende 1935 die ersten Einheiten ausgeliefert wurden. Die ersten 75 PzKpfw. II waren Vorserienmodelle. Im März 1937 erschien ein weiteres Vorserienmodell, die Ausf. c. Dieses besaß ein gegenüber den Vorgängermodellen verändertes Laufwerk, das bei den folgenden Serienversionen Ausf. A, B und C beibehalten wurde, die sich nur in Details unterschieden. Der Polenfeldzug zeigte, dass der PzdKpfw. II zu schwach gepanzert war, weshalb 1940 teils zusätzliche 20-mm-Platten im Frontbereich angebracht wurden. Von März 1937 bis April 1940 wurden insgesamt 1113 PzKpfw. der Ausf. c, A, B und C produziert. Damit war der PzKpfw. II zu Beginn des Zweiten Weltkrieges das Rückgrat der Panzerdivisionen und stellte noch zu Beginn des Frankreichfeldzuges gut die Hälfte aller verfügbaren Panzer. Die Ausf. C war mit einer 2-cm-Kanone bewaffnet, wog 8,9 t und erreichte mit einem 140-PS-Ottomotor 40 km/h. Die Panzerung betrug maximal 14,5 mm. MAN baute ab Mai 1938 die Ausf. D. Diese besaß zwar noch Turm und Bewaffnung der Ausf. A, B und C, alles andere war jedoch praktisch neu. Das Laufwerk bestand aus vier großen Laufrollen, die durch Torsionsstäbe gefedert wurden. Trotz gleichen Motors und eines auf 10 t gestiegenen Gewichtes erreichte diese Variante 55 km/h. Allerdings litt die Geländegängigkeit deutlich. Die Besatzung erhöhte sich auf vier Mann. Die Ausf. E unterschied sich nur in Details von der Ausf. D. Beide Ausführungen bewährten sich jedoch nicht. Insgesamt wurden 250 Panzer II der Ausf. D und E hergestellt.

Unter Verwendung der Fahrgestelle von PzKpfw. II Ausf. D und E entstanden ab Mai 1940 90 Flammpanzer. Diese »Flamingo« genannten Fahrzeuge besaßen zwei kleine Türme mit Flammenwerfern auf den Kettenabdeckungen sowie einen kleinen Turm mit einem 7,92-mm-MG. Es stand 320 l Flammöl zur Verfügung, das für bis zu 80 Feuerstöße ausreichte. Diese Flammpanzer sollten eng mit Infanterie zusammenwirken und wurden an der Ostfront eingesetzt, bewährten sich allerdings nicht. Die noch vorhandenen Flammpanzer II wurden Ende 1942 von der Front abgezogen und meist zu Marder II-Selbstfahrlafetten umgebaut, die mit erbeuteten sowjetischen 7,62-cm-Kanonen ausgerüstet waren.

Obwohl die Mängel des PzKpfw. II (zu leichte Bewaffnung und Panzerung) bereits deutlich zu Tage getreten waren, wurde im März 1941 die Version Ausf. F bei der Truppe eingeführt, von der 524 Stück gebaut wurden. Dieses Modell besaß neben diversen Detailverbesserungen eine modernere 2-cm-Kanone mit höherer Schussfolge und eine bis auf 35 mm verstärkte Panzerung. Die Ausf. F wurde meist als Aufklärungsfahrzeug verwendet. 1940 wurden für die geplante Invasion Großbritanniens 52 PzKpfw. II mit seitlichen Auftriebskörpern schwimmfähig gemacht, zudem gab es Munitionsschlepper und Pionierpanzer. Ab 1943 wurden alle noch vorhandenen PzKpfw. II aus den Fronteinheiten abgezogen. Auf Basis der Ausf. F entstand ab Anfang 1943 zudem die 10,5-cm-Panzerhaubitze Wespe.

Bereits seit 1939 arbeitete MAN daran, aus dem PzKfw. II ein gut geschütztes und mobiles Aufklärungsfahrzeug zu machen. Der Weg zum PzKfw. II neuer Art (n/A) lief dabei über verschiedene Versuchskonstruktionen. Die endgültige Form des PzKpfw. II n/A ging schließlich als Ausf. L Luchs in Serie. Jedoch gelangten nur 100 mit 2-cm-KwK 38 ausgerüstete Luchs bis Januar 1944 zur Truppe.

PzKpfw. II Ausf. D der 3. leichten Division. (Foto: © Grzegorz Jackowski)

Panzerkampfwagen II Ausf. B in Samur. Auch der Panzer II war eigentlich nur als Zwischenlösung gedacht.

PzKpfw II Ausf. B Leibstandarte. Zu Beginn des Zweiten Weltkrieges bestand fast die Hälfte der deutschen Panzer aus dem PzKpfw II. (Foto: Annlo, © PD)

PzKpfw. II Luchs im Museum von Saumur. (Foto: © Massimo Foti, Dezember 2010)

Der PzKpfw. II war bereits bei Kriegsbeginn eigentlich nur noch als Aufklärungsfahrzeug brauchbar, musste in Ermangelung einer Alternative jedoch bis 1941 als Kampfpanzer dienen. (Foto: © DWA)

PzKpfw. III Ausf.N des Pz.Rgt. der SS-Div.Totenkopf, Kursk (Russland), 1943.
(Abb.: © Grzegorz Jackowski)

PzKpfw. III Ausführung F einer unbekannten Einheit.

Dieser PzKfpw III Ausf. L war ab Juli 1942 beim 8. Panzer-Regiment der 15. Panzer-Division in Nordafrika im Einsatz und wurde im Zuge der Schlacht bei Alam Halfa (30.8 bis 06.09. 1942) durch britische Truppen erbeutet.

Von Briten erbeuteter PzKpfw III, 1942. (Foto: Imperial War Museum, © PD)

PANZERKAMPFWAGEN III

1936 lieferte Daimler-Benz, Sieger der Ausschreibung des Heereswaffenamts für den mittleren Standard-Panzer, die ersten zehn Exemplare des PzKpfw. III Ausf. A aus. Die ebenfalls nur in kleinen Stückzahlen (insgesamt 60) gebauten Ausf. B bis D besaßen alle ein Fahrwerk aus acht kleinen Laufrollen und unterschieden sich nur in Details. Aus logistischen Gründen wurde der PzKpfw. III mit einer 3,7-cm-KwK ausgerüstet, obschon führende Generäle wie Guderian eine 5-cm-Waffe bevorzugten.

Erstes Serienmodell des PzKpfw. III war die ab Ende 1938 gebaute Ausf. E. Neben einer auf bis zu 30 mm verstärkten Panzerung, einem stärkeren Otto-Motor mit 300 PS und einem neuen Vorwählgetriebe verfügte die Ausf. E auch über zweiteilige seitliche Turmeinstiegsöffnungen. Die 19,8 t schwere Ausf. E erreichte 40 km/h. Die Ausf. F unterschied sich nur in Details von der Ausf. E. Es entstanden 96 Panzer III der Ausf. E und 435 der Auf. F. Die letzten 100 Exemplare der Ausf. F erhielten eine 5-cm-KwK L/42 und führten nur noch ein MG im Turm.

Im Oktober 1940 erschien die Ausf. H, die mit zahlreichen Neuerungen ausgerüstet war. Neben einem neu gestalteten Turm mit Gepäckkasten am Heck (Rommelkiste) besaß dieses Modell eine 30 mm starke Zusatzpanzerung im Frontbereich. Aufgrund des gestiegenen Gewichts (21,8 t) wurde die Breite der Gleisketten von 360 mm auf 400 mm erhöht, um den Bodendruck zu verringern, sowie die Torsionsstäbe verstärkt. Die Bewaffnung bestand zunächst aus der 5-cm-KwK L/42, ab 1942 wurde auf die leistungsstärkere 5-cm-KwK L/60 umgerüstet. Im Sommer und Herbst 1940 wurden 168 PzKpfw. III der Ausf. F, G und H für die geplante, aber nie durchgeführte Invasion Großbritanniens tauchfähig gemacht. Stattdessen kamen diese Fahrzeuge beim Überfall auf die UdSSR zum Einsatz. Die 1940/41 in 600 Exemplaren gebaute Ausf. G wies gegenüber dem Modell F nur geringfügige Änderungen auf, erhielt aber durchgängig die 5-cm-KwK L/42. Diese Variante wurde erstmals im April 1941 auf dem Balkan verwendet und kam danach auch in Nordafrika und Russland zum Einsatz. Die Ausf. J wurde ab März 1941 produziert und trug zunächst noch die kurze 5-cm-KwK. Der Schutz war durch eine bis zu 50 mm starke Panzerung weiter angehoben worden. Ab Dezember 1941 kam aufgrund der Kampferfahrungen an der Ostfront die wirkungsvollere 5-cm-KwK 39 L/60 zum Einbau, mit der erstmals auch der T-34 bekämpft werden konnte. Ab April 1942 wurde eine 20 mm starke Schottpanzerung vor der Fahrer- und Turmfront angebracht, die auch bei der Ausf. L beibehalten wurde. Die Ausf. L unterschied sich nur in Details sowie einer erneut verstärkten Panzerung von der Ausf. J.

Ab Oktober 1942 begann die Herstellung der Ausf. M, welche die maximale Furttiefe auf 1,3 m anhob. Im Verlauf der Serienfertigung kamen 5 mm starke Schürzen an den Turm- und Wannenseiten hinzu, zum Schutz gegen Panzerbüchsen- und Hohlladungsgeschosse. Von Februar bis April 1943 rüstete Wegmann 100 Panzer III Ausf. M zu Flammpanzern um. Dazu wurde die 5-cm-KwK durch ein Flammrohr mit Schutzhülle ersetzt. Das koaxiale MG blieb erhalten. Im Wagen wurden in zwei Tanks 1000 l Flammöl mitgeführt, die für rund 125 Feuerstöße reichten. Die maximale Reichweite der Feuerstöße betrug 60 m. Die Bugpanzerung wurde mit einer zusätzlichen 30-mm-Platte verstärkt.

Die letzte Variante des PzKpfw. III, die Ausf. N, wurde ab Juni 1942 produziert. Die Bewaffnung bestand nun aus einer kurzen 7,5-cm-KwK L/24 im Turm. Im August 1943 endete die PzKpfw.-III-Produktion nach rund 5700 Exemplaren aller Versionen, darunter auch einer ganzen Reihe von Befehlswagen. PzKpfw. III wurden nach Mitte 1943 oft zu Beobachtungs-, Pionier-, Berge- und Munitionstransportpanzern umgerüstet.

Zur Zeit seines Erscheinens war der PzKpfw. III sicher einer der technisch modernsten Entwürfe weltweit. Die durchgängige Ausstattung mit Funkgeräten und der Drei-Mann-Turm, der es dem Kommandanten erlaubte, sich auf die Führung des Fahrzeugs zu konzentrieren, verschafftem ihm einen erheblichen taktischen Vorteil. Auch das Torsionsstabfahrwerk war richtungsweisend. Allerdings litt das Muster unter einer zu geringen Panzerung und einer für ein Fahrzeug seiner Größe zu schwachen Bewaffnung. Spätestens mit dem Auftauchen des T-34 war der PzKpfw. III obsolet, da er nicht in der Lage war, eine Waffe wie die lange 7,5-cm-KwK L/48 aufzunehmen. Für die Güte seines Fahrgestells spricht jedoch, dass es bis Kriegsende als Basis des StuG III in der Fertigung blieb.

DEUTSCHLAND

PANZERKAMPFWAGEN IV

Ursprünglich war der PzKpfw. IV als schweres Unterstützungsfahrzeug gedacht, im Laufe des Krieges entwickelte er sich jedoch zum Rückgrat der Panzertruppe. Seine Konstruktion begann 1934 noch unter der Bezeichnung Bataillonsführerwagen bei Krupp. Die ersten 35 Exemplare der Ausf. A mit 7,5-cm-Kwk 37 L/24, zwei MG und einer Panzerung von 14,5 mm rundum wurden bis 1938 von Krupp ausgeliefert. Die Ausf. B wog 18,5 t und besaß eine auf 30 mm verstärkte Panzerung im Frontbereich von Wanne und Turm. Allerdings fehlte der Ausf. B das Kugelblenden-MG in der Fahrerfront. Ein stärkerer Motor mit 300 PS sowie ein neues Getriebe erhöhten die Geschwindigkeit von 32 auf 42 km/h. Eine neu entwickelte Kommandantenkuppel erlaubte eine bessere Rundumsicht, und das Tankvolumen stieg auf 470 Liter an. Insgesamt 42 Panzer IV Ausf. B verließen zwischen September 1938 und Oktober 1938 die Krupp-Werkshallen.

Die Ausf. C wurde von September 1938 bis August 1939 gefertigt und war die erste in großen Stückzahlen (134) gebaute Version des Panzer IV. Hauptneuerung waren ein Notausstieg im Wannenboden sowie der Maybach HL 120 TRM-Motor, der sämtliche weitere Varianten antreiben sollte. Ab September 1939 begann der Bau der Ausf. D mit verstärkter Panzerung an Wannenseiten und Heck. Zudem wurde die Blende der KwK nun außerhalb des Turmes verlegt, verstärkt und mit einer Panzerung für das koaxiale MG versehen. Die Panzerplatte vor dem Funker erhielt wieder eine Kugelblende mit einem MG 34. Bis August 1940 wurden insgesamt 250 PzKpfw. IV Ausf. D gebaut, die oft eine 20 mm starke Zusatzpanzerung vor der Fahrerfront erhielten. Auf Basis der Ausf. C und D entstanden zudem in geringer Zahl Brückenleger, Tauchpanzer und Munitionsschlepper für den 60-cm-Mörser Karl. Bis zur Ausf. F2 kam es nur noch zu Detailänderungen am Panzer IV, insbesondere einer verstärkten Panzerung. So verfügte die ab April 1941 gebaute Ausführung F (später F1 genannt) über 50 mm starke Frontplatten an Bug und Turm. Zudem wurde beim Modell F1 wieder eine gerade, durchgehende Fahrerfront eingeführt. Insgesamt entstanden 437 Ausf. F1.

Die Leistung des mit der 7,5-cm-KwK L/24 ausgerüsteten PzKpfw. IV erwies sich bei der Begegnung mit T-34 und KW-1 als unzureichend. Ab März 1942 wurde daher die laufende Serie (Ausf. F) mit der langen 7,5-cm-KwK 40 L/43 ausgerüstet, die dann die Bezeichnung Ausf. F2 erhielt. Falls möglich, wurden auch frühe Fahrzeuge der Ausf. F1 mit der leistungsstärkeren Waffe nachgerüstet. Bereits im Mai 1942 folgte die Ausf. G, bei der die 50 mm starke Frontpanzerung mit zusätzlichen 30 mm starken Panzerplatten versehen sowie die Wannenseiten besser gepanzert wurden. Zudem erhielt die KwK eine neue Mündungsbremse. Im Laufe der Produktion wurden 5 mm starke Seiten- und 8 mm starke Turmschürzen, Nebelwurfbecher und die Option für die sogenannte Ostkette eingeführt. Bei den letzten 412 Panzern der bis Juni 1943 gebauten Ausf. G kam bereits die längere Kwk 40 L/48 zum Einbau. Insgesamt entstanden rund 1700 Panzer IV der Ausf. G.

Die Ausf. H (ab Mai 1943) erhielt ein stärker gepanzertes Turmdach (bis 25 mm) und eine durchgehende Frontpanzerung von 80 mm Stärke. Schürzen und die Option, breitere Ost-Ketten für den Einsatz in Schnee und Schlamm aufzuziehen, wurden zum Standard. Ab September 1943 erhielten die Panzer eine Zimmerit-Schicht, und auf der Kommandantenkuppel konnte ein Fla-MG befestigt werden. Das Gewicht dieser Version betrug nun 25 t und die Höchstgeschwindigkeit war auf 38 km/h gesunken. Bei der Ausf. J (April 1944 bis Kriegsende) entfiel das elektrische Turmschwenkwerk. Dafür erhielten die Fahrzeuge einen zusätzlichen Treibstofftank, der Fahrbereich stieg so auf 260 km. Ab September 1944 wurden aus Gewichtsgründen oft Schürzen aus Drahtgeflecht (Thoma-Schilde) angebracht. Die Ausf. H und J waren mit 3774 und 1758 Exemplaren (inklusive Befehls-, Beobachtungs- und Bergepanzer) die beiden meistgebauten Varianten des Panzer IV. Mit über 8500 gebauten Kampffahrzeugen aller Versionen war der Panzer IV der meist gebaute Panzer der Wehrmacht.

Pzkpfw. IV Ausf. D in den Farben des Afrika Korps, Aberdeen Proving Ground. (Foto: Greg Goebel, © PD)

PzKfpw IV Ausf. J: ohne elektrisches Turmschwenkwerk, dafür mit zusätzlichem Treibstofftank. (Foto: Alf van Beem, © PD)

Die Ausf. F1 erhielt eine auf 50 mm verstärkte Frontpamzerung und besaß daher die neue Fahrersehklappe 50 sowie die Kugelblende 50 für das Bug-MG.

1944 in der Normandie erbeuteter PzKpfw IV. Kein anderer deutscher Kampfpanzer wurde im Zweiten Weltkrieg öfters gebaut. (Foto: Imperial War Museum, © PD)

Werksaufnahme eines PzKpfw. 38 (t) Ausf. G.

Bei diesem in einer Kaserne aufgenommenen PzKpfw. 38 (t) fällt die fehlende MG-Bewaffnung ins Auge. Die genietete Panzerung ist gut zu erkennen.

Der Panzer 38 (t) war sehr zuverlässig und besser als die deutschen PzKpfw I und II, weshalb er in den ersten Kriegsjahren in hoher Zahl bei der Wehrmacht zum Einsatz kam. (Foto: 270862, © CC-BY-ND-2.0)

Der PzKpfw. 35 (t) galt als dem Panzer II der Wehrmacht mindestens ebenbürtig.

PANZER 35(T) / 38(T)

Der LT35 war eine Konstruktion der Škoda-Werke und wurde 1936 von den tschechoslowakischen Streitkräften eingeführt. Nach der Annektierung der Tschechoslowakei im März 1939 fielen der Wehrmacht zahlreiche Panzer in die Hände, darunter auch rund 300 Fahrzeuge dieses Typs. Das bei der Wehrmacht PzKpfw. 35 (t) genannte Fahrzeug galt als sehr gelungener Entwurf und war dem deutschen Panzer II mindestens ebenbürtig. Das Antriebsrad lag im Gegensatz zu den meisten deutschen Konstruktionen hinten, um mehr Platz im Kampfraum zu schaffen. Das Laufwerk war robust und gut durchkonstruiert. Ein 120-PS-Ottomotor beschleunigte das 10,5 t schwere Fahrzeug auf 34 km/h. Die Panzerung betrug bis zu 25 mm. PzKpfw. 35 (t) leisteten einen entscheidenden Beitrag zur Ausrüstung der Panzerdivisionen vor Kriegsbeginn und nahmen an den Feldzügen in Polen und im Westen teil, auch an der Ostfront waren diese Panzer noch bis 1942 im Einsatz, dann waren sie jedoch restlos überholt. Die noch vorhandenen Exemplare wurden zu Bergepanzern oder Zugmaschinen umgerüstet.

Der zweite tschechische Panzer, den die Wehrmacht übernahm, war der von der Firma CKD gefertigte Panzer LT 38. Ab Mai 1939 durchgeführte Erprobungen erwiesen, dass der LT 38 den deutschen PzKpfw. I und II klar überlegen war, weswegen das Heereswaffenamt den Weiterbau anordnete. CKD, mittlerweile in Böhmisch-Mährische-Maschinenfabrik (BMM) umbenannt, lieferte bis Kriegsbeginn 98 Fahrzeuge aus, welche die offizielle Bezeichnung Panzer 38 (t) Ausf. A erhielten. Die Panzerung war recht schwach und vernietet, was bei Treffern dazu führte, dass Nieten im Fahrzeuginneren abplatzten und zu gefährlichen Geschossen wurden. Die Konstruktion selbst war aber wohl durchdacht und sollte sich als sehr zuverlässig und vielseitig erweisen. Die folgenden Versionen B, C und D unterschieden sich von der Ausf. A nur in Details. Die 9,7 t schweren Panzer waren bis zu 25 mm stark gepanzert und erreichten mit einem 125-PS-Ottomotor bis zu 42 km/h. 1940 und 1941 machten PzKpfw. 38 (t) einen nicht unbeträchtlichen Teil der Ausrüstung der Panzerdivisionen der Wehrmacht aus.

Obwohl der PzKpfw. 38 (t) sich bestens bewährte, gab seine schwache Panzerung doch Anlass zur Kritik. Die von November 1940 bis Oktober 1941 gebauten Fahrzeuge der Ausf. E und F, die sich nur in Details unterschieden, waren daher stärker gepanzert (vorn bis zu 50 mm, seitlich bis zu 30 mm). Nur die letzten Exemplare der bis Juni 1942 gebauten Ausführung (G) waren teilweise auch geschweißt. Schweden hatte 1939 noch bei CKD 92 Fahrzeuge bestellt, die aber nicht mehr ausgeliefert wurden und stattdessen an die Wehrmacht gingen (Ausf. S). Schweden erhielt stattdessen im Dezember 1942 die Rechte zur Lizenzfertigung. Für die Wehrmacht wurden insgesamt rund 1400 PzKpfw. 38 (t) produziert. Ab Mitte 1942 war der Kampfwert der Fahrzeuge jedoch sehr beschränkt, daher wurden sie nicht mehr als Kampfpanzer eingesetzt. Auf Basis des PzKpfw. 38 (t) entstanden zudem eine Reihe von Selbstfahrlafetten, wie z.B. die Marder-Reihe von Panzerjägern. Bei diesen Fahrzeugen war der Turm entfernt und durch einen festen Aufbau ersetzt worden, der eine erbeutete sowjetische 7,62-cm-Kanone oder eine deutsche 7,5-cm-PaK beherbergte. Obschon nur eine Improvisation, bewährten sich diese Fahrzeuge bis Kriegsende.

PzKpfw. 35(t), Aberdeen Proving Ground.

DEUTSCHLAND

STURMGESCHÜTZ III

Schon 1935 forderte General von Manstein ein spezielles Fahrzeug zur Infanterieunterstützung. Im Juni 1936 erhielt Daimler-Benz den Auftrag, ein solches zu entwickeln und nutzte den Panzer III als Ausgangsbasis. Um eine niedrige Silhouette zu erhalten, verzichteten die Konstrukteure auf einen Turm. Stattdessen setzten sie die 7,5-cm-StuK 37 L/24 in einem Panzeraufbau auf das nahezu unveränderte Fahrwerk des Panzer III. Die ersten Prototypen wurden 1937 bei Alkett gebaut und ausgiebig getestet. Im Januar 1940 startete mit der Ausf. A des Sturmgeschütz III die Vorserienproduktion auf Basis des PzKpfw. III Ausf. F mit leicht modifizierter Wanne und einer um 20 auf 50 mm verstärkten Frontpanzerung. Motor und Laufwerk waren identisch. Die ersten Sturmgeschütze wurden im Frankreichfeldzug eingesetzt, danach begann die Serienproduktion. Die nun folgenden Ausf. B bis E unterschieden sich nur in Details. Bis März 1942 entstanden insgesamt 822 StuG III Ausf. A bis F. Die Ausf. F wog 22,2 t und erreichte mit einem 300-PS-Ottomotor bis zu 40 km/h. Obwohl sie ursprünglich nur zur Unterstützung von Infanterieangriffen geplant waren, wurden Sturmgeschütze immer öfter zur Panzerbekämpfung verwendet. Die 7,5-cm-StuK L/24 besaß aufgrund ihrer geringen Mündungsgeschwindigkeit dafür aber zu wenig Leistung. Die Ausf. F wurde deshalb mit der durchschlagskräftigeren StuK 40 L/43 ausgerüstet, um Ziele bereits auf größere Entfernungen bekämpfen zu können. Nachdem 360 Fahrzeuge der Ausf. F gebaut worden waren, wurde diese Version noch einmal verbessert und als F/8 von September bis November 1942 in 334 Exemplare hergestellt. Die Änderungen betrafen vor allem das Panzerkastenoberteil sowie den Einbau der 7,5-cm-StuK 40 L/48, die auf 1000 m Entfernung 85 mm Panzerstahl durchschlug. Zudem wurde die Frontpanzerung von 50 auf 80 mm verstärkt. Viele Fahrzeuge früherer Versionen wurden später nachgerüstet und erhielten die StuK 40, so dass es zu zahlreichen Mischformen kam.

Letzte und meist produzierte Version des StuG III war die Ausf. G, die ab Dezember 1942 gefertigt wurde. Diese Version war erneut stärker gepanzert (max. 80 mm) und wog nun 23,9 t. Sie besaß eine neue Kommandantenkuppel sowie standardmäßig einen abklappbaren MG-Schild. Seitliche, 5 mm starke Schürzen zum Schutz vor Panzerbüchsen- und Hohlladungsgeschossen fanden ab April 1943 Verwendung, zudem erhielten viele StuG III eine Zimmeritbeschichtung, zum Schutz vor Magnetladungen. Im Februar 1944 wurde anstelle der verbolzten Kastenblende eine gegossene Topf- oder Saukopfblende eingeführt, die einen besseren Schutz bot. Ab April 1944 kam ein von innen fernbedienbares MG zum Einbau. Sturmgeschütze blieben bis Kriegsende in Bau. Neben der Wehrmacht nutzten auch deren Verbündete StuG III, Finnland z.B. noch viele Jahre nach Kriegsende. Auch die Rote Armee setzte erbeutete StuG III ein und rüstete diese teils sogar auf 7,62-cm-Kanonen um. Insgesamt wurden rund 7720 StuG III Ausf. G gebaut, dazu entstanden 1944 noch einmal 173 aus umgebauten ehemaligen PzKpfw. III.

Durch den Einbau der langen StuK 40 war aus dem einstigen Fahrzeug zur Infanterieunterstützung im Grunde ein Jagdpanzer geworden. Daher baute Alkett ab Oktober 1942 eine neue Version des Stug III, die mit einer 10,5-cm-Sturmhaubitze (StuH) 42 L/28, einer modifizierten leFH 18, ausgerüstet war. Die ersten dieser Unterstützungsfahrzeuge verwendeten das Fahrgestell des StuG III Ausf. F/8, spätere Exemplare der StuH 42 basierten dann auf der Ausf. G und durchliefen die gleichen Änderungen, die auch am Grundmodell durchgeführt wurden. Bis September 1944 war die Hauptwaffe noch mit einer Mündungsbremse ausgerüstet, danach fiel diese weg. Der Munitionsvorrat der 10,5-cm-StuH 42 betrug 36 Schuss, darunter 10 Hohlladungsgranaten zur Panzer- und Bunkerbekämpfung. Von Oktober 1942 bis März 1945 entstanden bei Alkett 1212 Stück.

Ursprünglich war das Sturmgeschütz III zur Infanterieunterstützung gedacht. Es entstand auf Basis des PzKpfw III. (Foto: 270862, © CC-BY-ND-2.C)

Immer öfter allerdings wurde das Sturmgeschütz III zur Panzerbekämpfung eingesetzt und wurde so zu einem Jagdpanzer. Im Bild mit nicht-historischer Lackierung. (Foto: MarkoM, © CC-BY-SA-3.0)

Dieses Sturmgeschütz III Ausf. G steht im britischen Panzermuseum Bovington. Bewaffnung und Panzerung waren bei der Ausf. G erneut verstärkt worden. (Foto: © Paul Appleyard)

StuG III Ausf. G (früh) des Finnischen Heeres. (Foto: © PD)

Der Jagdpanzer 38 (t) »Hetzer« wurde auf dem Fahrgestell des PzKpfw 38 (t) gebaut und mit einer 7,5-cm-PaK L/48 bewaffnet.

Der StuG IV folgte mit seiner 7,5-cm-StuK 40 L/48 ab Dezember 1943 seinem Vorgänger nach. (Foto: National Polnish Defence, © PD)

Getarnter Jagdpanzer 38 (t) »Hetzer«. Seine abgeschrägten Flächen waren optimal zur Geschossabwendung. (Foto: Alf van Beem, © PD)

DEUTSCHLAND

Das StuG IV wurde zeitweise sowohl bei Alkett als auch bei Krupp gebaut.
(Foto: Maciej Borun, © CC-BY-3.0)

STURMGESCHÜTZ IV

Bereits Anfang 1943 hatte Krupp geprüft, ob der Panzeraufbau des StuG III auf die Wanne des PzKpfw. IV gesetzt werden könnte. Da das aber nur unter Vernachlässigung der Produktion des PzKpfw. IV möglich gewesen wäre, verwarf das Waffenamt diese Pläne. Als im September die StuG III-Produktion bei Alkett jedoch aufgrund eines schweren Bombenangriffes vorerst völlig zum Erliegen kam, erhielt zunächst Daimler-Benz den Auftrag zum Bau des StuG IV, nach 30 Exemplaren ging die Fertigung dann an das Krupp-Gruson Werk Magdeburg. Äußerlich unterschieden sich StuG III und IV vor allem durch den rechts vorn befindlichen Fahrererker am StuG IV. Auch nachdem die Produktion bei Alkett wieder angelaufen war, wurde der Bau bei Krupp weitergeführt, um zeitweilige Fertigungsausfälle beim StuG III zu kompensieren. Die während des Baus des StuG III eingeführten Veränderungen wurden auch für das StuG IV übernommen. Insgesamt entstanden von Dezember 1943 bis März 1945 insgesamt 1139 StuG IV.

JAGDPANZER 38(T) HETZER

Im März 1943 forderte Generaloberst Guderian den Bau eines rundum geschützten leichten Jagdpanzers, der die bis dahin gebräuchlichen improvisierten Modelle, z.B. der Marder-Baureihe, ablösen sollte. So vergab das Heereswaffenamt im Mai 1943 den Auftrag zur Entwicklung eines solchen Fahrzeuges auf Fahrgestell des PzKpfw. 38 (t). Als Waffe wurde eine modifizierte Version der 7,5-cm-PaK L/48 ausgewählt. Um das auf 16.000 kg gestiegene Gewicht besser verkraften zu können, wurden breitere und verstärkte Ketten montiert. Auf dem Wannendach kam zum Schutz gegen Infanterieangriffe ein ferngesteuertes, 360° schwenkbares MG zum Einbau. Die rundherum abgeschrägten Flächen sorgten für ein Maximum an Geschossablenkung. Auch die Dimensionen des Panzers waren sehr vorteilhaft, allerdings zum Leidwesen der Besatzung, die über nur sehr wenig Platz in diesem Jagdpanzer verfügte. Zudem war dadurch der Schwenkbereich der 380 mm rechts der Mittellinie eingebauten Hauptwaffe auf 5° nach links und 11° nach rechts beschränkt. Ein 160-PS-Ottomotor erlaubte eine Höchstgeschwindigkeit von 42 km/h. Nachdem im März 1944 drei Prototypen vorgestellt worden waren, wurden bereits im Mai 1944 die ersten Hetzer der Truppe übergeben. Bei der Serienproduktion kam zunächst Škoda hinzu. Bis Mai 1945 bauten beide Firmen insgesamt 2584 Jagdpanzer 38(t) in drei Modellreihen, die sich nur in Details unterschieden.
So wurden die Fahrzeuge im Laufe der Zeit immer weiter vereinfacht, um die Herstellung zu beschleunigen und um Materialengpässen zu begegnen. Zudem wurden z.B. Veränderungen an den Ausstiegsluken, den Lauf- und Stützrollen, der Aufhängung und der Kanonenblende vorgenommen. Aufgrund seiner geringen Größe, der geschickten Formgebung und der starken Frontpanzerung von 60 mm bewährte sich der Jagdpanzer 38 (t) sehr gut. Auf Basis des Hetzer entstanden als Umbau zudem rund 20 Flammpanzer 38 (t) sowie 181 neu gebaute Bergepanzer 38 (t). Diverse Prototypen und Umbauten, z.B. mit einem 15-cm-sIG 33 oder der 7,5-cm-StuK 42 L/70 wurden jeweils nur in wenigen Exemplaren hergestellt. Nach dem Krieg baute Škoda leicht modifizierte Hetzer für das tschechische Heer. Auch die Schweizer Armee erwarb 158 Fahrzeuge, die bis 1970 als G13 im Dienst waren.

Von vorneherein als Jagdpanzer konzipiert: das StuG IV. (Foto: Maciej Borun, © CC-BY-3.0)

DEUTSCHLAND

PZKPFW V PANTHER

Die Konfrontation mit dem T-34 war für die Wehrmacht ein regelrechter Schock. Das Heereswaffenamt ließ daher erbeutete T-34 untersuchen und beauftragte Ende November 1941 MAN und Daimler-Benz mit der Entwicklung eines neuen mittleren Kampfpanzers, der dem T-34 überlegen sein sollte. Nachdem der MAN-Entwurf im Mai 1942 zur Produktion ausgewählt worden war, lieferte das Unternehmen im November die ersten beiden Prototypen aus, und ab Januar 1943 begann die Produktion des Ausf. D genannten ersten Serienmodells. Der »Panther« getaufte Entwurf wies wie der T-34 stark geneigte Flächen zur Geschossablenkung auf, verfügte jedoch über einen 700-PS-Ottomotor, der auf die vorn liegenden Treibräder wirkte. Er war mit 44 t wesentlich schwerer als sein Gegner geraten und auch größer. Die maximale Panzerung der Ausf. D betrug 100 mm, die Geschwindigkeit bis zu 46 km/h. Das Schachtellaufwerk mit Torsionsstabfederung sorgte zwar für einen ruhigen Lauf, war aber recht komplex und blockierte öfter in Schlamm und Schnee. Das Debüt bei Kursk im Juli 1943 war kein Erfolg, denn die ersten Panther plagten aufgrund der überhasteten Entwicklung noch viele Kinderkrankheiten. Insbesondere Getriebe und Laufwerk versagten, viele brachen schon auf dem Weg zur Front zusammen. Bis September 1943 wurden insgesamt 850 Panther der Ausf. D gebaut.

Die seltsamerweise als Ausf. A bezeichnete Nachfolgevariante der Ausf. D ging ab August 1943 in Serie und wies aufgrund der Erfahrungen mit der Ausf. D eine ganze Reihe von Modifikationen auf. So wurden Motorkühlung und Getriebe verbessert sowie das Fahrwerk verstärkt. Zusätzlich erhielten Panzer der Ausf. A (wie bereits die letzten D-Modelle) eine besser geschützte Kommandantenkuppel mit Winkelspiegeln, eine neue Zieloptik, Schürzen und einen Zimmerit-Anstrich zum Schutz vor magnetischen Hafthohlladungen. Der Funker verfügte nun über ein MG in Kugelblende. Die Ausf. A war ein wesentlich ausgereifteres Fahrzeug als die Ausf. D und trotz einer recht geringen Seitenpanzerung (40 mm) den meisten anderen Panzern überlegen. Bis Juli 1944 entstanden insgesamt rund 2200 Panther Ausf. A.

Obwohl die Fertigung der Ausf. A noch lief, wurde ab März 1944 bereits die Ausf. G hergestellt. Ihr Kennzeichen war die jetzt stärker gepanzerte (50 mm), aber weniger geneigte Wannenseite, was die Produktion vereinfachte. Um Gewicht zu sparen, wurde zugleich die Bodenpanzerung reduziert. Der Fahrer erhielt drehbare Winkelspiegel, wodurch die Öffnung für die Fahrersehklappe in der Frontplatte der Wanne entfiel. Im Laufe der Produktion folgten weitere Veränderungen, so wurde die untere Turmblende umgestaltet, um Abpraller, die das Wannendach durchschlagen konnten, zu vermeiden.

Bei Kriegsende liefen Versuche, den Panther mittels Infrarotgeräten nachtkampffähig zu machen. Insgesamt verließen bis Mai 1945 noch 2953 Panther Ausf. G die Werkshallen. Zum Serienbau der verbesserten Ausf. F mit Schmalturm kam es nicht mehr. Obgleich komplex und teuer in der Herstellung waren die späten Modelle des Panther doch die wohl besten mittleren Kampfpanzer des Zweiten Weltkrieges – allerdings reichten ihre Produktionszahlen nie an die des Sherman oder des T-34 heran.

Bereits Ende 1942 hatte das Heereswaffenamt Zweifel, ob die Panzerung des neuen Panther den zu erwartenden neuen sowjetischen Modellen gewachsen sein würde. Daher begannen im Frühjahr 1943 die Arbeiten an einer verbesserten, stärker gepanzerten (Front 100 mm, Seiten 60 mm) Version. Zudem wurde ein Höchstmaß an austauschbaren Komponenten, wie z.B. Laufwerksteile, Laufräder, Kette, Getriebe und Antrieb, mit dem zeitgleich entwickelten Tiger II angestrebt. Als Bewaffnung war zunächst die 7,5-cm-KwK 42 L/70 des Panther vorgesehen, schließlich entschied sich das Heereswaffenamt aus Gründen der Standardisierung jedoch für die auch im Tiger II verwendete 8,8-cm-KwK 43 L/71 mit Topf- bzw. Saukopfblende, allerdings ohne Mündungsbremse. Zwar wurde eine Prototypen-Wanne des Panther II fertiggestellt, zu einer Serienfertigung kam es jedoch nicht.

Panther der Ausf. D sind gut an der fehlenden Kugelblende für das Bug-MG sowie der tonnenförmigen Kommandatenkuppel zu erkennen.

Der Panther wurde von einem 700-PS-Motor angetrieben, der ihm eine Höchstgeschwindigkeit von 46 km/h bescherte. (Foto: Alf van Beem, © PD)

Wie sein Gegner, der T-34, besaß auch der Panther abgeschrägte Flächen, um vor feindlichen Geschossen besser geschützt zu sein. (Foto: Besopha, © CC-BY-SA-2.0)

Bei seiner Einführung hatte der Panther noch eine Menge Kinderkrankheiten. Bei Kriegsende hingegen galt er als wohl bester Kampfpanzer des Zweiten Weltkrieges. (Foto: Galen Parks Smith, © CC-BY-SA-3.0)

Tiger I in Russland beim Aufmunitionieren.
(Foto: Bundesarchiv 101I-461-0213-34, Zwirner, © CC-BY-SA-3.0)

Auch ohne abgeschrägte Flächen war die Panzerung des Tiger I von kaum einem Geschoss zu durchdringen. Während andererseits seine 8,8-cm-KwK 36 einen Panzer vom Typ T-34 bereits auf 1,5 km Entfernung außer Gefecht setzen konnte. (Foto: © Paul Appleyard)

Der Tiger des Panzermuseums in Bovington ist der einzige fahrbereite Panzer dieses Typs weltweit. Der Panzer wurde am 21. April 1943 in Tunesien bei Djebel Djaffa von britischen Truppen nur leicht beschädigt und fahrtüchtig erbeutet. (Foto: © Paul Appleyard)

PZKPFW. VI TIGER I

Bereits im August 1942 begann die Serienfertigung des von Henschel entworfenen Tiger, ein für die damalige Zeit erstaunlicher Entwurf. Neben zahlreichen technischen Neuerungen, wie z.B. einem Schachtellaufwerk mit Torsionsstabfederung, Tiefwatfähigkeit bis 4 m, halbautomatischem Vorwählgetriebe und einer Feuerlöschanlage im Motorraum, beeindruckte er durch schiere Größe und Masse. Eine frontal bis zu 100 mm und seitlich 80 mm starke Panzerung sorgte für ein Gewicht von 55 t – was zugleich auch den schwerwiegendsten Nachteil des Panzers darstellte. Sowohl der zunächst eingebaute Maybach HL 210 P 45 mit 650 PS als auch der ab dem 250. Tiger verwendete Maybach HL 230 P 45 mit 700 PS sorgten zwar für eine Geschwindigkeit von bis 38 km/h, waren aber im Grunde genommen zu schwach. Die aufgrund des hohen Gewichtes notwendigen 725 mm breiten Ketten mussten zum Bahntransport durch 520 mm breite Transportketten ersetzt werden, was zeitraubend und mühsam war.

Der erste Einsatz des neuen Panzers erfolgte am 29. August 1942 nahe Leningrad und endete in einem Debakel, weil alle vier beteiligten Tiger sich festfuhren oder verloren gingen. Die überhastete Entwicklung führte zu mechanischer Unzuverlässigkeit, und es musste zudem erst noch die entsprechende Taktik zum richtigen Einsatz des schweren Panzers ersonnen werden. Als diese Schwächen ausgemerzt waren, erwies sich der gut 55 t schwere Panzer als gefürchtete Waffe. Auch wenn seine Panzerung nicht wie die des T-34 abgeschrägt war, konnte sie doch den meisten Geschossen widerstehen.

Die 8,8-cm-KwK 36 durchschlug im Gegenzug die Panzerung des T-34/76 schon auf über 1,5 km Entfernung. Obschon es offiziell nur eine Tiger-Version gab, wurden im Laufe der rund zwei Jahre andauernden Produktion immer wieder Verbesserungen und Veränderungen eingeführt. Aufgrund ihrer Modifikationen lassen sich die Fahrzeuge in drei Produktionsmodelle einteilen: früh, mittel und spät. So unterscheiden sich bei den drei Serien z.B. die Zieloptiken. Ab September 1943 erhielten die meisten Tiger einen Zimmerit-Anstrich, und gegen Ende jenes Jahres wurde eine neue, gegossene Kommandantenkuppel eingeführt. Ab Februar 1944 wurden Ganzstahl-Laufrollen mit Gummieinlage verwendet. Instandgesetzte Tiger wurden oft mit neueren Komponenten nachgerüstet, so dass es häufig zu Mischvarianten kam. Nach 1355 Tigern endete bei Henschel im August 1944 die Produktion – nicht viel, wenn man den legendären Ruf bedenkt, den dieser Kampfpanzer hat.

Während seiner Produktionszeit von August 1942 bis August 1944 wurde der Tiger I mehrfach modifiziert. (Foto: © Paul Appleyard)

DEUTSCHLAND

PZKPFW VI TIGER II

Bereits im Herbst 1942 vergab das Heereswaffenamt Aufträge zur Entwicklung eines Nachfolgers des Tigers. Das Nachfolgemodell sollte eine günstigere Formgebung und die exzellente 8,8-cm-Kwk 43 L/71 besitzen. Wieder konkurrierten Porsche und Henschel, und erneut war sich Porsche seines Sieges so sicher, dass er schon mit der Produktion von Panzertürmen begann. Das Heereswaffenamt entschied sich jedoch für den Henschel-Entwurf, die Porschetürme (zu erkennen an der runden Turmfront) wurden daher in den ersten 50 Henschel-Fahrzeugen verbaut, die ab Dezember 1943 in Produktion gingen. Der Tiger II verfügte über eine überaus massive, günstig geneigte Panzerung (max. 185 mm) sowie eine der durchschlagfähigsten Panzerkanonen des Zweiten Weltkrieges. Zugleich war er jedoch auch extrem schwer (68 t), unbeweglich und mechanisch unzuverlässig. Dennoch erwarb sich auch der Tiger II aufgrund seiner Kampfstärke einen beinahe legendären Ruf. Nur 489 Tiger II wurden bis Kriegsende gebaut.

PZKPFW. VIII MAUS

Im Juni 1942 erteilte Hitler Prof. Porsche den Auftrag zur Entwicklung eines überschweren Kampfpanzers, für den Porsche Anfang 1943 erste Entwürfe vorlegte. Porsches Entwurf sollte einen benzin-elektrischen Antrieb erhalten und mit einer 15-cm-KwK L/38 sowie einer koaxialen 7,5-cm-KwK L/36,5 bewaffnet sein. Die Panzerung sollte bis zu 250 mm stark sein, was das Gewicht des »Maus« genannten Panzers auf rund 188 t gebracht hätte. Selbst der geplante 1080 PS starke DB-Motor wäre mit diesem Gewicht überfordert gewesen, auch wenn die Höchstgeschwindigkeit theoretisch 20 km/h betragen haben sollte. Um den Bodendruck des Fahrzeuges in Grenzen zu halten, war jede Kette 1100 mm breit. Da das hohe Gewicht Brücken überfordert hätte, war der Panzer bis zu 8 m tiefwatfähig. Alkett erhielt den Auftrag zum Bau von mindestens sechs Prototypen, der Auftrag für den Turm ging an Krupp. Bis Mai 1945 waren aufgrund der Kriegslage jedoch nur zwei Prototypen fertiggestellt. Einer davon kann heute im Museum Kubinka in Russland besichtigt werden.

Maus-Modell in Munster. (Foto: Darcone, © CC-BY-SA-2.5)

Der zweite Prototyp der Maus während der Erprobung in Böblingen. (Foto: © Michael Fröhlich)

Königstiger im Museum in Thun. Mit einem Gewicht von 68 t war der Tiger II extrem schwer und unbeweglich. (Foto: Chlempi, © CC-BY-SA-2.5)

Pzkpfw. VI Ausf. B Tiger II mit den schmalen Verladeketten, um den Bahntransport zu erleichtern.

Der Tiger II wies eine günstigere Formgebung auf als sein Vorgänger und erhielt mit der 8,8-cm-Kwk 43 L/71 die durchschlagsfähigste Panzerkanone des Zweiten Weltkrieges. (Foto: Nigel Brown, © CC-BY-2.0)

DEUTSCHLAND

Ausgerüstet mit einer 8,8-cm-Pak 43/3 L/71, war der Jagdpanther einer der besten Jagdpanzer des Zweiten Weltkrieges. (Foto: 270862, © CC-BY-ND-2.0)

Imposant, aber nicht sehr zuverlässig: Sein hohes Gewicht von 72 t überlastete den Motor und das Getriebe des Jagdtiger. (Foto: FatYankey, © CC-BY-SA-2.5)

Jagdpanther der s.Pz.Jg.Abt. 654 mit Zimmerit-Anstrich und Laubtarnung. Frankreich, Sommer 1944. (Foto: BA, © CC-BY-SA-3.0)

Bewaffnet waren die Jagdtiger ursprünglich mit einer 12,8.cm-Pak 44, einige bekamen eine 8,8-cm-Pak 43. (Foto: © NARA)

JAGDTIGER

Bereits im Februar 1943 vergab das Waffenamt an Henschel den Auftrag zur Entwicklung eines schweren Jagdpanzers. Im April 1944 stellten die Nibelungenwerke den ersten Prototypen auf Basis des Tiger II fertig. Um die 12,8-cm-Pak 44 aufnehmen zu können, mussten Wanne und Laufwerk verlängert werden sowie der Drehturm durch einen festen Panzeraufbau ersetzt werden. Die ersten Jagdtiger wurden im November 1944 der Truppe übergeben. Eine Panzerung von bis zu 250 mm machte den Jagdtiger im Frontbereich zwar annähernd unverwundbar, aufgrund des hohen Gewichtes von 72 t waren Motor und Getriebe aber überlastet. Die Fahrzeuge erwiesen sich daher als sehr unzuverlässig. Da nicht genügend Pak 44 zur Verfügung standen, baute Steyr bei einigen Exemplaren die 8,8-cm-Pak 43 ein. Nur 77 Jagdtiger wurden bis Kriegsende gebaut, von denen zehn das von Porsche entwickelte Laufwerk erhielten, das sich aber nicht bewährte.

JAGDPANTHER

Im August 1942 erhielt Krupp den Auftrag zum Entwurf eines Panzerjägers auf Basis des Panther. Daimler-Benz übernahm im Oktober 1942 die Entwicklung des Fahrzeugs und stellte Ende 1943 den ersten Prototypen vor. Ab Februar 1944 begann bei MIAG in Braunschweig die Serienproduktion, an der später auch noch MNH in Hannover beteiligt wurde. Der Jagdpanther basierte auf dem Fahrgestell des Panther Ausf. G, auf das ein fester Panzeraufbau gesetzt wurde. In dessen 80 mm starker Front saß eine 8,8-cm-Pak 43/3 L/71 mit einem Schwenkbereich von 11° zu jeder Seite. Rechts davon befand sich ein MG 34 in einer Kugelblende. Im Laufe der Produktion der insgesamt 384 Jagdpanther wurden mehrere Verbesserungen vorgenommen, so z.B. an der Fahrersehklappe oder dem zunächst einteiligen, später dann dreiteiligen Rohr der Hauptwaffe. Zudem erhielten die Abgasrohre Abdeckungen, da sie im Betrieb regelrecht glühten und so den Standort verrieten. Der Jagdpanther gilt allgemein als einer der besten Jagdpanzer des Zweiten Weltkrieges.

Jagdpanther, 1944 von Amerikanern in den Ardennen erbeutet und in die USA verschifft. (Foto: © NARA)

Jagdtiger, im April 1945 von US-Streitkräften erbeutet. (Foto: © NARA)

DEUTSCHLAND

LEOPARD 1

Der Leopard 1 war der erste nach 1945 in Deutschland entwickelte und gebaute Kampfpanzer. Bereits im November 1956 stellte die Bundeswehr einen Forderungskatalog für einen Standard-Kampfpanzer auf. Dieser sollte 30 t schwer und hochbeweglich sein, sowie über hohe Feuerkraft verfügen. Die Panzerung kam erst an dritter Stelle, da man zu jener Zeit einen wirksamen Schutz gegen HL-Geschosse innerhalb vertretbarer Gewichtsgrenzen für nicht machbar hielt. Nachdem die 1957 mit Frankreich vereinbarte Entwicklung eines gemeinsamen Kampfpanzers 1963 endgültig gescheitert war, setzte die Bundesrepublik das Programm allein fort, während die Franzosen den AMX-30 beschafften. Nach der erfolgreichen Erprobung erster Prototypen ab Mitte 1960 (zunächst noch mit einer 90-mm-BK bewaffnet), wurde im Sommer 1963 eine Vorserie von 50 Fahrzeugen genehmigt und der Standard-Kampfpanzer im Herbst 1963 offiziell auf den Namen »Leopard« getauft. Die ersten Panzer der Großserienfertigung wurden im September 1965 produziert.

Nachdem das deutsch-französische Projekt eines gemeinsamen neuen Kampfpanzers 1963 gescheitert war, entwickelte die Bundesrepublik einen eigenen Panzer und nannte ihn Leopard 1. (Foto: 270862, © CC-BY-ND-2.0)

Der Leopard basiert auf dem Porsche-Entwurf 814 und ist konventionell ausgelegt, der Fahrer sitzt vorn rechts in der geschweißten Wanne, hinten befinden sich Motor und Getriebe. Mittig ist ein 3-Mann-Gussturm aufgesetzt. Das Laufwerk besitzt sieben, an Drehstäben aufgehängte Laufrollen und wird bei späteren Modellen durch Kettenblenden geschützt. Zusammen mit einem 830-PS-Triebwerk verleiht es dem Panzer eine hohe Mobilität. Die Höchstgeschwindigkeit des je nach Version zwischen 40 und 42,4 t schweren Panzers liegt bei 65 km/h. Motor und Getriebe lassen sich unter Feldbedingungen in weniger als einer halben Stunde austauschen. Die Hauptwaffe ist eine von Rheinmetall in Lizenz gebaute britische 105-mm-Zugrohr-BK L7A3 L/51. Hinzu kamen ein koaxiales 7,62-mm-MG und ein 7,62-mm-Fla-MG. Die Panzerung ist bis zu 70 mm stark. Der Leopard verfügte bis zur Version A5 nur über einen optischen EM, war aber dank eines Weißlicht/IR-Scheinwerfers links auf der Kanonenblende (und später einer Restlichtkamera) nachtkampftauglich.

Der Leopard wurde im Laufe seiner Einsatzzeit zahlreichen Modifikationen und Kampfwertsteigerungen unterzogen, von denen hier nur die wichtigsten genannt werden können. Die erste Version (später A1 genannt) wurde 1972 von der Version A2 abgelöst, die eine stabilisierte BK mit Wärmeschutzhülle, Nachtsichtgeräte und ein besseres ABC-Schutzsystem, neue Ketten, Kettenblenden, eine stärkere Turmpanzerung sowie weitere Detailänderungen aufwies. Die ursprüngliche Version A1 wurde 1975–77 auf diesen Stand nachgerüstet und erhielt dazu eine Turm- und Blendenzusatzpanzerung (Leopard 1 A1A1). Panzer des Typs A1A1, die zusätzlich neue Funkgeräte bekamen, wurden A1A3 und solche, die zudem noch eine Restlichtkamera (PZB 200) erhielten, A1A4 genannt. Der Leopard 1A3 (1973, 110 Exemplare) wurde mit einem geschweißten Turm in Schottbauweise versehen, der auch bei der Version A4 Verwendung fand. Die Variante A4 (1974–76, 250 Stück) besaß zusätzlich eine computerisierte FL-Anlage mit neuen Optiken und wurde später auf das PZB 200 nachgerüstet. Nach der Version A4 entstanden für die Bundeswehr keine neuen Leopard 1 mehr.

Von 1986 bis 1992 wurden 1225 1A1 u.a. mit der FL-Anlage des Leopard 2, der Vorbereitung zur Aufnahme einer 120-mm-BK und weiteren Detailänderungen zur Version 1A5 hochgerüstet. Der 1A6 blieb eine Studie für einen »Panzerabwehrkampfwagen « mit 120-mm-BK. Zusätzlich entstanden auf Basis des Leopard 1 der Bergepanzer 2, der Pionierpanzer Dachs, der Flak-Panzer Gepard und der Brückenleger Biber, ein Fahrschulpanzer sowie zahlreiche Versuchsträger und Prototypen. Insgesamt wurden bis 1984 6485 Fahrzeuge aller Versionen und Prototypen gebaut (inkl. Lizenzbau in Italien). Die Bundeswehr musterte 2003 ihren letzten Leopard 1 Kampfpanzer aus.

Nicht nur die Bundeswehr, auch zahlreiche andere Streitkräfte nutzten und nutzen den Leopard 1. Insgesamt war bzw. ist der Typ außerhalb Deutschlands bei 13 verschiedenen Armeen im Einsatz (Italien, Niederlande, Belgien, Kanada, Norwegen, Dänemark, Türkei, Griechenland, Australien, Brasilien, Chile, Ecuador und Großbritannien. Der Leopard 1 stellte während der 1970er und 1980er Jahre praktisch den europäischen NATO-Standardpanzer dar.

Ein 830-PS-Triebwerk ermöglichte dem Leopard I eine Höchstgeschwindigkeit von 65 km/h. Als Hauptbewaffnung diente die in Lizenz gefertigte britische 105-mm-Zugrohr-BK L7A3 L/51 (Foto: Alf van Beem, © PD)

Der Leopard 1A5 wurde ab 1986 u.a. mit einer leistungsfähigeren Feuerleitanlage und einem Laserentfernungsmesser ausgerüstet. (Foto: Rainer Lippert, © CC-BY-SA-4.0)

Der Leopard I wurde ab September 1965 in Serie produziert. Er war der erste deutsche Kampfpanzer aus eigener Entwicklung seit dem Zweiten Weltkrieg. Gleichzeitig avancierte er zum quasi-Standard-Kampfpanzer der NATO. Im Bild ist ein kanadischer Leopard I C2 zu sehen. (Foto: © KMW)

Leopard 2 A4 im Museum Dresden. Die Ausführung A4 ging auch an die Niederlande und die Schweiz. (Foto: billyhill, © CC-BY-SA-3.0)

Schussübung des Leopard 2 A6. Bewaffnet ist er mit der 120-mm-BK L/55. (Foto: Bundeswehr, © CC-BY-2.0)

Leopard 2 des PzBtl 104 während eines Übungsmanövers. Der Leopard 2 gilt wegen seiner ausgewogenen Mischung aus Mobilität, Panzerung und Feuerkraft als einer der besten Kampfpanzer weltweit. (Foto: US Army, © PD)

DEUTSCHLAND

Der Leopard 2 A6 ist in der Lage, mit Hilfe seiner KE-Munition 1000 mm Panzerstahl zu durchschlagen. (Foto: E. Heidtmann, © CC-BY-SA-3.0)

LEOPARD 2

Nach dem Ende des deutsch-amerikanischen Projektes Kampfpanzer 70 wurden die Firmen Krauss-Maffei, Wegmann und Porsche 1970 damit beauftragt, allein einen neuen Panzer zu entwickeln. Nachdem der zu entwickelnde Panzer 1971 den Namen »Leopard 2« erhalten hatte, wurden 1972 erste Prototypen fertiggestellt. Erkenntnisse aus dem Jom-Kippur-Krieg (1973) führten jedoch zu einer Höherbewertung des Panzerschutzes, sodass eine Umkonstruktion stattfand, die das Äußere nun kantiger erscheinen und das Gewicht auf über 50 t ansteigen ließ. Die ersten Serien-Leopard 2 wurden im Oktober 1979 an die Truppe übergeben.

Die Wanne ist geschweißt und verfügt wie der ebenfalls geschweißte Drehturm über eine Verbund- und Schottpanzerung, die hochwirksam gegen HL- und Wuchtgeschosse schützt. Der Fahrer sitzt vorn rechts in der Wanne, neben sich ein Munitionsbunker. Motor und Getriebe befinden sich hinten. Der mittig aufgesetzte 3-Mann-Drehturm ist mit einer 120-mm-Glattrohr-BK Rh 120 L/44 (mit Rauchabsauger und Wärmeschutzhülle), einem koaxialen 7,62-mm-MG und einem 7,62-mm-Fla-MG bestückt. Nicht die BK, sondern die Zieloptiken des Leopard 2 sind vollstabilisiert, die Waffe wird hydraulisch nachgeführt. So bleiben Waffe und Optiken auch während der Fahrt stets auf das Ziel gerichtet und ermöglichen in Kombination mit einer digitalen FL-Anlage und Laser-EM eine hohe Erstschusstreffwahrscheinlichkeit. Das Stützrollenlaufwerk besitzt sieben an Drehstäben aufgehängte Laufrollen und wird zum Teil durch Kettenblenden geschützt. Offiziell ermöglicht der 1500-PS-Motor dem 55 t schweren Panzer bis zu 72 km/h, auf guten Straßen sind jedoch auch schon um die 100 km/h erreicht worden. Die ersten Leopard 2 (A0) verfügten noch über einen Querwindsensor, waren aber nicht mit einem Wärmebildgerät WBG ausgerüstet.

Derartig nachgerüstete A0 wurden zu A2. Die Variante A3 unterschied sich nur in Details. Hauptversion ist das Modell A4 (Ende 1985 bis März 1992). Diese Version besaß neue Kettenblenden, eine Feldjustieranlage, ein verbessertes FL-System, eine stärkere Turmpanzerung sowie weitere Verbesserungen. Alle früheren Versionen wurden auf den A4-Stand gebracht, sodass die Bundeswehr schließlich 2125 A4 führte. Diese A4-Ausführung (zum Teil mit Detailänderungen) wurde auch von den Niederlanden

Der Leopard 2A5 mit seiner auffälligen, keilförmigen Panzerung am Turm. (Foto: © KMW)

Bei der Entwicklung des Leopard 2 flossen Erkenntnisse des Jom-Kippur-Krieges mit ein und sorgten für einen höheren Panzerschutz. (Foto: Boevajamachina, © CC-BY-SA-4.0)

(445) und der Schweiz beschafft (380). Nach Ende des Kalten Krieges wurden Leopard 2A4 (teils vor der Abgabe oder in den Empfängerländern modifiziert) an Österreich, Kanada, Chile, Dänemark, Finnland, Griechenland, Norwegen, Polen, Portugal, Singapur, Spanien, Schweden sowie die Türkei veräußert.

Die Version Leopard 2A5 entstand zwischen 1995 und 2002 aus dem Umbau vorhandener Panzer (350 Bundeswehr, 330 Niederlande) und besitzt als auffälligstes Merkmal eine keilförmige Zusatzpanzerung an der Turmfront sowie neue Kettenblenden mit gerader Unterkante. Des Weiteren verfügt der A5 über ein neues Kommandantenperiskop mit eigenem WBG, eine elektrische Waffennachführanlage, eine Rückfahrkamera, ein Trägheitsnavigationssystem mit GPS sowie die Vorbereitung zur Aufnahme der 120-mm-BK L/55 und weitere Detailänderungen. Die Version A6 (225 Bundeswehr, 180 Niederlande) gleicht dem A5, ist aber zusätzlich mit der 120-mm-BK L/55 ausgerüstet, die eine höhere Mündungsgeschwindigkeit (v0) ermöglicht. Diese Waffe verschießt eine neu entwickelte KE-Munition, die bis zu 1000 mm Panzerstahl (bzw. dessen Äquivalent) durchschlägt. Mit zusätzlichem Minenschutz wird aus dem A6 der A6M. Die Versionen A5 und A6 werden oder wurden neben Deutschland auch von den Niederlanden, Kanada, Portugal, Griechenland, Schweden und Spanien eingesetzt.

Die von KMW privat entwickelte und 2010 vorgestellte Version Leopard 2 PSO bzw. A7+, wurde speziell für den Einsatz in bebauten Gebieten modifiziert. Die Ausstattung ist vollständig modular und kann jeweiligen Bedürfnissen angepasst werden. Neben zusätzlichen Panzerungselementen gehört dazu u. a. eine fernbediente Waffen- und Sensorstation auf dem Turm, ein gepanzertes Rundblickperiskop, eine Außensprechanlage, ein 360-Grad-Kamerasystem, ein Hilfstriebwerk und ein Räumschild. Katar plant nach Presseberichten den Ankauf von 62 A7+.

Die neueste Version der Bundeswehr, der Leopard 2A7, unterscheidet sich erheblich von den durch KMW privat entwickelten Modellen, da sie nicht für den Kampf im urbanen Gelände modifiziert wurde. Die 120-mm-BK L/55 verschießt nun auch Sprenggeschosse, deren Detonationszeitpunkt und -höhe vor dem Schuss genau festgelegt werden können, sodass der Panzer auch Ziele hinter Deckungen bekämpfen kann. Zudem verfügt die Version A7 über eine Klimaanlage zur Kühlung des Kampfraums und der umfangreichen elektronischen Ausrüstung sowie ein Stromzusatzaggregat, das den Betrieb des Panzers auch im Stand erlaubt. Hinzu kommt die Vorbereitung für eine neue Seitenpanzerung, eine Außensprechanlage und die Integration des Integrierten Führungs- und Informationssystems IFIS, das die Kommunikation im Einsatz verbessert. Das Gefechtsgewicht dieser Variante beträgt über 63,9 t. Der erste von 20 Leopard 2A7 wurde der Bundeswehr im Dezember 2014 übergeben.

Der Leopard 2 hat weltweit einen überragenden Ruf und gilt als einer der besten – vielleicht sogar der beste – Kampfpanzer der Welt. Er weist eine ausgewogene Kombination von Mobilität, Schutz und Feuerkraft auf und hat in vielen Bereichen Maßstäbe gesetzt.

Getarnter Leopard 2. (Foto: US Army Europe, © PD)

Leopard 2A6. Wie schon die Ausführung A5 ging er u.a. auch an die Niederlande, Kanada, Portugal, Griechenland, Schweden und Spanien (Foto: © KMW)

Die Version Leopard 2A5 entstand zwischen 1995 und 2002 durch den Umbau vorhandener Panzer. (Foto: Bundeswehr, © CC-BY-2.0)

Beeindruckender Feuertest eines Leopard 2. Mittlerweile kann die neueste Generation 2A7 sogar Sprenggeschosse abfeuern, Sprengeschosse, deren Detonationszeitpunkt und -höhe vor dem Schuss genau festgelegt werden können.. (Foto: © KMW)

FRANKREICH

Obwohl in Frankreich und Großbritannien fast zeitgleich erste Überlegungen für gepanzerte Kettenfahrzeuge angestellt wurden, setzten die französischen Streitkräfte ihre Tanks doch erst im April 1917 zum ersten Mal ein – über ein halbes Jahr nach den Briten. Waren die ersten französischen Entwürfe nicht sonderlich erfolgreich, gelang mit dem Renault FT, der Ende Mai 1918 zum ersten Mal eingesetzt wurde, jedoch ein großer Wurf. Der FT gilt allgemein als erster »moderner« Panzer, da er über einen Drehturm verfügte. Ähnlich wie die Briten, hielten auch die Franzosen nach Ende des Ersten Weltkriegs daran fest, dass Panzer vor allem der Infanterieunterstützung dienen sollten und bauten daher (neben leichte n Aufklärungsfahrzeugen) in großer Zahl gut gepanzerte, jedoch langsame und nur schwach bewaffnete Tanks wie den Renault R35 oder den Hotchkiss H35. 1940 musste das französische Militär dann jedoch feststellen, dass dieses Konzept vollständig überholt war. Nach der durch die deutsche Besetzung erzwungenen Pause im Panzerbau bewiesen die französischen Streitkräfte nach 1945, dass sie die Lehren des Zweiten Weltkriegs begriffen hatten und bauten moderne Panzerdivisionen auf, die über ebenso modernes Material vefügten. Der ab den frühen 1950er Jahren gebaute leichte Panzer AMX-13 wurde zu einem Exporterfolg und der Mitte der 1960er Jahre in Produktion gegangene Kampfpanzer AMX-30 war in seiner Konzeption und Leistungsfähigkeit dem deutschen Leopard I vergleichbar. Der heutige AMX-56 Leclerc ist in seinen Abmessungen kompakter als andere Kampfpanzer und weist nur drei Mann Besatzung auf, zählt aber zu den besten und modernsten Kampfpanzern weltweit.

Der französische Kampfpanzer AMX-30 ist das Gegenstück zum deutschen Leopard I. (Foto: Panzermuseum Saumur, © Massimo Foti)

Ein Sturmwagen Schneider im Jahr 1918. Ein Jahr zuvor war das zwölf Tonnen schwere und 7,5 km/h schnelle Gefährt eingeführt worden. (Foto: Alf van Beem, © PD)

Der Sturmwagen Schneider war zwar geländegängig, doch setzte ihm das von Granattrichtern durchsetzte Gefechtsfeld Grenzen. (Foto: Imperial War Museum, © PD)

Der Sturmwagen Schneider M16 besaß eine 11,5 mm starke Panzerung und ein kurzrohriges 75-mm-Geschütz. (Foto: Alf van Beem, © PD)

FRANKREICH

Die Hauptwaffe des Sturmwagens St. Chamond M.16. war eine 75-mm-Feldkanone M.1897. (Foto: Kev22, © CC-BY-SA-4.0)

STURMWAGEN SCHNEIDER M.16 (C. A. 1)

Die Erfahrungen mit dem Holt-Traktor 75 bescherten den Franzosen die technischen Grundlagen für die Konstruktion eines Kampfwagens und führten 1915 zur Entwicklung eines solchen Gefährts mit zwölf Tonnen Gewicht, 60-PS-Motor, 7,5 km/h Geschwindigkeit, einer 11,5 mm starken Panzerung und einem kurzrohrigen 75-mm-Geschütz. Die französische Armee bestellte nach der Erprobung noch im Februar 1916 400 Kampfwagen dieses Typs. Im März 1917 waren drei Gruppen mit je fünf Batterien mit Schneider-Sturmwagen in der Aufstellung, die einen Monat später ihren ersten Kampfeinsatz bestritten. Nicht überzeugen konnten hierbei die gepanzerten Begleitgeschütze. Auch die Geländegängigkeit in dem von Gräben und Granattrichtern durchsetzten Gefechtsfeld war eingeschränkt. Die Fahrzeuge fingen sogar ohne Gefechtseinwirkung schnell Feuer. Die seitlichen Waffen erwiesen sich in ihrer Wirkung als unzureichend und die Panzerung als zu schwach. Mit Hilfe von vorgesetzten 5,5-mm-Panzerplatten wurde der Panzerschutz in der Folge verbessert. Nach der Neuorganisation der französischen Kampfwagentruppen im Juni 1917 gab es neben vier Gruppen mit dem Sturmwagen St. Chamond vier Gruppen mit je vier Batterien Schneider C. A. 1, also 16 Fahrzeuge, die in Abteilungen mit insgesamt 64 Char Schneider zusammengefasst waren. Je eine Unterstützungsgruppe und eine eigene Logistik gehörten ebenfalls dazu.

1918 bekamen die USA einen Sturmwagen Schneider ausgeliehen. Weitere Fahrzeuge wurden von Italien und Spanien gekauft. Einige unbewaffnete C. A. 1. kamen im selben Jahr noch als Nachschubpanzer zum Einsatz.

STURMWAGEN ST. CHAMOND M.16

Neben den Schneider-Werken, die 400 Sturmwagen herstellen sollten, erhielt die Firma FAMH / St. Chamond ebenfalls einen Auftrag zur Herstellung eines Kampfwagens. Auch sie griff auf das Laufwerk des Holt-Traktors zurück, stattete ihren Entwurf aber mit einem 90-PS-Motor aus, der mittels eines Generators Elektrizität für je einen E-Motor pro Laufwerkseite erzeugte (benzin-elektrischer Antrieb). Der 12 t schwere Wagen erreichte so max. 12 km/h. Als Hauptwaffe erhielt das Fahrzeug die 75-mm-Feldkanone M.1897. Wegen der großen Rohrlänge und des Rohrrücklaufs des vorne eingebauten Geschützes ragte der Panzeraufbau weit über das Gleiskettenlaufwerk hinaus.

Seinen ersten Kampfeinsatz erlebte der St. Chamond-Sturmwagen im Mai 1917 bei Lauffaux – alle 16 Fahrzeuge wurden hinterher jedoch als nicht kriegstauglich bewertet. Wie schon beim Char Schneider war auch die Geländegängigkeit des St. Chamond M.16 unzureichend. Aufgrund dieses Mangels fuhren die Kampfwagen meist hintereinander auf Wegen und fielen so schnell der deutschen Artillerie zum Opfer, zumal sich auch bei diesem Kampfwagentyp die Panzerung (max. 11,5 mm) als zu schwach erwies. Nach der Neuorganisation der französischen Kampfwagentruppe im Juni 1917 bestanden vier Gruppen aus je drei Batterien mit St. Chamond-Sturmwagen. Ähnlich den Schneider-Fahrzeugen kamen ebenso einige St. Chamond 1917/18 als unbewaffnete Nachschubpanzer zum Einsatz.

Sturmwagen St. Chamond. (Foto: © PD)

FRANKREICH

LEICHTER KAMPFWAGEN RENAULT FT

Bereits im Dezember 1915 war von Oberst J. B. Estienne ein leichter Kampfwagen von sieben Tonnen Gewicht zur Unterstützung der Infanterie gefordert worden. Einer der bekanntesten Konstrukteure und Unternehmer Frankreichs, L. Renault, begann 1916 mit der Konstruktion des Panzers. Mit dem Prototyp im folgenden Jahr besaß erstmals ein Kampfwagen einen um 360° schwenkbaren Turm und konnte mit seinen Waffen in alle Richtungen schießen. Die Panzerplatten boten Schutz vor dem Beschuss mit der deutschen 7,92-mm-SmK-Munition. Teile der Antriebsanlage übernahm Renault aus der Kraftfahrzeugproduktion, darunter den 4-Zylinder-Motor. Am 22. Februar 1917 folgte ein Auftrag über 150 leichte Kampfwagen, von denen tatsächlich 117 geliefert wurden. Sie dienten Truppenversuchen und Ausbildungszwecken. 24 Stück erhielten, ebenfalls für Ausbildungszwecke, die englischen Streitkräfte. Die Bestellung leichter Kampfwagen Renault FT wurde innerhalb kurzer Zeit auf 1000, später auf 3650, schließlich auf insgesamt 7800 Stück erhöht. Davon sollten nach einer Verfügung vom 12. Juni 1917 60% mit Kanonenbewaffnung, 30% mit Maschinengewehrbewaffnung und 10% als Funkpanzer ausgeliefert werden. Bis zum 11. November 1918 belief sich die Gesamtzahl dieser Panzer auf 3177 Stück. Fahrzeuge mit Maschinengewehrbewaffnung waren innerhalb der Züge und Kompanien auf die Zusammenarbeit mit den mit Kanonen bewaffneten Kampfwagen angewiesen.

Die taktische Leistungsfähigkeit des neuen Geräts wurde sehr hoch bewertet: sie gestattete eine völlig neue Verwendung, auch den Einsatz im Bewegungskrieg. Dafür mussten aber spezielle Kampfwagentransporter, Lastwagen der Fabrikate Renault und Pierce Arrow R 9, beschafft werden. Es gab FT mit rundem und mit achteckigem Drehturm. Der Kampfsatz umfasste 237 Granatpatronen, wovon 20 Kartätschen waren. Aufgabe der Kampfwagen mit Kanonenbewaffnung war es, die mit Maschinengewehrbewaffnung bestückten Kampfwagen zu unterstützen. Die moralische Wirkung der 7,5 km/h schnellen kleinen Kampfwagen war größer als die tatsächliche Wirkung ihrer Sprenggranaten. Für den Kampf gegen eine starke und auch gegen Panzer abwehrbereite Verteidigung war der Renault zu schwach. Im Sommer und Herbst 1918 erbeuteten die deutschen Truppen einige Renault-Kampfwagen.

Nach dem Krieg wurde er in zahlreiche Länder exportiert, u. a. nach Belgien, Brasilien, China, Estland, Finnland, Italien, Polen und in die Schweiz. Nach dem Ersten Weltkrieg entstanden zudem zahlreiche Varianten. Die französische Armee verfügte bei Ausbruch des Zweiten Weltkrieges noch über 534 leichte Kampfwagen Renault FT 17/18, die in selbständigen Panzerbataillonen und -kompanien eingesetzt wurden. Erbeute FT17 verwendete die deutsche Wehrmacht vor allem für Sicherungsaufgaben.

Der leichte Kampfwagen Renault FT diente zur Unterstützung der Infanterie. Es gab ihn sowohl mit Kanonen- als auch mit MG-Bewaffnung.

CHAR FCM 2C

Der FCM 2C war zu seiner Zeit mit 70 Tonnen der schwerste je gebaute Kampfwagen und hält im Bezug auf die Abmessungen auch heute noch den Rekord für den größten je operativ eingesetzten Panzer. FCM baute zwischen 1920 und 1922 zehn dieser 1917/18 entworfenen schweren Durchbruchspanzer (»Char de Rupture«) mit max. 45 mm starker Panzerung. Die Bewaffnung bestand aus vier 8-mm-MG, davon eines in einem Heckturm, zwei seitlich und eines vorn in der Wanne, sowie einer 7,5-cm-Kanone im Drei-Mann-Drehturm. Der Antrieb erfolgte mit Hilfe zweier 250-PS-Maybach-Motoren benzin-elektrisch, jede Kette verfügte dabei über ihren eigenen Antriebsstrang. Um das 12 km/h schnelle Fahrzeug und seine Bewaffnung zu bedienen, waren zwölf Mann Besatzung nötig. Ursprünglich für die Endphase des Ersten Weltkrieges gedacht, waren die Fahrzeuge 1940 zwar einsatzbereit, jedoch völlig veraltet. Ihre riesige Silhouette und langsame Geschwindigkeit machten sie zu erstklassigen Zielscheiben, vor allem für Luftangriffe. Daher setzte die französische Armee die 2C auch nicht aktiv im Kampf, sondern nur zu Propagandazwecken ein. Um die Fahrzeuge nicht in die Hand des Feindes fallen zu lassen, wurden neun 2C von ihren eigenen Besatzungen gesprengt, beim zehnten gelang dies nicht mehr. Dieses »Champagne« genannte Fahrzeug wurde von der Wehrmacht erbeutet.

Die Größe des FCM 2C wird in Relation zu seiner Besatzung deutlich.

Zwei 250-PS-Motoren waren nötig, um den 70 Tonnen schweren FCM 2 C zu bewegen.
(Foto: MWAK, © CC-BY-SA-3.0)

Den Renault FT17 setzte, wie im Bild zu sehen, auch die US Army im Ersten Weltkrieg ein. Juvigny, Frankreich, 1918.

Renault R35 unter Tarnung. Bewaffnet war er nur mit einer 3,7-cm-Kanone. (Foto: Boksi, © CC-BY-SA-3.0)

Renault R35 im King Ferdinand Museum. Konzipiert als Infanterie-Unterstützungspanzer, hatte er ab 1940 keine große Zukunft mehr. (Foto: Mircea87, © CC-BY-SA-3.0)

Dieser Renault R35 ist im Panzermuseum Saumur ausgestellt. (Foto: Panzermuseum Saumur, © Massimo Foti)

FRANKREICH

Der Infanteriepanzer Hotchkiss H35 modife 39 im israelischen Armored Corps Museum. (Foto: Avishai Teicher, ©) CC-BY-25)

RENAULT R35

Der R35 war als Nachfolger des FT17 konzipiert. Von Mitte 1935 bis zum 1. Juni 1940 stellte Renault für die französische Armee rund 1350 R35 her. Wie der FT17, so war auch der R35 vor allem zur Infanterieunterstützung vorgesehen. Die Wanne war für damalige Verhältnisse respektabel gepanzert (bis zu 40 mm im Frontbereich) und bestand aus verschraubten Gussteilen, doch wie bei fast allen französischen Panzern jener Zeit befand sich der Kommandant allein im Turm und die kurze 3,7-cm-Kanone SA18 war im Einsatz gegen andere Panzer praktisch nutzlos. Einige R35 wurden daher mit einer längeren 3,7-cm-Kanone SA38 L/33 ausgestattet. Die ersten Exemplare waren noch ohne Funkausrüstung, diese wurde erst später eingeführt. Der Turm des R35 ist mit dem des H35 identisch. Für seine Rolle als Fahrzeug zur Infanterieunterstützung war der 9,8 t schwere und auf der Straße bis zu 20 km/h erreichende R35 durchaus geeignet, doch waren die Tage dieser Art der Kriegsführung 1940 vorbei. Auch Polen und Jugoslawien kauften R35 (50 bzw. 54 Stück) und setzten diese gegen die deutschen Invasoren ein. Zahlreiche R35 wurden von den deutschen Truppen erbeutet und für eigene Zwecke genutzt.

Das Laufwerk des R35 erwies sich im Einsatz als weniger zuverlässig und leistungsfähig als erwartet, daher begannen bei AMX (Atelier de Construction des Moulineaux – die Ende 1936 verstaatlichte Rüstungsabteilung des Renault-Konzerns) bereits 1937 Arbeiten an einem verbesserten Typ. Nach zahlreichen Versuchen wurde im Februar 1939 eine neue Aufhängung vorgestellt, die aus zwölf kleinen Laufrollen bestand und mit 8 mm starken Panzerschürzen verkleidet war. Als weitere Modifikationen waren eine verstärkte Panzerung, eine leistungsfähigere 3,7-cm-Kanone SA38 L/33 in einem neuen Turm vom Typ APX-R1 und der serienmäßige Einbau eines Funkgerätes vorgesehen. Der Bau dieser offiziell zunächst R35 modifié 1939 genannten Version verzögerte sich jedoch bis zum Frühjahr 1940, sodass bis zur Niederlage Frankreichs nur noch rund 120 Fahrzeuge ausgeliefert wurden, die nun die Bezeichnung R40 (auch AMX40) trugen. Über die genaue Zahl der noch produzierten Panzer gibt es aufgrund der chaotischen Verhältnisse im Mai und Juni 1940 keine verlässlichen Angaben.

HOTCHKISS H35

Der H35 entstand aufgrund der gleichen Ausschreibung für einen Infanteriepanzer wie der R35. Die Infanterie lehnte das max. 45 mm stark gepanzerte Fahrzeug allerdings aufgrund seiner schlechten Mobilität ab. Der H35 verfügte bei 11,5 t Gewicht nur über einen 75-PS-Motor. Ironischerweise zeigte jedoch die Kavallerie Interesse, sodass der Panzer dort in Dienst gestellt wurde. Rund 400 H35 wurden bis 1938 gebaut, dann stellte man die Produktion auf den verbesserten H35 modifié 39 um, der eine leicht veränderte Wanne und eine erhöhte Motorleistung von 120 PS hatte, die eine Geschwindigkeit von 36,5 km/h ermöglichte. Diese Version wurde bei Hotchkiss intern H38 Serie D genannt, weshalb oft auch die Bezeichnungen H35 für die ältere Version und H38 bzw. H39 für das verbesserte Modell verwendet werden. Ab Anfang 1940 wurde die 3,7-cm-Kanone SA18 durch die leistungsstärkere SA34 gleichen Kalibers ersetzt, zusätzlich wurden einige ältere Panzer nachgerüstet. Insgesamt baute Hotchkiss bis Juni 1940 1080 H35 aller Versionen. Fahrzeuge dieser Baureihe wurden in großer Zahl von der Wehrmacht erbeutet und vielfältig eingesetzt.

H35 modife 39 mit der längeren 3,7-cm-Kanone SA34. (Abb.: © Vincent Bourguignon)

FRANKREICH

CHAR S35 SOMUA

Der S35 war 1940 sicher der beste französische Panzer, vielleicht sogar der beste Panzer jener Zeit. 1935 entschied sich die französische Kavallerie auf ihrer Suche nach einem neuen mittleren Kampfpanzer für den Prototypen der Firma SOMUA (Société d'Outillage Mécanique et d'Usinage d'Artillerie), die 1936 die ersten Serienexemplare des 19,5 t schweren Panzers lieferte. Die bis zu 35 mm stark gepanzerte Wanne bestand aus drei verschraubten Gussstahlteilen. Fahrer und Funker saßen vorn im Bug, der Kommandant allein im bis zu 55 mm stark gepanzerten Turm (auch für den Char B 1 bis verwendet) und musste dort die Waffen richten, abfeuern und das Fahrzeug führen. Der S35 wurde von einem 200-PS-Motor auf bis zu 45 km/h beschleunigt. 1940 entstand eine verbesserte Version (S40) mit einem 220-PS-Motor, die jedoch nur in wenigen Exemplaren gebaut wurde, sowie der Prototyp eines Sturmgeschützes mit einer 7,5-cm-Kanone in der Wanne. Die französische Niederlage führte zur Einstellung dieses Experiments. Bis zum Ende des Frankreichfeldzuges verließen 427 S35 die Werkshallen von Somua. Die Wehrmacht übernahm 297 davon als PzKpfw. 35 S (f) und setzte sie meist auf Nebenkriegsschauplätzen ein.

Der beste französische Panzer zu Beginn des Zweiten Weltkrieges: Char S35 Somua.
(Foto: Mark Peligrini, © CC-BY-SA-2.5)

CHAR B1 BIS RENAULT

Dieses Fahrzeug war der schwerste und bestgeschützte Panzer auf den Schlachtfeldern des Jahres 1940. Die max. 60 mm starke Panzerung des 31,5 t schweren und bis zu 25 km/h schnellen Panzers konnte von den meisten deutschen Pak oder Panzerkanonen nicht durchschlagen werden. Einzig die 8,8-cm-Flak war fähig, den Char B1 bis zu bezwingen. Die Ursprünge des Fahrzeugs gehen auf die späten 1920er Jahre zurück, als die französische Armee einen neuen schweren Panzer in Auftrag gab. Vorserienfahrzeuge (Char B) waren mit einer starr eingebauten, kurzen 7,5-cm-Kanone L/17, einem Zwillings-MG in der Wanne und einem weiteren Zwillings-MG in einem kleinen Drehturm ausgerüstet, während Serienmodelle (Char B1) einen neuen Turm mit einer 4,7-cm-Kanone SA34 erhielten. Nach nur 35 Char B1 wurde die Fertigung im April 1937 auf die Version B1 bis umgestellt, die einen stärkeren Motor mit 300 PS, eine stärkere Panzerung und einen neuen Turm mit einer leistungsfähigeren 4,7-cm-Kanone SA35 besaßen. Bis Juni 1940 wurden 369 Panzer dieses Typs gebaut.

Der Char B1 ter war noch stärker gepanzert und vermochte die Hauptwaffe 5° nach links oder rechts zu schwenken, von diesem Modell wurde jedoch nur noch ein Prototyp fertiggestellt. Auch die Wehrmacht setzte erbeute Char B1 unter der Bezeichnung PzKpfw. B 1 bzw. B 2 (f) ein.

Der S35 Somua verfügte ursprünglich über einen 200-PS-Motor und fuhr 45 km/h schnell.
(Foto: Alf van Beem, © PD)

War mit 31,5 t Gewicht im Jahr 1940 der schwerste Panzer: der Char B1 bis.
(Foto: Willi Ude, © CC-BY-SA-3.0)

Dieser Char B1 bis wurde 1940 von der Wehrmacht erbeutet. (Foto: © PD)

Der Char B1 bis besaß einen 300-PS-Motor und die 4,7-cm-Kanone Sa35.
(Foto: The Shadock, © PD)

Der AMX-13 wurde als luftverlastbarer Jagd- und Spähpanzer konzipiert.
(Foto: Oren Rozen, © CC-BY-SA-4.0)

Die französische Armee wurde ab 1953 mit dem Jagd- und Spähpanzer AMX-13 ausgerüstet.
(© Massimo Foti)

FRANKREICH

Der untere Teil des zweiteiligen Wiegenturms kann um 360° gedreht werden.
(Foto: Alf van Beem, © PD)

AMX-13

1946 begann bei AMX (Atelier de Construction d'Issy-les-Moulineaux) die Entwicklung eines leichten Kampffahrzeugs, das als Jagd- und Spähpanzer dienen und zugleich luftverlastbar sein sollte. Nachdem 1948 ein erster Prototyp vorgestellt worden war, liefen 1953 die ersten AMX-13 Modèle 51 der französischen Panzertruppe zu. Motor und Getriebe des AMX-13 liegen vorn, der Fahrer findet seinen Platz links daneben. Das ungewöhnlichste Merkmal des Typs ist sicher sein zweiteiliger Wiegenturm. Der untere Teil kann um 360° gedreht werden, während der obere Teil über zwei Zapfen mit dem Unterteil verbunden und so in der Höhe schwenkbar ist. Die Bordkanone (BK) und ein koaxiales MG können auf diese Weise zwar starr in den oberen Turmteil eingebaut, aber dennoch in alle Richtungen bewegt werden. Der starre Einbau im Turm erlaubt den Einbau eines Ladeautomaten im Turmheck, der von zwei Trommelmagazinen mit je sechs Schuss gespeist wird. Die Besatzung reduziert sich so auf Fahrer, Kommandant (links im Turm) und Richtschütze (rechts im Turm). Der Ladeautomat erlaubt eine Schussfolge von 10–12 Schuss pro Minute, muss dann jedoch von Hand nachgeladen werden. Im Panzer werden weitere 25 Granaten mitgeführt. Die ursprüngliche 75-mm-BK des AMX-13 ist stark von der 75-mm-KwK 42 des Panthers beeinflusst, ist aber kürzer (L/61,5) und verschießt andere Munition. Ab Anfang 1967 kam eine 90-mm-BK zum Einbau, französische AMX-13 mit 75-mm-BK wurden auf diesen Standard nachgerüstet. Exportfahrzeuge konnten auch mit einer 105-mm-BK ausgerüstet werden. Alle genannten Versionen wogen rund 15 t und wurden von einem 250-PS-Benzin-Motor auf max. 64 km/h beschleunigt.

Neben den bereits genannten Modellen entstand noch eine Reihe weiterer Versionen, zu der der Schützenpanzer (AMX-VTT und -VCI), eine 105-mm- und 155-mm-Panzerhaubitze (AMX-105 bzw. AMX Mk 61 und AMX Mk F3), ein Flak-Panzer mit einer 30-mm-Zwillingsflak (AMX-13 DCA 30), ein Bergepanzer (AMX-D), ein Brückenleger (AMX-PDP) sowie ein Fahrschulfahrzeug gehören. Insgesamt entstanden bis Ende der 1980er Jahre 7615 Fahrzeuge dieser Panzerfamilie, davon über 3000 AMX-13 der Basisversion. Der AMX-13 wurde in zahlreiche Länder Südamerikas, Asiens und Afrikas exportiert, wurde aber auch von der Schweiz (200 AMX-13 ab 1952), den Niederlanden (131 Stück ab 1961) sowie Österreich (35 Stück von 1957 bis 1968) beschafft. Obwohl veraltet, zählen AMX-13 (allerdings z.T. erheblich modifiziert) noch zum Inventar einiger Streitkräfte, vor allem in Südamerika und Südostasien.

Der AMX-13 wurde in zahlreichen Konflikten eingesetzt, so ab 1954 auf französischer Seite in Algerien und während der Suez-Krise von 1956. Israel erwarb Anfang der 1950er Jahre über 200 AMX-13 und setzte diese 1956 und 1967 ein. Indische AMX-13 kamen 1965 und 1971 im Kampf gegen Pakistan zum Einsatz. In all diesen Kriegen erwies sich der AMX-13 aufgrund seiner schwachen Bodenpanzerung als sehr empfindlich bei Minentreffern. Positiv fielen hingegen seine Mobilität und Zuverlässigkeit auf.

Dank eines Ladeautomats im Turmheck reduziert sich die Besatzung des AMX-13 auf drei Mann.
(Foto: © Massimo Foti)

Der AMX-13 überzeugte durch seine Zuverlässigkeit und hohe Mobilität, besaß aber eine zu schwache Bodenpanzerung.
(Foto: Vassil, © PD)

AMX 30

Der AMX-30 ist das französische Gegenstück zum deutschen Leopard 1, beide Typen gehen auf ein deutsch-französisches Abkommen zur Entwicklung eines gemeinsamen Standard-Kampfpanzers von 1956 zurück. Wie so oft scheiterte auch dieses internationale Rüstungsprogramm – beide Staaten bauten schließlich ihre eigenen Entwürfe. Atelier de Construction d'Issy-les-Moulineaux (AMX) stellte im September 1960 den ersten Prototyp des neuen Panzers vor. Bis 1965 folgten zehn weitere Prototypen (AMX-30A), bei denen verschiedene Turm- und Wannenformen erprobt wurden. Besaßen die ersten neun Prototypen noch einen SOFAM-Ottomotor, so waren die letzten beiden Versuchsfahrzeuge mit 720 PS leistenden Hispano-Suiza-Vielstoffmotoren ausgerüstet. Das ab 1966 gebaute Serienmodell (AMX-30B) besaß einen gegossenen Turm und eine gegossene und geschweißte Wanne. Zu seinem Schutz verließ sich der 36 t wiegende AMX-30 weniger auf seine Panzerung (max. 50 mm) als auf eine flache Silhouette und hohe Mobilität (max. 65 km/h), da die Konstrukteure der Meinung waren, dass eine Panzerung, die stark genug gewesen wäre, um modernen Hohlladungs-Geschossen (HL) Paroli zu bieten, den Panzer zu schwer und unbeweglich gemacht hätte.

Die 105-mm-Zugrohr-BK verschoss gegen Panzer zunächst nur HL-Munition, die aber einen interessanten Aufbau besaß. Da die Wirksamkeit von HL-Gefechtsköpfen leidet, wenn sie durch eine Zugrohr-BK in Drehung versetzt werden, bestand dieses Geschoss daher aus einem äußeren, sich rasch drehenden Teil und einem inneren Part, der weit weniger schnell rotierte, da er über Kugellager mit der äußeren Hülle verbunden war. Bis auf 3000 m waren so Durchschlagsleistungen von 400 mm Panzerstahl möglich. Die Hauptwaffe war zunächst nicht stabilisiert, dies wurde erst 1971 eingeführt.

Der Kommandant verfügte über einen optischen-EM. Ab 1972 wurde das 12,7-mm-MG neben der BK durch eine 20-mm-MK ersetzt, die unabhängig von der Hauptwaffe bis auf +45° gerichtet werden konnte und so auch gegen Luftziele einsetzbar war. Ältere AMX-30 wurden entsprechend nachgerüstet. Probleme bereitete dem AMX-30 vor allem das manuelle Getriebe. Ab 1979 wurde der Typ daher einem umfangreichen Modernisierungsprogramm unterzogen, zu dem der Einbau eines neuen, halbautomatischen Getriebes, eines Motors mit 780 PS, eines verstärkten Fahrwerks, eines verbesserten ABC-Schutzsystems sowie eines integrierten FL-Systems mit Laser-EM und Restlichtkamera gehörten. Die ersten modifizierten, nun AM-30B2 genannten Panzer liefen der Truppe 1982 zu. Neben 493 Umbauten entstanden 166 neue B2. Bis 1985 wurden für die französische Armee insgesamt 1173 AMX-30 gebaut.

In den 1990er Jahren rüstete die französische Armee die AMX-30 zweier Regimenter mit ERA-Blöcken aus, die Turm und Wannenfront schützten. Ab 1998 erhielten noch vorhandene AMX-30 neue 750-PS-Diesel. Dieser Motor wurde ab jenem Zeitpunkt auch in Fahrzeuge verbaut, die auf dem Fahrgestell des AMX-30 basieren. Neben einem Bergepanzer (AMX-30D), einer Panzerhaubitze (AMX-30 AuF1 oder GCT 155 mm), einem Pionierpanzer (AMX-30 EBG) und einem Minenleger (AMX-30 EBD) gehörten dazu ein Fahrschulpanzer, ein Träger für eine taktische Atomrakete (TEL Pluton) und der FlaRak-Panzer Roland (AMX-30R) sowie ein Fahrzeug zur Darstellung gegnerischer Panzer im Manöver (AMX-30 FORAD). Eine kleine Zahl von AMX-30 wurde mit Minenräumgeräten der ehemaligen NVA zu Minenräumpanzern umgerüstet.

Der AMX-30S war eine vereinfachte Exportversion für den Nahen Osten mit einem auf 620 PS gedrosselten Motor, Kettenblenden und auf 60 km/h reduzierter Geschwindigkeit. Saudi-Arabien beschaffte davon ab 1973 190 Stück sowie 59 AMX-30D Bergepanzer, 52 AMX-30DCA Flakpanzer mit 30-mm-Zwillingsflak und 50 AMX-30SA mit Sahine FlaRak. Weitere neun Staaten beschafften AMX-30, die größten Abnehmer darunter waren Griechenland, Venezuela und Spanien. Spanien baute den Typ auch in Lizenz (AMX-30E). Bis 1994 wurden insgesamt 3571 AMX-30 produziert.

Zwei AMX-30-Kampfpanzer während der Operation Desert Storm 1991 im Irak. (Foto: © PD)

AMX-30-Panzer nehmen an Militärparade der Alliierten in Berlin teil. (Foto: © PD)

Der AMX-30 war das französische Gegenstück zum deutschen Leopard 1. (Foto: © PD)

Zu seinem Schutz verließ sich der AMX-30 weniger auf seine Panzerung als seine Geschwindigkeit. (Foto: © Paul Appleyard)

Der AMX-56 Leclerc verfügt als erster westlicher Panzer über einen Ladeautomaten. (Foto: Daniel Steger, © CC-BY-SA-2.5)

Eine 120-mm-Glattrohr-BK L/52 mit Feldjustieranlage und Wärmeschutzhülle stellt die Hauptbewaffnung des AMX-56 Leclerc dar. (Foto: AlfvanBeem, © PD)

Sein 1500-PS-Hyperbar-Diesel beschleunigt den Leclerc auf bis zu 72 km/h.
(Foto: David Monniaux, © CC-BY-SA-3.0)

AMX-56 LECLERC

Nachdem bereits 1977 erste Planungen für einen Nachfolger des AMX-30 begonnen hatten und diverse Versuchsträger gebaut worden waren, folgten 1989 die ersten Prototypen des AMX-56. Das erste Serienfahrzeug wurde im Dezember 1991 fertiggestellt und im Januar 1992 der französischen Armee übergeben. Als Novum im westlichen Kampfpanzerbau verfügt der AMX-56 über einen Ladeautomaten (12 Schuss/min), der seine Munition aus einem 22-Schuss-Magazin im Turmheck bezieht. 18 weitere Granaten sind rechts neben dem Fahrer gelagert. Die Hauptwaffe ist eine vollstabilisierte 120-mm-Glattrohr-BK L/52 mit Feldjustieranlage und Wärmeschutzhülle. Die BK besitzt keinen Rauchabsauger, Gase werden mittels eines Überdrucksystems aus dem Rohr gedrückt. Koaxial ist ein 12,7-mm-MG installiert. Die BK ist theoretisch in der Lage, die Munition der Rheinmetall 120-mm-BK des Leopard II zu verschießen, tatsächlich kommt jedoch allein französische Munition zum Einsatz. Das Laufwerk des 56,5 t schweren AMX-56 Leclerc (nach einem General der Freien Französischen Streitkräfte des Zweiten Weltkriegs benannt) ist hydropneumatisch gefedert. Die digitale, voll integrierte FL-Anlage ist eine der modernsten der Welt und verfügt über einen Laser-EM, WBG sowie Restlichtverstärker und wird durch eine GPS-gestützte Trägheitsnavigationsanlage und ein Gefechtsfeldführungssystem ergänzt. Als weiteres Novum führte der AMX-56 eine modulare Verbundpanzerung ein, die bei Beschussschäden oder Modernisierungen rasch ausgetauscht werden kann. Im Gefahrfall kann die in die hinteren Turmseiten integrierte GALIX-Selbstschutz- und Nebelmittelwurfanlage Nebel-, Spreng-Splitter, Tränengas-, Leucht- oder IR-Täuschkörper abfeuern.

Der Leclerc ist in seiner Bauweise kompakter als andere westliche Kampfpanzer. Dies wird zum einen durch die Verringerung der Besatzung auf drei Mann, zum anderen durch den Einsatz eines sehr kompakten, 1500 PS leistenden Hyperbar-Diesels erreicht, der den Panzer auf bis zu 72 km/h beschleunigt. Dieses Triebwerk ist eine Kombination aus Dieselmotor und Gasturbine, dabei stammt die vorverdichtete Luft des Diesels aus der Verdichterstufe der Turbine. Das bei Turbodieseln gefürchtete »Turboloch« wird so vermieden. Diese Vorteile werden allerdings durch Komplexität und vergleichsweise hohen Treibstoffverbrauch erkauft. Insgesamt wurden für die französische Armee 406 AMX-56 in drei Serien gebaut. Die zweite Serie (1997–2003) weist eine verbesserte ABC-Schutzanlage mit integrierter Klimaanlage, eine Rückfahrkamera sowie weitere Detailänderungen auf. Serie 3 (2003–2005) verfügt über eine verstärkte Panzerung, ein neues WBG, einen Laser-EM in der Kommandantenoptik sowie ein verbessertes Gefechtsfeldführungssystem. Die Version für die Vereinigten Arabischen Emirate (Leclerc EAU) ist mit einem deutschen MTU-Triebwerk von 1500 PS ausgerüstet, das eine um 30 cm längere Wanne erfordert. Zudem besitzt diese Variante neue Kettenblenden, eine überarbeitete Panzerung und Elektronik sowie eine neue Klimaanlage und ein fernbedienbares MG auf dem Turmdach. Als weitere Varianten entstanden zwei Bergepanzertypen (Leclerc DNG und MARS), ein Pionierpanzer (Leclerc EPG) und ein Fahrschulwagen. Ein Brückenlegefahrzeug (PTG) wurde nicht in Serie gebaut. Der Leclerc AZUR, eine spezielle Version für den Kampf im urbanen Gelände, besitzt u.a. eine fernbediente Waffenstation auf dem Turm, verstärkte Kettenblenden und Käfigpanzerung im Heckbereich. Frankreich beschaffte bis 2006 406 Kampf- und 20 Bergepanzer. Die VAE besitzen 388 Kampf- und 46 Bergepanzer. Frankreich hatte 2011 nur noch 254 Leclerc-Kampfpanzer in Dienst und hofft, gebrauchte Fahrzeuge an Kolumbien und Katar veräußern zu können.

AMX-56 Leclerc. (Abb.: © Vincent Bourguignon)

GROSSBRITANNIEN

Großbritannien war das Geburtsland des Kampfpanzers. Am 15. September 1916 rollten die ersten Panzer des Typs Mk I ins Gefecht und schrieben damit nicht nur Geschichte, sondern änderten die Kriegführung fundamental. Eine neue Waffe war erschienen, die das Schlachtfeld der kommenden Kriege dominieren sollte. Großbritannien blieb bis in die 1930er Jahre führend im Panzerbau, produzierte dann jedoch eine ganze Reihe mittelmäßiger oder gar katastrophaler Kampffahrzeuge und konnte während des Zweiten Weltkriegs nicht mit den in Deutschland oder der Sowjetunion konstruierten Typen mithalten. Schuld daran war nicht zuletzt eine veraltete Doktrin, die Panzer in zwei Kategorien aufteilte. Schwer gepanzerte, aber langsame Typen zur Infanterieunterstützung und schnelle, aber nur leicht gepanzerte Fahrzeuge für die weiträumige Kriegsführung (Cruiser Tanks oder Kreuzerpanzer). Erst 1945 stellte die britische Industrie mit dem Centurion wieder einen erstklassigen Panzer vor. Aufgrund der Erfahrungen des Zweiten Weltkriegs favorisierten die Briten nach 1945 Feuerkraft und Schutz vor Beweglichkeit. Die Typen Chieftain und Challenger 1 waren daher stark bewaffnet und gepanzert, jedoch vergleichsweise wenig mobil. Auch der aktuelle Challenger 2 folgt dieser Doktrin. Im Irakkrieg 2003 bewies sich, wie gut geschützt die Challenger 2 sind. Nur ein einziges Fahrzeug dieses Typs ging verloren – durch eigenen Beschuss.

Der Challenger 2 wurde 2002 in die britische Armee eingeführt. (Foto: © Paul Appleyard)

Der Vorläufer der britischen Panzer des Ersten Weltkriegs war der Prototyp Little Willie, der im September 1915 seine Erprobung aufnahm. (Foto: © PD)

Heckansicht eines Mk I. Man beachte die als Lenkhilfe eingesetzten Räder am Heck. (Foto: James Morley, © PD)

Der Einsatz der Mark IV-Tanks am 20. November 1917 in der Schlacht bei Cambrai war ein voller Erfolg. Die Tanks bewährten sich in taktischer wie in technischer Hinsicht. (Foto: Philip Capper, © CC-BY-2.0)

Mark V in der 100-Tage-Offensive vom August bis November 1918. (Foto: © PD)

GROSSBRITANNIEN

MARK I–IV

Das britische Kriegsministerium bestellte im Januar 1916 zunächst 100, später 150 schwere Kampfwagen, die zur Tarnung den Namen »Tank« erhalten hatten. Aus taktischen Erwägungen teilte man den Auftrag in 75 mit zwei 57-mm-Kanonen und drei Maschinengewehren bewaffnete (»männliche«) und 75 mit fünf Maschinengewehren bewaffnete (»weibliche«) Tanks. Noch bevor die ersten serienmäßig hergestellten Tanks einsatzbereit waren, forderte der britische Oberbefehlshaber in Frankreich, Sir D. Haig, den Einsatz der neuen Waffe in der für den Sommer 1916 geplanten Offensive, um deren Brauchbarkeit zu testen. Sie kamen im Anschluss in der Schlacht an der Somme und am 15. September bei Flers erstmals zum Einsatz. Als mangelhaft erwies sich dabei ihre geringe Beweglichkeit. Der 105-PS-Motor des Modells Mk I war bereits auf der Straße mit den 28 t Gewicht der »männlichen« Ausführung überfordert und ermöglichte eine Geschwindigkeit von nur 6 km/h. Zudem war die Panzerung (max. 12 mm) zu schwach und die Sicht der Besatzung sehr begrenzt, ganz zu schweigen von deren Beeinträchtigung durch Lärm und Hitze im Wageninneren.

Von der Version Mk II wurden Ende 1916/Anfang 1917 erneut 25 »männliche« (mit 57-mm-Kanonen und drei MG) und 25 »weibliche« Varianten (mit fünf Maschinengewehren) gebaut. Die seitlichen Erker der letzteren Version waren in Größe und Ausführung baugleich denen der männlichen Tanks. Sie unterschieden sich nur durch die beiden Blenden zum Einbau von zwei schwenkbaren Maschinengewehren je Erker. Neu war, dass ab Baureihe Mk II zusätzliche Klauen für die Gleisketten zum Einsatz kamen. Sie erhöhten die Griffigkeit in aufgeweichtem Gelände. Nach der nur für die Schulung in der Heimat eingesetzten Zwischenlösung Mk III kam ab Sommer 1917 die Ausführung Mk IV zur Auslieferung.

Unter Beachtung der bisher gemachten Erfahrungen war die Entwicklung dieses Modells im Oktober 1916 angelaufen und das Royal Tank Corps erhielt insgesamt 1220 Mk IV. 420 davon waren »männliche« Tanks mit kürzeren Hotchkiss 57-mm-Kanonen L/23, da die Läufe der längeren Kanonen im Gelände steckenblieben. Hinzu kamen 595 »weibliche« Panzer mit fünf MG und 205 Versorgungsfahrzeuge.

Ihren größten Einsatz hatten Mk-IV-Tanks am 20. November 1917 bei Cambrai. 378 Kampfwagen waren bereitgestellt geworden, wegen Pannenausfällen nahmen dann aber nur 362 an der Tankschlacht teil. Ihr überraschender Massenangriff wurde ein voller Erfolg, auch in technischer und taktischer Hinsicht: Sie ließen sich leichter fahren, waren technisch zuverlässiger und besaßen eine Panzerung, die gegen die panzerbrechende MG-Munition der deutschen Truppen sicher war. Dennoch waren die Militärs nicht mit den Fahreigenschaften und der zu geringen Geschwindigkeit der Tanks zufrieden, weshalb leichtere und damit schnellere Kampfwagen gefordert wurden. Die neue kurzläufige 57-mm-Kanone L/23 hatte sich indes bewährt.

Kampfwagen männlicher und weiblicher Ausführung kamen gemischt in Zügen zu vier Fahrzeugen zum Einsatz. Eine Kompanie bestand aus vier Zügen mit insgesamt 16 Mk IV. Ein Bataillon hatte neben dem Stab und einer motorisierten Werkstatt drei Kompanien; eine Brigade des Royal Tank Corps gliederte sich in drei Bataillone.

Einige Mk IV-Tanks wurden zu Studien- und Ausbildungszwecken an die Streitkräfte der USA abgegeben. Dem deutschen Heer fielen bis zum 30. April 1918 150 englische Kampfwagen in die Hände, von denen ein Großteil wieder instand gesetzt wurde, um sechs Beutekampfwagen-Abteilungen damit auszustatten. Kurzzeitig spielte die deutsche Heeresverwaltung sogar mit dem Gedanken, den Mk IV nachzubauen.

Mark IV. (Foto: Oren Rozen, © CC-BY-SA-3.0)

GROSSBRITANNIEN

MITTLERER KAMPFWAGEN MK A WHIPPET

Der als »Whippet« (Windhund) bezeichnete Mk A wurde von vorneherein als schneller Kampfwagen konzipiert und erreichte die jene Zeit respektable Geschwindigkeit von 13 km/h. Hauptaufgabe des ca. 14 t wiegenden Mk A war die Verfolgung des Gegners, nachdem schwere Tanks dessen Verteidigung durchbrochen hatten.

Die ersten von insgesamt 200 Serienfahrzeugen kamen Ende 1917 zur Truppe. Ihre Feuertaufe erhielten sie während der deutschen Frühjahrsoffensive im März 1918, als das Royal Tank Corps bereits über 50 Mk A in Dienst hatte.

Der Mk A besaß zwei 45-PS-Motoren, deren Kraft über je ein eigenes Getriebe auf nur eine Kette übertragen wurde. Gesteuert wurde dadurch, dass auf der Fahrer auf der einen Seite mehr und auf der anderen weniger Gas gab – bei heftigen Lenkmanövern führte diese Methode nicht selten dazu, dass der Fahrer einen Motor abgewürgte. Zum Einsatz gegen Bunker oder gar andere Panzer war der nur mit MG ausgerüstete Mark A zu schwach bewaffnet. Dennoch bewährte sich der Typ in technischer und taktischer Hinsicht.

Die Deutschen reparierten einzelne erbeutete »Whippet« und bereiteten sie für den Fronteinsatz vor. Während des Bürgerkrieges 1918–1920 fanden acht Mk A ihren Weg nach Russland und kamen teilweise noch bei der Roten Armee zum Einsatz, weitere sechs wurden nach Japan geliefert, wo sie bis Anfang der 1930er Jahre im Einsatz blieben.

Als schneller Tankwagen sollte der Mark A Whippet den Gegner verfolgen, nachdem schwerere Tanks zuvor die Verteidigung durchbrochen hatten.
(Foto: Mark Pelligrini, © CC-BY-SA-2.5)

VICKERS MEDIUM

Der Vickers Medium war der erste nach dem Ersten Weltkrieg in Serie gebaute britische Kampfpanzer und verfügte über eine Reihe von wegweisenden Merkmalen. So war dieser Typ der erste britische Tank mit einem vollständig drehbaren Turm. Als Hauptwaffe diente eine schlagkräftige 47-mm-Kanone, die durch fünf MG ergänzt wurde. Mit Hilfe eines vorn installierten 90-PS-Motors erreichte das rund 12 t schwere Fahrzeug 24 km/h. Die erste Version (Medium Mk I) wurde 1924 in Dienst gestellt und besaß ein gefedertes Laufwerk sowie eine 6,35 mm starke Panzerung. Insgesamt produzierte Vickers 80 Mk I, darunter auch solche mit 94-mm-Haubitzen zur Nahunterstützung. Von 1925 bis 1934 entstanden rund 125 verbesserte Mk II, die u.a. eine max. 8 mm starke Panzerung aufwiesen und daher 14 t wogen. Zu den diversen Versionen des Mk II gehörten erneut Tanks mit 94-mm-Haubitzen. Der Vickers Medium stellte von Mitte der 1920er bis kurz vor Kriegsausbruch den Hauptteil der britischen Kampfpanzerflotte und war zur Zeit seiner Entstehung ein leistungsfähiger und moderner Entwurf. 1931 wurden 15 oder 16 leicht modifizierte Mk II in die UdSSR exportiert. Während der Anfangsphase des Zweiten Weltkriegs kamen einige Vickers Medium noch als Schulfahrzeuge zum Einsatz, wurden aber offenbar nicht im Kampf eingesetzt.

Vickers Mk II. (Foto: Imperial War Museum, © PD)

Der Mark A Whippet besaß zwei 45-PS-Motoren, die ihre Kraft über ein eigenes Getriebe auf nur eine Kette übertrugen. (Foto: Tank Museum Bovington, © Massimo Foti)

Mark A / Mark IV Whippet. (Foto: Alf van Beem, © PD)

Der Vickers Medium Mk I war der erste Kampfpanzer, der nach dem Ersten Weltkrieg in Serie produziert wurde. Er wartete mit einer Reihe von technischen Innovationen auf. (Foto: Imperial War Museum, © PD)

Vickers-Carden-Loyd Light Tank Model 1935 der Schweizer Armee. (Foto: Jakob Naef, © PD)

Vickers Light Tank MK IIA. Wegen ihres geringen Kampfwertes wurden diese Panzer vor allem zur Aufklärung eingesetzt. (Foto: Hugh Llewlyn, © CC-BY-SA-2.0)

Vickers Light Tank Mk IV. Ab 1941 wurden diese leichten Vickers-Panzer langsam ausgesondert. (Foto: Imperial War Museum, © PD)

Vickers Mk VI. Die größten Vorteile dieser Panzer waren ihre geringen Kosten und ihre hohe Beweglichkeit. (Foto: Bdrieu, © CC-BY-SA-3.0)

VICKERS LIGHT TANKS

Vickers stellte von 1929 bis 1940 eine Serie von recht ähnlichen leichten Panzern her, die sowohl bei den britischen Streitkräften als auch bei Exportkunden zum Einsatz kamen. Bei allen Modellen dieser Reihe waren Motor und Getriebe vorn eingebaut. Der Fahrer saß links daneben, während der Drehturm (zunächst nur mit einem, bei späteren Modellen mit zwei Mann besetzt) sich hinten auf der Wanne befand. Sämtliche Versionen (Mk I – Mk VI) waren nur mit MG der Kaliber 7,7 mm und/oder 12,7 mm bewaffnet, allein die Abschlussvariante Mk VIC erhielt eine 15-mm-Waffe. Größter Vorteil dieser Fahrzeuge waren ihre geringen Kosten sowie die für die damalige Zeit hohe Beweglichkeit. Häufigste Version (ca. 1000 Fahrzeuge) und bei Beginn des Zweiten Weltkrieges leichter Standardpanzer der Briten war das von 1935 bis 1940 gebaute Modell Mk VI. Da der Kampfwert der Fahrzeuge zu jener Zeit jedoch nur noch gering war, kamen sie in Frankreich, dem Mittelmeerraum und Nordafrika vor allem als Aufklärungspanzer zum Einsatz. Zudem entstand eine kleine Zahl von Flak-Panzer, die über vier 7,92-mm-MG in einem Drehturm verfügte. Ab 1941 wurden die leichten Vickers-Panzer schrittweise ausgesondert.

MK VI. (Foto: Chad Kainz, © CC-BY-2.0)

Vickers Mk III. (Foto: © PD)

GROSSBRITANNIEN

INFANTRY TANK MK A 11 MATILDA I

Das britische Konzept zum Einsatz von Panzern vor und während des Zweiten Weltkrieges sah zwei Haupttypen vor: schwergepanzerte, langsame Infanteriepanzer und sogenannte »Cruiser«, die schnell und relativ schwach gepanzert waren. Der A 11 war der erste nach diesem Konzept gebaute Kampfwagen zur Unterstützung der Infanterie. Das britische Kriegsministerium hatte 1935 von Vickers-Armstrong einen möglichst günstigen Entwurf gefordert, sodass sich der Konstrukteur Sir John Carden gezwungen sah, den Panzer auf das absolut Notwendigste zu beschränken. Das Ergebnis war ein zwar gut gepanzertes (max. 65 mm), aber mit nur einem 7,7-mm-MG bewaffnetes Zweimann-Fahrzeug mit 11,1 t Gewicht und einer Höchstgeschwindigkeit von nur 13 km/h. Dennoch akzeptierte der Generalstab im April 1937 den Kampfwagen und übernahm die bei Vickers werksintern verwendete Bezeichnung Matilda. Bis 1940 wurden insgesamt 139 dieser Panzer produziert, spätere Fahrzeuge erhielten ein 12,7-mm-MG und ein Funkgerät. 55 Matilda I wurden 1940 in Frankreich eingesetzt und gingen sämtlich verloren. Die in Großbritannien verbliebenen Panzer dieses Typs wurden danach nur noch zu Ausbildungszwecken verwendet.

Der Matilda I erfüllte die Anforderung nach einem schweren Panzer zur Infanterieunterstützung. (Foto: Simon Q, © CC-BY-2 0)

INFANTRY TANK MK II A 12 MATILDA II

Während die Erprobung des Matilda I noch im Gange war, vergab das britische Kriegsministerium an das Royal Arsenal in Woolich bereits den Auftrag zur Entwicklung eines Nachfolgers. Der 1936 vorgestellte Entwurf A 12 war schwer gepanzert und bestand, um den Schutz weiter zu verbessern, weitgehend aus Gussteilen. Da nur wenige Betriebe in Großbritannien in der Lage waren, diese großen Gussstahlteile zu fertigen, wurde der Bauauftrag an Werke vergeben, die sonst Lokomotiven herstellten. Da diese Firmen nur wenig Erfahrung mit Panzern hatten, führten im Zusammenspiel mit der aufwändigen Bauweise dazu, dass die Produktion nie die gewünschte Höhe erreichte. Obwohl bereits 1938 die Erprobung des ersten Prototyps begonnen hatte, waren 1940 in Frankreich nur etwa zwei Dutzend Matilda II im Einsatz, die den deutschen Truppen jedoch große Probleme bereiteten. Einzig die 8,8-cm-Flak war der bis zu 78 mm starken Panzerung des Matilda II gewachsen. Dessen Zweipfünder (Kaliber 4 cm) durchschlug im Gegenzug auf Kampfentfernung die Panzerung jedes gegnerischen Fahrzeuges. Auch in Nordafrika erzielten A 12 (nach dem Abzug des Matilda I nur noch als Matilda bezeichnet) große Erfolge gegen die italienische Armee.

Praktisch unverwundbar, wurde der Panzer geradezu legendär und erwarb sich den Namen »Queen of the desert« (Königin der Wüste). Als sich der A 12 ab dem Frühjahr 1941 erneut der 8,8-cm-Flak gegenüber sah, wendete sich das Blatt allerdings. Versuche, den Matilda mit einer 5,7-cm-Kanone auszurüsten, scheiterten am zu geringen Durchmesser des Turmdrehkranzes. Zugleich war der gut 27 t schwere Typ untermotorisiert und erreichte selbst unter guten Bedingungen nur 24 km/h.

Nach Juli 1942 war die Zeit des Matilda als Kampfpanzer bei den Briten beendet und die Fahrzeuge wurden für Spezialaufgaben verwendet. So entstanden u.a. Minenräumpanzer (Baron, Scorpion) und Scheinwerferträger CDL). Die australische Armee hingegen nutzte den A 12 bis 1945 intensiv während der Kämpfe gegen die Japaner und schuf ihre eigenen Flammwerferversionen (Frog und Murray). Insgesamt wurden 2987 A 12 in sechs leicht unterschiedlichen Varianten gefertigt. So wurde die Motorleistung von 174 PS auf 190 PS erhöht, das Vickers-MG gegen eines vom Typ Besa ausgetauscht und es entstand eine Variante mit einer 7,62-cm-Haubitze im Turm. Die UdSSR erhielt im Zuge des Leih- und Pacht-Abkommens über 1000 Matilda, die eine wichtige Rolle an der Ostfront spielten.

Matilda II Mk II einer unbekannten Einheit der Roten Armee, Ostfront 1942. (Abb.: © WKA)

Der Matilda I A11 war zwar stark gepanzert, verfügte als Bewaffnung jedoch nur über eine 7,7- oder 12,7-mm-MG. (Foto: Imperial War Museum, © PD)

Fürchten musste der Matilda II aufgrund seiner starken Panzerung nur die deutsche 8,8-cm-Flak. (Foto: Brian Voon Jee Yap, © CC-BY-SA-3.0)

Der Matilda II erwarb sich in Nordafrika den Ruf der Unverwundbarkeit und wurde deshalb »Queen of the desert« genannt. (Foto: Keating G, © PD)

Valentine Mk XI mit 57-mm-Kanone. (Foto: © PD)

Valentine Mk III der neuseeländischen Armee mit 3-Mann-Turm mit verbesserter Blende und 2-Pfünder-Kanone.

Der Mk III Valentine wurde geschätzt wegen seiner Robustheit und seiner Zuverlässigkeit. Schwachpunkte waren seine Enge, seine zu geringe Geschwindigkeit und die zu schwache Heckpanzerung. (Foto: Joy Cohn, © CC-BY-2.0)

Valentine Mk II mit 2-Pfünder-Kanone (40 mm) im Panzermuseum Bovington.
(Foto: Hugh Llewelyn, © CC-BY-SA-4.0)

INFANTRY TANK MK III VALENTINE

Vickers-Armstrong begann Ende 1937 mit der Konstruktion eines neuen Infanteriepanzers, ohne dass ein offizieller Auftrag vorgelegen hätte und präsentierte dem Kriegsministerium am 10. Februar 1938 seine Entwürfe. Eine Produktionsgenehmigung für den nun offiziell »Valentine« genannten Typ erging jedoch erst kurz vor Kriegsausbruch im Jahre 1939, sodass die ersten Panzer der Truppe nicht vor Mitte 1940 zuliefen – zu spät für einen Einsatz in Frankreich. Über die Entstehung des Namens Valentine gibt es zahlreiche Spekulationen, wahrscheinlich war es jedoch schlicht die werksinterne Bezeichnung des Entwurfes.

Vickers Ziel war es gewesen, einen kostengünstiger und einfacher als den Matilda II herzustellenden Infanteriepanzer zu bauen. Um Zeit und Geld zu sparen, verwendete man das praktisch unveränderte Laufwerk des Kreuzerpanzers A 10, woraus sich eine Beschränkung des Höchstgewichtes auf 16 t ergab. Um innerhalb dieser Grenzen dennoch eine möglichst starke Panzerung (max. 65 mm) unterzubringen, war der Valentine sehr kompakt in seinen Abmessungen. Zu kompakt, wie manche Besatzungen meinten, die mit seinem engen Innenraum fertig werden mussten. Dies galt insbesondere für den kleinen Turm, der in den meisten Versionen keinen Raum für einen Ladeschützen bot. So war der Kommandant häufig überfordert, wenn er gleichzeitig den Panzer führen, funken und die Kanone laden sollte. Hauptproblem war neben der Enge vor allem die zu geringe Geschwindigkeit des Panzers (max. 24 km/h) und die schwache Heckpanzerung. Dennoch wurde der Typ wegen seiner Robustheit und Zuverlässigkeit sehr geschätzt.

Der Valentine war recht wandlungsfähig, es gab 11 verschiedene Versionen (Mk I bis Mk XI) mit Kanonen der Kaliber 4-, 5-, 7- und 7,5-cm sowie fünf unterschiedlichen Benzin-, bzw. Dieselmotoren von 131 bis 210 PS. Dazu Selbstfahrlafetten und Spezialversionen wie Befehls-, Brückenlege-, Minenräum- oder Schwimmpanzer. Der Valentine wurde bis 1944 gebaut und war mit 6855 in Großbritannien und 1420 in Kanada hergestellten Einheiten der meistproduzierte britische Panzer des Zweiten Weltkrieges. Neben Briten und Kanadiern, die ihn von 1940 bis 1945 einsetzten, verwendeten auch die im Pazifikraum kämpfenden Neuseeländer den Panzer.

Die Rote Armee, welche im Rahmen des Leih- und Pacht-Abkommens 3784 Valentine verschiedener Versionen erhielt, setzte den Typ an der Ostfront ein. Die Sowjets lobten dessen zuverlässigen Motor sowie das robuste Laufwerk. Allerdings befanden sie die 4-cm-Kanone der ersten Modelle als zu schwach, weshalb mitunter russische 7,62-cm-Kanonen zum Einbau kamen.

Valentine Mk IX mit 6-Pfünder-Kanone. (Foto: © Paul Appleyard)

GROSSBRITANNIEN

MK IV A 22 CHURCHILL

Die Ursprünge des Churchill gehen auf den Entwurf A 20 von Harland and Wolff zurück, der stark an die Panzer des Ersten Weltkriegs erinnerte. Im Juni 1940 wurde die Erprobung des A 20 jedoch wegen ernster Motor- und Getriebeprobleme abgebrochen und Vauxhall mit einer grundlegenden Überarbeitung des Entwurfes beauftragt. Aufgrund der im Sommer 1940 angespannten militärischen Lage Großbritanniens war die zur Verfügung stehende Zeit mehr als knapp, dennoch gelang es Vauxhall bereits Ende 1940 den ersten Prototypen des neuen Entwurfes (A 22) vorzustellen. Der Druck, unter dem das Fahrzeug entstanden war, machte aber auch dieses Mal Probleme unausweichlich. So waren beispielsweise das 350 PS leistende Triebwerk (zwei miteinander verbundene Bedford-Lkw-Motoren), die Steuerung sowie das Getriebe nicht ausgereift. Trotz dieser Mängel begann im Juni 1941 die Serienproduktion des Churchill getauften Panzers. Da 1940 keine andere Bewaffnung zur Verfügung stand, musste der A 22 mit einer 4-cm-Kanone ausgerüstet werden, die keine Sprenggranaten verschießen konnte. Die ersten 303 Fahrzeuge wurden deshalb mit einer 7,62-cm-Haubitze in der Wanne ausgestattet, die aufgrund des minimalen Schwenkbereiches jedoch nur von beschränktem Wert war und bald durch ein 7,92-mm-Besa-MG ersetzt wurde. Beim Modell Mk II (teils auch II CS genannt) tauschten 4-cm-Kanone und Haubitze die Plätze. Der 39,1 t wiegende Churchill Mk I war bis zu 102 mm stark gepanzert und erreichte eine Höchstgeschwindigkeit von 25 km/h.

1942 wäre aufgrund der andauernden Schwierigkeiten mit Motor, Getriebe, Lenkung und Laufwerk die Produktion beinahe eingestellt worden. In einer gemeinsamen Anstrengung gelang es Vauxhall und der Truppe jedoch den A 22 zuverlässiger zu machen, sodass bis 1945 5460 Churchill produziert wurden und der Typ sich zu einem der wichtigsten britischen Panzer entwickeln konnte. Es gab insgesamt acht Grundausführungen (Mk I bis Mk VIII) sowie drei Bezeichnungen für nachgerüstete ältere Modelle (Mk IX bis XI) sowie diverse Hybridmodelle. Ab der Variante Mk III kam ein 6-Pfünder (5,7 cm) zum Einbau, der den Kampfwert des Churchill wesentlich erhöhte. In Nordafrika wurde eine Anzahl von Mk IV durch die Truppe mit dem 7,5-cm-Geschütz des Sherman ausgestattet (Mk IV NA 75), und ab dem Modell Mk VI bestand die Bewaffnung serienmäßig aus einer britischen 7,5-cm-Kanone. Die Version Mk VII war breiter und erhielt eine auf 152 mm erhöhte Frontpanzerung, wodurch das Gewicht auf 40,6 t stieg. Speziell zur Nahunterstützung wurden auch Varianten mit einer 9,5-cm-Haubitze im Turm hergestellt (Mk V und Mk VIII). Der erste Einsatz des Churchill erfolgte im August 1942 durch kanadische Einheiten bei der Landung in Dieppe, der allerdings in einem Fiasko endete. In Nordafrika, Italien sowie ab Juni 1944 in Frankreich und später in Deutschland bewährte sich der Typ jedoch bestens.

1942 wurden einige Churchill mit einem festen, kastenartigen Aufbau fertiggestellt, der eine 7,62-cm-Kanone trug, zu einem Serienbau kam es allerdings nicht. Auch ein gegen Ende des Krieges gebauter Prototyp mit einer 17-Pfünder-Kanone (Black Prince) wurde nicht in Serie produziert. Aufgrund der breiten, geräumigen Wanne und des robusten Laufwerkes eignete sich der A 22 auch für verschiedene Spezialversionen. So entstanden Brückenlege-, Berge-, Pionier-, Minensuch- und Flammpanzer. Die Flammenwerferversion Crocodile war sicher die bekannteste dieser Umbauten. Das Flammöl wurde dabei in einem gepanzerten, zweirädrigen Anhänger mitgeführt, der Werfer war anstelle des Bug-MG in der Wanne eingebaut. Die volle Kampffähigkeit blieb durch die 7,5-cm-Kanone im Turm erhalten. Neben Kanada und Australien erhielt auch die UdSSR 258 Churchill Mk III und IV. Weitere Abnehmer waren Irland sowie der Irak. Bei den britischen Streitkräften kamen sogar noch in den Anfangstagen des Koreakriegs einige Churchill Crocodile Flammpanzer zum Einsatz. 1952 wurde der Typ dann endgültig ausgemustert.

Churchill Mk I mit 76,2-mm-Haubitze zur Nahunterstützung in der Wanne, Panzermusem Bovington, Großbritannien. (Panzermuseum Bovington, © Paul Appleyard)

Churchill AVRE-Pionierfahrzeug in der Normandie mit einem 290-mm-Ladungswerfer zur Bekämpfung von Bunkern und Feldbefestigungen. (Foto: Archangel12, © CC-BY-2.0)

Mk IV A22F Churchill VII. Insgesamt gab es acht Grundausführungen des Churchill-Panzers. (Foto: Simon Q, © CC-BY-2.0)

Chruchill Mk VI mit 6-Pfünder-Kanone (57 mm). (Foto: Panzermuseum Bovington © Paul Appleyard)

Cruiser MK III im Tankmuseum Bovington. Man beachte die für die Version untypische abgeschrägte Zusatzpanzerung an der Turmseite. (Foto: Jonathan Cardy, © CC-BY-SA-3.0)

Cruiser MK I. Man beachte die beiden MG-Türme an der Front.
(Foto: Imperial War Museum, © PD)

Cruiser Mk III im Gelände. Dieser Panzer verfügte über einen 340-PS-Liberty-Flugzeugmotor. (Foto: © IWM PD)

Mk II CS mit 94-mm-Haubitze. (Foto: Jonathan Cardy, © CC-BY-SA-3.0)

CRUISER TANKS MK I–IV

1937 begann die Serienproduktion des Typs, der als Cruiser Mk I zum ersten in der langen Reihe britischer Kreuzer-Panzer wurde. Trotz seiner durchschlagskräftigen 4-cm-Zweipfünder-Kanone war der Mk I A 9 viel zu dünn gepanzert (max. 14 mm) und ungeschickt in der Formgebung, um im Gefecht gegen andere Panzer bestehen zu können. Zugleich war diese Waffe nicht in der Lage Sprenggranaten zu verschießen, weshalb eine kleine Zahl von A 9 mit einer 9,4-cm-Haubitze ausgerüstet wurde (Mk I CS). Positiv zu bewerten waren hingegen der erstmalig in einem Panzer zu findende hydraulische Turmschwenkmechanismus und ein Ventilator zur Belüftung des Kampfraumes. Das Laufwerk war recht robust und geländegängig, es wurde später in leicht veränderter Form für den in großen Stückzahlen gebauten Valentine übernommen. Der A 9 selbst aber war kein Erfolg, schon nach 125 Exemplaren wurde die Fertigung gestoppt. Die letzten A 9 wurden 1941 in Nordafrika eingesetzt.
Der Cruiser Mk II A 10 war eigentlich als Infanteriepanzerausführung des A 9 gedacht, mittels zusätzlich aufgenieteter Platten wurde seine Panzerung im Front- und Turmbereich daher auf bis zu 30 mm verstärkt. Doch für die ihm zugedachte Rolle war auch das zu wenig, sodass er als schwerer Kreuzer-Panzer eingestuft wurde. Für diese Aufgabe wiederum war der 14,4 t schwere Typ eigentlich zu langsam (max. 26 km/h). Man konnte also ahnen, dass auch dem A 10 kein großer Erfolg beschienen sein würde. Obwohl man die nutzlosen MG-Türme beim A 10 beseitigt hatte, blieb das Panzerkastenoberteil mit zu vielen Fangstellen behaftet. Vom A 10 wurden drei Versionen produziert. Das Modell Mk II mit 4-cm-Kanone und koaxialem 7,7-mm-Vickers-MG im Turm sowie einem 7,92-mm-MG in der Wannenfront, das Modell Mk IIA mit einer verbesserten Blende und einem koaxialen Besa-MG, sowie die Version MK IIA CS mit einer 9,4-cm-Haubitze. Insgesamt wurden 1938 und 1939 175 A 10 produziert, die in Frankreich, Griechenland und Nordafrika zum Einsatz kamen. Ende 1941 wurden die letzten A 10 ausgesondert.
Nachdem der britische General Martel 1936 Zeuge der Vorführung sowjetischer BT-Panzer geworden war, drängte er auf den Bau ähnlicher Fahrzeuge in Großbritannien. Morris Motors baute daher bis Ende 1937 zwei Prototypen eines A 13 genannten Entwurfes mit großen, gummigepolsterten Laufrädern sowie einem in der Wanne liegenden Federungssystem. Dieses Christie-Laufwerk und ein 340-PS-Liberty-Flugzeugmotor bescherten dem 14,2 t schweren Panzer eine Höchstgeschwindigkeit von 56 km/h, zugleich litt das Modell jedoch auch an zahlreichen Kinderkrankheiten. Nachdem diese beseitigt schienen (zum Teil auch dadurch, dass die Geschwindigkeit auf 48 km/h begrenzt wurde), erging ein Auftrag über 65 Exemplare. Für die Produktion dieser Fahrzeuge wurde von Morris eigens ein neues Werk gegründet, die Nuffield Mechanisation & Aero Ltd. Neben einer 4-cm-Zweipfünder-Kanone waren die Panzer mit einem koaxialen 7,7-mm-Vickers ausgerüstet. Bis zum Sommer 1939 waren sämtliche Cruiser Mk III ausgeliefert und wurden 1940 in Frankreich sowie bis Ende 1941 in Nordafrika eingesetzt. Im Einsatz konnten die Fahrzeuge ob ihrer geringen Panzerung und ihrer Unzuverlässigkeit jedoch nicht überzeugen.
Die Panzerung des Cruiser Mk III betrug maximal nur 14 mm. Um die Überlebensfähigkeit der Fahrzeuge zu verbessern, wurden daher bei einigen Panzern am Turm und an der Wannenfront zusätzliche Panzerplatten angebracht. Diese seitliche Zusatzpanzerung gab dem Turm ein völlig neues Aussehen. Diese Version erhielt die Bezeichnung Mk IV. Neu gebaute Panzer, die ab Werk mit der verstärkten Panzerung (nun max. 30 mm) versehen wurden und statt des 7,7-mm-Vickers ein 7,92-mm-Besa-MG im Turm trugen, wurden Mk IV A genannt. Insgesamt entstanden von Ende 1938 bis 1941 655 Mk IV A. Dazu gehörte auch eine Handvoll Panzer mit einer 9,4-cm-Haubitze, jedoch ohne koaxiales MG, im Turm (MK IV CS). Obwohl sie sich als wenig zuverlässig erwiesen, wurden Panzer dieses Typs bis 1942 intensiv eingesetzt, zunächst 1940 in Frankreich und danach im Mittelmeerraum, bzw. Nordafrika.

GROSSBRITANNIEN

CRUISER TANK MK VI A 15 CRUSADER

Aufgrund des drohenden Krieges wurden im Juli 1939 zweihundert Cruiser Mk VI A15 vom Reißbrett weg bestellt, ohne die Erprobung des Modells abzuwarten. Tests mit einem ersten Prototyp begannen erst im März 1940. Der A 15 verwendete zwar den erprobten Liberty-Motor des Cruiser MK III A 13 und dessen Christie-Aufhängung, verfügte jedoch über einen neuen, flacheren Turm, stärkere Panzerung und ein zusätzliches Paar Laufräder zur ausgewogeneren Verteilung des Gewichtes. Unter der Bezeichnung Crusader erlebte der Panzer im Juni 1941 in Nordafrika seine Feuertaufe. Dabei fielen jedoch mehr Fahrzeuge durch Pannen als durch feindlichen Beschuss aus. Als problematisch erwiesen sich erneut vor allem die Motorkühlung sowie die Luftfilter. Im Laufe der Dienstzeit des A 15 konnten diese Probleme nur teilweise behoben werden. Der auf 340 PS gedrosselte Motor wurde von der Truppe selbst oft wieder auf seine ursprünglichen 400 PS gebracht, sodass der gut 20 t schwere Crusader bis zu 64 km/h erreichen konnte. Die Christie-Aufhängung vertrug dies durchaus, die Lebensdauer des Motors verkürzte sich allerdings entsprechend. Die Bewaffnung der ersten Version (Mk I) bestand aus einem 2-Pfünder im Turm mit koaxialem Besa-MG und einem kleinen, bemannten MG-Turm neben dem Fahrer, der im Feld allerdings häufig entfernt wurde. Beim stärker gepanzerten Modell Mk II fiel der MG-Turm ganz weg. Sowohl vom Crusader Mk I als auch von der Version Mk II existierte jeweils auch eine geringe Anzahl von Panzern mit einer 7,62-cm-Haubitze im Turm (CS Mk I und CS Mk II). Ab Mitte 1942 stand der Crusader Mk III mit 6-Pfünder-Kanone (5,7 cm) zur Verfügung, die einen geräumigeren, aber flacheren Turm erforderte. Dennoch musste aufgrund der Größe der Waffe die Turmbesatzung auf zwei Mann verringert werden.

Bis zum Ende des Afrikafeldzuges im Mai 1943 waren Crusader die wichtigsten britischen Panzer, danach wurden sie rasch durch US-Fahrzeuge ersetzt, denn ihre dünne Panzerung (max. 51 mm) und die Unfähigkeit, eine schwerere Bewaffnung als die 5,7-cm-Kanone aufnehmen zu können, ließen sie ab 1943 rasch veralten. Allerdings waren bis Kriegsende noch verschiedene Spezialversionen im Einsatz, z.B. Flakfahrzeuge (mit 4-cm- oder 2-cm-Flak) und Artillerieschlepper. Insgesamt wurden rund 5.300 Crusader aller Versionen bei neun verschiedenen Firmen in Großbritannien produziert.

Ein Crusader II in Nordafrika im Jahr 1942. Der MG-Turm der Version I war hier entfaller. (Foto: Imperial War Museum, © PD)

Crusader Mk III in Tunesien, 1943. (Abb.: © Vincent Bourguignon)

Artillerieschlepper auf Basis des Crusader Mk I. (Foto: © National Archives of Canada)

Der Crusader III Mk VI war mit einer 5,7-cm-Kanone bewaffnet. Sie erforderte die Reduzierung der Turmbesatzung auf zwei Mann. (Foto: Rodw, © CC-BY-SA-4.0)

Die Besatzung dieses Crusader-Tanks im Jahr 1943 in Nordafrika reinigt ihre Panzerkanone, bevor sie weiter auf Tunis vorrückt. (Foto: Imperial War Museum, © PD)

Der A27M Mk IV war mit einer 7,5-cm-Kanone bewaffnet.
(Foto: Alan Wilson, © CC-BY-SA-2.0)

Ein heute noch fahrbereiter Cromwell im Bovington Tankmuseum. (Foto: © Norman Dale

Cromwell Mk I im Royal Australian Armoured Corps Tank Museum, Puckapunyal, 2007. Der Cromwell-Tank wurde in acht Ausführungen gebaut. Der Cromwell Mk VIII unterschied sich von den vorherigen Versionen u. a. durch seine 9,5-cm-Haubitze. (Foto: Bukvoed, © CC-BY-SA-3.0)

GROSSBRITANNIEN

Die Panzer der Cromwell-Reihe, hier im Bild ein Mk VIII, waren mit einem 600-PS-Rolls Royce Meteor-Motor ausgerüstet. (Foto: Bukvoed, © CC-BY-SA-3.0)

VIII A27M CROMWELL

Anfang 1941 begann in Großbritannien die Entwicklung eines schweren Cruiser-Tanks, der mit 70 mm Panzerung und einer 5,7-cm-Kanone ausgerüstet sein sollte. Da zunächst jedoch kein passender Motor zur Verfügung stand, wurden ab Mitte 1942 950 A27L Centaur mit Liberty-Triebwerken von 395 PS Leistung gebaut, die aber, bis auf einige Spezialversionen, nur zur Ausbildung verwendet wurden. Als jedoch Anfang 1943 der 600-PS-Ottomotor Rolls-Royce Meteor (einer Version des Merlin-Flugzeugtriebwerks, wie es in den Hurricane, Spitfire und Lancaster der RAF zu finden war) zur Verfügung stand, wurde aus dem A27L der A27M Cromwell. Der Meteor-Motor erwies sich als sehr zuverlässig und ermöglichte dem ca. 28 t schweren Panzer eine Höchstgeschwindigkeit von 64 km/h. Allerdings beanspruchte dies das Laufwerk derart, dass der Motor ab der Version Mk VII gedrosselt wurde und die Geschwindigkeit auf 52 km/h fiel. Der A27M wurde in acht Hauptausführungen produziert, die vor allem in ihrer Bewaffnung differierten. Die Modelle Mk I bis III waren mit einer 5,7-cm-Waffe, die Versionen Mk IV, V und VII mit einer 7,5-cm-Kanone und die Typen Mk VI und VIII mit einer 9,5-cm-Haubitze ausgerüstet. Zusätzlich unterschieden sich die Versionen darin, ob ihre Wannen geschweißt oder genietet waren, sowie in Details wie der Kettenbreite, Anbringung der Luken und Staukästen.

Nicht selten wurden auch A27L mit Meteor-Motoren versehen oder ältere A27M auf den Standard späterer Modelle hochgerüstet. Zusätzlich entstanden Beobachtungs-, Befehls- und Bergepanzer auf der Basis des Cromwell. Insgesamt ergab sich so eine verwirrende Vielzahl von Untervarianten und Umbauten. Bis zu ihrem Einsatz während der Invasion im Juni 1944 wurden Cromwell nur zur Schulung eingesetzt. Der A27M bewährte sich aufgrund seiner Mobilität, blieb aber im Vergleich zu deutschen Panzern stets zu leicht bewaffnet und gepanzert, obwohl ab der Version Mk VII die Frontpanzerung auf 102 mm verstärkt wurde. Zudem war seine Formgebung weit weniger günstig als beim T-34 oder dem Panther. Hätte der Cromwell schon 1942 in der nordafrikanischen Wüste zur Verfügung gestanden, wäre er sicher ein sehr erfolgreicher Panzer geworden, so aber hinkte er seiner Zeit hinterher. Dennoch entwickelte er sich neben dem Sherman zum wichtigsten britischen Panzer der Jahre 1944 und 1945 und wurde insgesamt in rund 3500 Exemplaren gebaut.

Der Cromwell blieb bis in die 1950er Jahre in Diensten der britischen Armee und wurde sogar noch im Koreakrieg verwendet.

Rund 700 Panzer wurden während oder nach dem Krieg exportiert. Unter anderem gehörten Australien, Birma, Irland, Griechenland, Israel, Libanon, Portugal und Südafrika zu den Empfängerländern.

Cromwell Mk IV der 11th Armoured Division. (Foto: © WM)

GROSSBRITANNIEN

A34 COMET

Der A34 Comet entstand ab Mitte 1943 auf den Reißbrettern von Leyland und war als Weiterentwicklung des A27M Cromwell gedacht, beide Typen hatten schließlich jedoch nur noch 40% aller Teile gemein. Auffälligste Unterschiede waren ein neuer Turm mit einer leistungsfähigeren BK sowie das neue Fahrwerk. Obwohl dieses über Stützrollen verfügte, war es noch immer nach dem Christie-Prinzip aufgebaut und an in der Wanne liegenden Schraubenfedern aufgehängt. In Verbindung mit einem 600-PS-Ottomotor vom Typ Meteor (Variante des Rolls-Royce Merlin) verhalf dieses Fahrwerk dem 35, 8 t schweren A34 zu einer Höchstgeschwindigkeit von 50 km/h. Wie beim Cromwell war die Panzerung bis zu 102 mm stark. Die Hauptwaffe des Comet war eine verkürzte und kompaktere Version der sehr leistungsfähigen 17-Pfünder-Kanone mit dem Kaliber 76,2 mm, wie sie z.B. im Sherman Firefly zum Einsatz kam. Auch die BK des Comet besaß das Kaliber 76,2 mm, wurde aber aus logistischen Gründen, um z.B. eine Verwechslung der Munition zu vermeiden, als OQF 77 mm Mk 2 bezeichnet. Diese BK war zwar ein wenig schwächer als das Ursprungsmodell, passte aber gerade noch in einen Turm, der es nicht notwendig machte, die Wanne des Cromwell zu vergrößern – ein Umstand, der bei der Entwicklung Zeit und Aufwand sparte. Der A34 Comet erwies sich als so gelungene Konstruktion, dass während der Produktion nur die Abgasanlage geändert werden musste. Wenige frühe Fahrzeuge ohne diese Modifikation werden daher als Ausführung A und die große Mehrzahl mit veränderter Abgasführung als Version B bezeichnet.

Nachdem im Februar 1944 der erste Prototyp fertiggestellt worden war, begann schließlich im September 1944 die Serienproduktion des Comet. Die ersten Fahrzeuge liefen der Truppe Ende 1944 zu. Obwohl bis Mai 1945 rund 1200 A34 entstanden, wurde nur eine einzige Einheit (11th Armoured Division) noch vor Kriegsende vollständig auf Comet umgerüstet, sodass der Typ im Zweiten Weltkrieg keine große Rolle mehr spielen konnte. Der A34 avancierte jedoch zum wichtigsten britischen Panzer der ersten Jahre des Kalten Krieges. Ab Ende der 1940er Jahre löste der Centurion den Comet langsam ab. Beide Typen kamen noch Seite an Seite während des Koreakriegs (1950–1953) zum Einsatz, bis 1958 waren aber die letzten A34 aus dem britischen Inventar verschwunden. Seit Anfang der 1950er Jahre wurde eine ganze Reihe von überzähligen Fahrzeugen an andere Streitkräfte veräußert. Südafrika kaufte 1953 26 A34, die bis 1976 in Dienst standen, während Finnland insgesamt 41 Panzer erhielt, die bis 1970 verwendet und dann eingelagert wurden. Irland beschaffte ab 1959 acht Comet, die man erst Mitte der 1970er Jahre aussonderte. 26 weitere gingen an Burma (heute Myanmar), dessen Streitkräfte einige dieser Panzer bis weit in die 1990er Jahre hinein verwendet haben. Der Comet war sicher der beste britische Panzerentwurf, der noch im Zweiten Weltkrieg zum Einsatz kam, war aber bereits spätestens Anfang der 1950er Jahre veraltet.

Comet A34 der 11th Armoured Division am Weser-Brückenkopf, 1945. (Foto: © PD)

Comet der 11th Armoured Division, 1945 (Foto: © Tankmuseum)

Obwohl ursprünglich als Weiterentwicklung des Cromwell geplant, unterschied sich der Comet letztlich beträchtlich von diesem. (Foto: Alf van Beem, © PD)

Der Comet war in den ersten Nachkriegsjahren der wichtigste Kampfpanzer der britischen Armee. (Foto: © Paul Appleyard)

Die Hauptbewaffnung des Comet A34 bestand aus einer 17-Pfünder-Kanone mit Kaliber 76,2 mm. Vor Ende des Zweiten Weltkrieges wurde nur noch eine Einheit mit diesem Kampfpanzer ausgerüstet: die 11th Armoured Division. (Foto: Simon Q, © CC-BY-2.0)

Centurion AVRE des Isle of Wight Military Museum, 2010. (Foto: © Paul Appleyard)

Centurion Mk 12. Mit der Centurion-Reihe beendete die britische Armee die Trennung von Infanterie- und Kreuzerpanzer. (Foto: Simon Q, © CC-BY-2.0)

Kanadische Centurion Mk 5/2 mit 105-mm-BK im Gelände. (Foto: © National Archives of Canada)

GROSSBRITANNIEN

Centurion Mk 3 mit der 20-Pfünder-BK (83,4 mm). (Foto: © Paul Appleyard)

CENTURION (FV4000 SERIES)

Der Centurion (Zenturio) reflektierte die von der britischen Armee zwischen 1940 und 1943 gemachten Erfahrungen und wurde in der Endphase des Zweiten Weltkriegs konstruiert. Anstelle langsamer Infanterie- und schneller Kreuzerpanzer sollte ein Tank gebaut werden, der beiden Rollen gerecht wurde und über die Feuerkraft und Panzerung verfügte, um es mit Tiger und Panther aufzunehmen – Geschwindigkeit war sekundär. Obwohl die ersten sechs Prototypen (Mk 1) im Mai 1945 noch eilends nach Deutschland geschickt wurden, nahmen sie an keinen Kämpfen mehr teil. Der gegossene 3-Mann-Turm war zunächst mit einer 76,2-mm-BK L/55 (17-Pfünder) ausgestattet, war aber von vornherein auf die spätere Umrüstung mit einer schwereren Waffe vorbereitet.

Die Produktion des Serienmodells Mk 2 mit verstärkter Panzerung (Front 118 mm, Turm 152 mm, Heck 51 mm) begann im November 1945. Insgesamt gab es vom Centurion 13 Haupt- und zahlreiche Untervarianten, die sich vor allem bezüglich ihrer Sekundär- und Hauptwaffen, der IR-Ausrüstung sowie der Stärke der Panzerung unterschieden. So kam ab der Version Mk 3 (1948) eine vollstabilisierte 83,4-mm-BK (20-Pfünder) und ab dem Modell Mk 5/2 eine 105-mm-BK L/51 L7 zum Einbau. Als einem der ersten Panzer fehlte dem Centurion das Bug-MG, stattdessen wurde dort zusätzliche Munition untergebracht. Das Horstmann-Laufwerk besaß pro Seite drei Rollenwagen mit je zwei großen Laufrädern. Es wurde von Anfang an durch schwere Kettenblenden geschützt (im Sprachgebrauch der Truppe als Bazooka-Shields bezeichnet) und ermöglichte dem Typ trotz des recht leistungsarmen 650-PS-Ottomotors eine gute Geländegängigkeit. Der durstige Meteor-Motor, die daraus resultierende geringe Reichweite sowie eine unbefriedigende Straßenhöchstgeschwindigkeit (max. 35 km/h) waren die Hauptschwächen des Centurion. Dennoch gilt das rund 50 t schwere Fahrzeug als einer der besten Kampfpanzer der Nachkriegszeit.

Bis 1962 wurden 4423 Centurion gebaut, davon rund 2500 für den Export. Zahlreiche Spezialversionen künden von der Wandlungsfähigkeit des Typs, darunter Berge-, Brückenlege- und Pionierfahrzeuge, von denen der AVRE 165 (mit einem kurzläufigen 165-mm-Ladungswerfer) sicher der bekannteste ist. Diverse Versuchsträger, wie z.B. der Jagdpanzer Conway mit einer 183-mm-Bk und einige Selbstfahrlafetten kamen über das Prototypenstadium nicht hinaus. Neben Großbritannien verwendeten oder verwenden 19 weitere Staaten Centurion (u.a. auch die Schweiz, die Niederlande, Südafrika, Schweden sowie eine Reihe arabischer Länder) und schufen zum Teil eigene Varianten (siehe z.B. die israelische Version Sho't) oder rüsteten die Fahrzeuge z. B. mit Dieselmotoren, anderen Funkgeräten und Sekundärwaffen aus.

Den ersten Kriegseinsatz erlebte der Typ, als britische Centurion Mk 3 1950 nach Korea verschifft wurden und sich dort trotz des bergigen Geländes bestens bewährten. Auch in den Nahostkriegen 1967 und 1973 wurde der Typ verwendet, da sowohl Israel als auch Jordanien und Ägypten Centurion nutzten. Indien setzte Panzer dieses Modells in den Kriegen gegen Pakistan von 1965 und 1971 ein, während australische Centurion ab 1967 an den Kämpfen in Vietnam teilnahmen. Seinen letzten größeren Kampfeinsatz erlebte der Typ während Desert Storm Anfang 1991, als die Briten zwölf Centurion Mk 5 AVRE 165 Pionierpanzer verwendeten.

Ein Centurion auf den Golanhöhen in Syrien. (Foto: Zairon, © CC-BY-SA-4.0)

GROSSBRITANNIEN

CONQUEROR (FV 214)

Der Conqueror (Eroberer) wurde als Antwort auf den sowjetischen JS-3 entworfen und sollte die Centurion-Einheiten unterstützen. Erste Prototypen, noch mit Centurion-Türmen ausgerüstet, wurden 1951 gebaut, sie erhielten den Namen Caenarvon. Die eigentliche Serienproduktion begann 1955. Der Conqueror war massiv gepanzert (im Frontbereich bis zu 178 mm) und besaß eine leistungsfähige 120-mm-Zugrohr-BK (ähnlich jener im US-Panzer M103), die einen großen, schweren Turm erforderte. Dies alles ließ das Gewicht des Panzers auf 66 t steigen, was ihn in Verbindung mit einem nur 810 PS leistenden Motor schwerfällig und mechanisch anfällig machte. Der Conqueror erreicht mit Mühe 34 km/h auf der Straße und war im Gelände wesentlich langsamer.

Der Aufbau war konventionell (Fahrer vorn, Drei-Mann-Turm in der Mitte, Motor und Getriebe hinten), das Horstmann-Laufwerk (pro Seite vier Rollenwagen mit je zwei Ganzstahllaufrollen) wirkte jedoch archaisch. Das FL-System des Conqueror galt zu jener Zeit aber als sehr modern und tatsächlich wäre der Panzer ohne Probleme in der Lage gewesen, den JS-3 auf weite Entfernung auszuschalten. Dennoch wurden bis 1959 nur 180 (oder, je nach Quelle 185) Conqueror in zwei Versionen gebaut, die sich nur minimal unterschieden. Hauptgründe für die geringe Stückzahl waren die Unzuverlässigkeit und das hohe Gewicht, aber auch die Tatsache, dass mit der hervorragenden 105-mm-Kanone L7 ausgerüstete Centurion die dem Conqueror zugedachte Rolle übernahmen. Bis 1966 waren alle Conqueror aus dem Dienst zurückgezogen worden. Als einzige Variante entstanden 28 Bergepanzer, die bis Anfang der 1970er Jahre in Dienst blieben.

Conqueror Mk 2 als Ausstellungsstück im Tank Museum Bovington, 2011.
(Foto: © Massimo Foti)

Der Conqueror Mk I besaß eine leistungsfähige 120-mm-Zugrohr-BK.
(Foto: Hugh Llewelyn, © CC-BY-SA-2.0)

Conqueror des 5th Royal Tank Regiment, Deutschland, 1960. (Abb.: © Radek Panchartek)

Da die eigentlichen Türme noch nicht zur Verfügung standen, wurde 1951 eine Conqueror-Wanne mit einem Centurion-Turm, der einen 17-Pfünder trug, ausgerüstet. Das so entstandene Fahrzeug erhielt den Namen Caenarvon Mk 1. Kurz darauf folgten 22 Mk 2 mit einer 20-Pfünder-BK. (Foto: © Tank Museum)

Die Größe und Massigkeit des Conqueror wird auf dieser Aufnahme, die in den 1960er Jahren in Deutschland entstand, gut deutlich.

Chieftain MK 11 Tankmuseum Bovington.
(Foto: © Panzermuseum Bovington, © Paul Appleyard)

Die Version Mk II war ab 1966 die erste Serienversion des Chieftain. (Foto: © Norman Date)

Chieftain Mk 11 auf der Straße des 17. Juni, im Hintergrund die Siegessäule. Ab Mitte der 1980er Jahre verwendeten die in Westberlin stationierten Chieftain der britischen Armee ein spezielles, auf eine urbane Umgebung zugeschnittenes Tarnschema. (Foto: © US DoD)

Der Chieftain war der bestgeschützte und feuerstärkste Panzer seiner Zeit. Im Bild der Chieftain Mk II mit 650-PS-Motor. (Foto: Panzermuseum Bovington, © Paul Appleyard)

CHIEFTAIN (FV 4201)

Bereits in den 1950er Jahren forderte die britische Armee einen Nachfolger für Centurion und Conqueror, der über möglichst guten Schutz und hohe Feuerkraft verfügen sollte. Zwischen Ende 1959 und April 1962 entstanden schließlich sieben Prototypen des späteren Chieftain (Häuptling), 1965 erschienen die ersten Vorserienpanzer, die eigentliche Produktion begann jedoch nicht vor 1967. Probleme mit dem Motor, dem Getriebe und dem Fahrwerk hatten die Entwicklung verzögert. Der Chieftain war der am besten geschützte und feuerstärkste Panzer seiner Zeit. Sowohl das gegossene Wannenvorderteil (der Rest der Wanne war verschweißt) als auch die Front des Gussturms waren stark geneigt (28° bzw. 38°) und wiesen eine Dicke von 172 mm bzw. 195 mm auf. Um die Wanne möglichst flach zu halten, befindet sich der Fahrer bei geschlossener Luke in einer fast liegenden Position. Die vollstabilisierte 120-mm-Zugrohr-BK mit Wärmeschutzhülle und Rauchabsauger verschoss zweiteilige Munition, d.h. Geschoss und Treibladung wurden in zwei Schritten geladen. Anstelle eines EM besaßen die ersten Modelle noch ein 12,7-mm-Einschieß-MG, erst in den frühen 1970er Jahren wurden ein Laser-EM und eine rechnergestützte FL-Anlage nachgerüstet. Anstelle eines Meteor-Triebwerks war der Chieftain mit einem Leyland L60 Gegenkolben-Vielstoffmotor ausgerüstet, der zunächst einige Probleme bereitete. Weder seine Zuverlässigkeit noch die Leistung (zunächst nur 585 PS) erreichten die vorgegebenen Werte. Standfestigkeit und Leistung konnten jedoch im Laufe der Zeit verbessert werden, so wurden schließlich 750 PS erzielt. Insgesamt wurden zwölf Haupt- und zahlreiche Subvarianten des Chieftain gebaut, die sich oft nur in Details unterschieden. Wichtigste Version war das Modell Mk 5 mit zahlreichen Verbesserungen an Motor, Getriebe und Optiken. Die Version Mk 3 wog 54,1 t und erreichte mit ihrem 750-PS-Motor eine Höchstgeschwindigkeit von 48 km/h.

Ab 1986 wurden 324 britische Chieftain mit einer Zusatzpanzerung an der Turmfront (Stillbrew) und wenig später mit einem WBG (Thermal Observation Gunnery Sight – TOGS) an der rechten Turmseite nachgerüstet.

Auf Basis des Chieftain entstanden zudem ein Brückenleger und zwei Bergepanzer. Bis Anfang der 1970er Jahre wurden rund 900 Chieftain-Kampfpanzer für die britische Armee gebaut, die bis 1995 in Dienst standen. Weiterentwicklungen des Typs mit leistungsstärkeren Dieselmotoren und Chobham-Verbundpanzerung (Chieftain 800 bzw. 900) kamen über das Versuchsstadium nicht hinaus. Obwohl seine Mobilität und der gesamte Antriebsstrang stets problematisch blieben, war der Chieftain doch lange Zeit der bestgepanzerte und bewaffnete Kampfpanzer der NATO.

Kuwait beschaffte 1976 175 neue und ab 1989 65 gebrauchte Chieftain. Ab 1981 wurden 27 generalüberholte Fahrzeuge an Oman verkauft. Größter Exportkunde war der Iran, der 1971 707 Kampfpanzer sowie eine Anzahl Berge- und Brückenlegefahrzeuge bestellte, die bis 1978 ausgeliefert wurden. Zusätzlich wurden 187 verbesserte Chieftains (FV 4030/1) mit u. a. vergrößerten Treibstofftanks, besserem Getriebe und stärkerem Minenschutz an den Iran verkauft. Eine Bestellung über 125 Shir 1 und 1225 Shir 2 wurde aufgrund der iranischen Revolution storniert. Der Irak erbeutete während des Krieges 1980–1988 eine größere Anzahl von iranischen Chieftains und veräußerte diese entweder an Jordanien oder setzte sie selbst ein, bzw. gab sie an die Iranischen Volksmudschaheddin weiter, die vom Irak aus gegen das iranische Regime kämpften. Seit ca. 2006 nutzt der Iran eine unbekannte Anzahl von modifizierten Chieftain, die nun den Namen Mobarez (Krieger) tragen. Diese Fahrzeuge haben nach iranischen Angaben ein neues Getriebe und einen neuen Dieselmotor unbekannter Leistung, eine neue FL-Anlage, neue Sensoren, Nachsichtgeräte sowie neue Treibstofftanks erhalten.

Chieftain Mk 11 mit Stillbrew-Zusatzpanzerung. (Abb.: © Radek Panchartek)

GROSSBRITANNIEN

SCORPION UND SCIMITAR (FV 101 UND FV 107)

Der Scorpion gehört zu einer ganzen Familie leichter Panzerfahrzeuge. Neben dem Basisfahrzeug mit 76,2-mm-BK (Scorpion) zählten dazu ein turmloser Jagdpanzer (Striker) mit PzAbwLRak Swingfire und ein Aufklärungsfahrzeug mit 30-mm-MK (Scimitar). Hinzu kamen dann noch ein Schützenpanzer (Spartan), ein Ambulanzfahrzeug (Samaritan), ein Befehls- (Sultan) und ein Bergepanzer (Samson). Letztere vier Modelle besaßen ein 30,5 cm höheres Dach. Die Entwurfsarbeiten begannen 1965 und die ersten Exemplare liefen der Truppe im Januar 1972 zu. Sowohl Wanne als auch Turm des gut 8 t schweren Fahrzeugs sind aus Aluminium gefertigt und schützen frontal gegen Beschuss bis zum Kaliber 14,5 mm, bzw. 7,62 mm rundum. Der Fahrer sitzt vorn links in der Wanne, neben ihm befindet sich das Triebwerk. Der Kommandant sitzt links, der Richtschütze rechts im Turm. Mit Hilfe eines Schwimmbalgs, der zusammengelegt um die Wanne mitgeführt werden kann, ist das Fahrzeug schwimmfähig.

Die Briten beschafften 313 Scorpion. 132 Scorpion gingen zudem ab 1972 an Belgien. Auch Botswana (60), Brunei (16), Chile (28), Honduras (19), Iran (130), Indonesien (ca. 100), Irland (14), Jordanien (80), Malaysia (26), Neuseeland (26), Nigeria (92), Oman (ca. 60), Philippinen (65), Spanien (17), Tansania (40), Thailand (144), Togo (12), Venezuela (50) und die Vereinigten Arabischen Emirate (76) beschafften diesen Typ. Insgesamt entstanden von der gesamten Panzer-Familie bis Mitte der 1990er Jahre rund 4000 Fahrzeuge. Sämtliche britischen Scorpion und Scimitar waren mit Jaguar-Ottomotoren ausgerüstet, Exportfahrzeuge waren jedoch auch mit einem Dieselmotor und einer 90-mm-BK verfügbar. Die britischen Streitkräfte setzen seit 1994 keine Scorpion mehr ein, auch in Belgien wurden mittlerweile alle FV 101 ausgesondert.

Nachdem vier Scorpion und vier Scimitar 1982 bei der Rückeroberung der Falklandinseln gute Dienste geleistet hatten, kam der Typ 1991 im Rahmen von Desert Storm zum Einsatz. Dort machten sich allerdings die veralteten Restlichtverstärker negativ bemerkbar. Der Scimitar (Krummsäbel) entspricht weitgehend dem Scorpion, ist allerdings mit einer 30-mm-MK ausgerüstet. Die Serienfahrzeuge kamen ab März 1974 zur britischen und ab April 1974 zur belgischen Armee. Insgesamt wurden 334 Scimitar für Großbritannien und 141 für Belgien hergestellt. Honduras (3), Nigeria (wohl 5) und Jordanien (103) betreiben zudem gebrauchte Scimitar. Die auf dem Balkan, im Irak und in Afghanistan gemachten Kampferfahrungen führten außerdem dazu, dass eine Reihe von britischen Scimitar einer umfassenden Kampfwertsteigerung unterzogen wurden, zu der u.a. die Ausrüstung mit 190-PS-Dieselmotoren, verbesserter Schutz und eine Klimaanlage gehörten. Da 2010 kein Nachfolger für den Scimitar in Sicht war, wurden zudem 50 Panzer umfassend modernisiert und dann als MK 2 bezeichnet. Diese Panzer bringen rund 13 t auf die Waage, 5 t mehr als die Grundversion. Die Auslieferung der modifizierten Fahrzeuge war bis Frühjahr 2012 abgeschlossen. Ihr Einsatzgebiet ist Afghanistan, wo sich die Mk 2 offenbar bereits bewährt haben und einigen Besatzungen in IED-Hinterhalten das Leben retteten. Die belgische Armee sonderte ihre letzten FV 107 1995 aus, die britische Armee plant derzeit, diese Fahrzeuge mindestens bis 2020 in Dienst zu behalten.

Scorpion (FV 101). (Foto: Alf van Beem, © PD)

Der leichte Aufklärungspanzer Scimitar gehörte zur Scorpion-Familie und besaß eine 30-mm-BK. (Foto: © Graeme Main/MOD)

Der Aufklärungspanzer Scimitar während einer Demonstration seiner Feuerkraft. (Foto: © Graeme Main/MOD)

Sein 190-PS-Ottomotor beschleunigt den Scorpion auf bis zu 80 km/h. (Foto: Irish Defence Force, © CC-BY-2.0)

Irische Scorpion-Panzer beim Schießtraining. Anfangs verfügte der Scorpion über eine 76,2-mm-Kanone, später wurde diese für einige Nutzer auf 90 mm aufgerüstet. (Foto: Irish Defence Force, © CC-BY-2.0)

Obwohl der Challenger 1 bei Schießwettbewerben nicht so gut abschnitt, bewährte er sich im praktischen Einsatz (Irakkrieg) bestens. (Foto: Simon Q, © CC-BY-2.0)

Challenger 1 Mk 3. Mobilität und Panzerung des Challenger waren gegenüber dem Chieftain deutlich verbessert worden. (Foto: High Contrast, © CC-BY-2.0)

Der Challenger 1 war mit einem 1200-PS-Diesel ausgestattet und verwendete weiterhin seine bewährte L11-Kanone mit gezogenem Rohr. (Foto: High Contrast, © CC-BY-2.0)

GROSSBRITANNIEN

CHALLENGER 1 (FV 4030/4)

Nachdem das deutsch-britische Projekt zur Entwicklung eines neuen Kampfpanzers (MBT-80) 1977 gescheitert war, suchte die britische Armee eine rasch verfügbare Übergangslösung. Man griff daher als Ausgangspunkt auf den für den Iran konstruierten Shir 2 (FV 4030/3) zurück. Der für einen Einsatz in Europa modifizierte und nun FV 4030/4 genannte Entwurf besaß die BK und FL-Anlage eines späten Chieftain, war jedoch mit einem 1200-PS-Diesel und neuem Getriebe sowie einem hydropneumatischen Stützrollenlaufwerk ausgestattet. Obwohl andere westliche Panzer jener Generation mit 120-mm-Glattrohr-BK ausgerüstet wurden, behielten die Briten die bewährte L11 mit gezogenem Rohr bei, da diese ein größeres Munitionsspektrum verschießt. Wanne und Turm wurden neu konstruiert und wiesen im Frontbereich die neu entwickelte Chobham-Verbundpanzerung auf, die zu einem unverkennbar eckigen Erscheinungsbild führte. Mit 62 t gehörte der Challenger I zu den schwersten Panzern seiner Generation und erreichte eine Höchstgeschwindigkeit von 56 km/h. Die ersten Serienfahrzeuge wurden im April 1983 ausgeliefert. Bis Mitte 1990 wurden insgesamt 420 Challenger 1 gebaut, hinzu kamen 80 Bergepanzer (CR ARRV). Obwohl der Challenger 1 in Schutz und Mobilität eine erhebliche Verbesserung gegenüber dem Chieftain darstellte, war seine FL-Anlage doch veraltet. Diese zeigte sich besonders während des NATO-Panzerschießwettbewerbs (Canadian Army Trophy) 1987, bei der die Challenger 1, obwohl speziell modifiziert, nur sehr dürftig abschnitten. Auch die Zuverlässigkeit des Panzers gab immer wieder Anlass zu Klagen. Als 1990/91 jedoch 180 Challenger 1 an der Operation »Granby«, dem britischen Beitrag zu »Desert Shield« und »Desert Storm«, teilnahmen, bewährte sich der Typ bestens. Kein einziger Challenger 1 ging verloren, und sein WBG erlaubte es, gegnerische Fahrzeuge auch bei Nacht und schlechtem Wetter auszumachen. Einem Challenger 1 gelang es sogar, mit dem ersten Schuss auf eine Entfernung von 4100 m einen irakischen Panzer zu zerstören. Die Ablösung durch Challenger 2 begann Mitte 1998, bis April 2002 war der letzte Challenger 1 ausgemustert. Ab Ende 1999 erhielt Jordanien 392 gebrauchte Challenger 1, die dort als al-Hussein bezeichnet und Modifikationen, z.B. dem Einbau neuer Optiken, eines moderneren FL-Systems sowie einer 120-mm-Glattrohr-BK, unterzogen wurden. Jordanien betrieb zudem ein Programm zur Ausrüstung mit unbemannten Türmen mit 120-mm-BK (Falcon Turret), das jedoch aufgegeben wurde.

Challenger 1 mit reaktiver Panzerung an Bug und Fahrerfront. Kuweit/Irak, 1991. (Foto: © US Army)

GROSSBRITANNIEN

CHALLENGER 2 (FV 4034)

Obwohl offiziell noch gar kein Bedarf für einen Challenger 1-Nachfolger angemeldet worden war, begannen bereits Mitte der 1980er Jahre die Entwurfsarbeiten für einen neuen Panzer. 1988 beauftragte das britische Verteidigungsministerium Vickers mit dem Bau von neun Prototypen sowie zwei zusätzlichen Türmen und schrieb zugleich einen entsprechenden Wettbewerb aus, an dem sich Leclerc, Leopard 2 und M1A2 beteiligten. Erwartungsgemäß setzte sich nach einer im September 1990 abgeschlossenen Vergleichserprobung der Vickers-Entwurf durch. Bis 2002 beschaffte die britische Armee 386 Challenger 2 und 22 Fahrschulpanzer. Der Challenger 2 (auch CR2) ähnelt zwar äußerlich seinem Vorgänger und verwendet auch dessen 1200-PS-Triebwerk sowie eine ähnliche hydropneumatische Federung, ist jedoch ein völlig neu konstruiertes und wesentlich leistungsfähigeres Kampffahrzeug. Wie beim Challenger I liegt die Höchstgeschwindigkeit des 62,5 t schweren Panzers bei 56 km/h. Auch beim CR2 blieben die Briten bei einer 120-mm-Zugrohr-BK mit zweiteiliger Munition, da diese eine größere Schussweite hat und man der Meinung ist, auf Quetschkopfgeschosse (HESH), die gegen leicht gepanzerte Ziele und Gebäude besonders wirkungsvoll sind, nicht verzichten zu können. Die Wanne und der völlig neu konstruierte Turm weisen eine neue Verbundpanzerung (Dorchester) mit einer Schicht aus abgereichertem Uran auf, die den CR2 zu einem der bestgeschützten Kampffahrzeuge macht. Zudem können im Bedarfsfall zusätzliche passive und reaktive Panzerungselemente angebracht werden. Aufgrund seiner vollstabilisierten BK mit einem hochmodernen FL-System, WBG, passiven Nachtsichtgeräten und einem Laser-EM kann der CR2 auch nachts und bei schlechtem Wetter Ziele auffassen und mit hoher Wahrscheinlichkeit mit dem ersten Schuss treffen. Wie sein Vorgänger ist auch der CR2 in der Lage, durch das Einspritzen von Diesel in den Auspuff Nebel zu erzeugen. Seine erste Bewährungsprobe musste der CR2 während des Irakkrieges 2003 bestehen. Die Fahrzeuge wurden dazu mit zusätzlichen Sandfiltern, Zusatzpanzerung und Staubschürzen versehen. Ein CR2, der sich 2003 nahe Basra in einem Straßengraben festgefahren hatte, wurde von nicht weniger als 14 Panzerfäusten des Typs RPG-7 und einer Milan-Panzerabwehrrakete getroffen. Die Besatzung blieb unverletzt, einzig die Optiken wurden beschädigt. Nachdem ein Bergepanzer das Fahrzeug abgeschleppt hatte, war es innerhalb von sechs Stunden repariert und wieder im Einsatz. Nur ein CR2 wurde im Irak vollständig zerstört – durch eigenen Beschuss.

Ab 2004 wurde im Rahmen des CLIP-Programms (Challenger Lethality Improvement Programme) untersucht, ob der CR2 mit einer neuen Hauptwaffe ausgerüstet werden könnte. Die Wahl fiel schließlich auf die 120-mm-Glattrohr-BK L/55 des Leopard 2A6, die 2006 versuchsweise in einem Challenger 2 installiert wurde. Obwohl 2008 eigentlich geplant war, alle CR2 auf eine neue BK und ein neues ABC-Schutzsystem umzurüsten und weitere Detailänderungen durchzuführen, ist dieses Vorhabens aufgrund finanzieller Restriktionen 2012 offenbar storniert worden. Seit Ende 2007 werden jedoch zahlreiche CR2 einer Street Fighter genannten Modifikation unterzogen, in deren Rahmen eine fernbediente Waffenstation auf dem Turmdach, zusätzliche modulare Panzerung an den Wannen- und Turmseiten, Käfigpanzerung im Heckbereich, ein WBG für den Fahrer, eine Rückfahrkamera sowie Störgeräte für die Fernzünder von versteckten Sprengfallen (IED-Jammer) zum Einbau kommen. Das Gewicht des in dieser Konfiguration inoffiziell auch Megatron genannten Panzers beträgt über 72 t.

Auf Basis des CR2 entstanden zudem der Brückenleger Titan und der Pionierpanzer Trojan, von beiden wurden je 33 Stück beschafft. Der Bergepanzer CRARRV (Challenger Armoured Repair and Recovery Vehicle) blieb bisher ein Prototyp. Einziger Exportkunde des Challenger 2 ist Oman, das 38 für den Wüsteneinsatz modifizierte CR2 kaufte. Die spezielle Exportvariante Challenger 2E mit einem 1500-PS-MTU-Diesel und einem Renk-Automatikgetriebe konnte sich auf dem internationalen Markt nicht gegen den Leopard 2 durchsetzen und wird nicht mehr vermarktet.

Britischer Challenger 2 beim Überqueren einer improvisierten Brücke an der kuwaitisch-irakischen Grenze, 2003. (Foto: © UK MoD)

Challenger 2 beim internationalen Militär-Manöver Saber Junction in Gräfenwöhr, 2012. (Foto: © FD)

Ein Challenger 2 der Royal Welsh Battle Group der britischen Armee bei einem Übungsmanöver in Kanada. (Foto: Sgt. Mark Webster RLC/MOD, © OGL)

Challenger 2 bei Schießübung in Kanada. Der Kampfpanzer ist mit der 120-mm-Glattrohr-BK L/55 des Leopard 2A6 bewaffnet. (Foto: Sgt. Mark Webster RLC/MOD, © OGL)

UDSSR

Das zaristische Russland besaß während des Ersten Weltkriegs nicht die industriellen Kapazitäten, um im großen Stil Panzer zu bauen – und auch die nach der Revolution 1917 entstandene Sowjetunion war nach westlichen Maßstäben alles andere als industrialisiert. Dies änderte sich erst am Ende der 1920er Jahre, als der sowjetische Diktator Stalin sein Land rücksichtslos modernisierte. Hatte die Rote Armee 1929 nur 340 Panzer besessen, war diese Zahl bis 1935 auf 7633 gestiegen. Beruhten fast alle diese Fahrzeuge zunächst auf Entwürfen aus dem Ausland, so lernten die sowjetischen Konstrukteure doch schnell und stellten Ende 1939/Anfang 1940 die beiden damals besten Kampfpanzer der Welt vor, den KW-1 und den T-34. Die Produktion einer riesigen Zahl von Panzern, allein vom T-34 wurden bis zum Ende des Zweiten Weltkriegs über 57.000 Stück gebaut, hatte gewichtigen Anteil am Sieg der UdSSR im Zweiten Weltkrieg. Der nach 1945 beginnende Kalte Krieg mit den USA, sorgte dafür, dass die UdSSR beständig in großer Zahl moderne Kampfpanzer entwickelte und produzierte. Das Ende der Sowjetunion 1991 jedoch sorgte für eine tiefe Zäsur. Die Entwicklung neuer Kampfpanzer kam fast völlig zum Erliegen und nahm erst nach der Jahrtausendwende wieder an Fahrt auf. Der 2015 präsentierte T-14 Armata jedoch katapultierte den russischen Panzerbau an die Weltspitze zurück.

Ein T-72 in Diensten der indischen Armee
(Foto: Cell105,)

Der T-38 war eine verbesserte Version des T-37, war jedoch wie dieser letztlich zu leicht gepanzert und bewaffnet. (Foto: Vladimir Sapinnen, © CC-BY-3.0)

T-38 mit seinem auf die linke Seite der Wanne versetzten Drehturm im Panzermuseum Kubinka bei Moskau. (Foto: AlfvanBeem, © PD)

Hauptaufgabe des T-38 (wie auch des T-37) war die Aufklärung. Allerdings besaßen die meisten Fahrzeuge keine Funkausrüstung, was ihre Wirksamkeit in dieser Rolle erheblich reduzierte. Raum Leningrad, September 1942.

Der zur Aufklärung vorgesehene leichte T-37 im russischen Panzermuseum Kubinka.
(Foto: Saiga 20K, © CC-BY-SA-3.0)

T-37A

Die UdSSR kaufte 1930 von Vickers-Armstrong einige leichte Schwimmpanzer des Typs A4E11 und entwickelte daraus 1933 den T-37, von dem jedoch nur 70 Stück gebaut wurden, bevor die verbesserte Version T-37A in Serie ging. Eine voluminöse, genietete Wanne mit zusätzlichen Auftriebskörpern über dem Laufwerk sowie eine leichte Panzerung (max. 8 mm) stellten die Schwimmfähigkeit des Typs sicher. Der Vortrieb im Wasser erfolgte über einen am Heck angebrachten Schraubenpropeller. Der Fahrer saß links, der Kommandant rechts neben ihm und bediente ein 7,62-mm-MG vom Typ DT in einem handbetriebenen Drehturm. Ein 40-PS-Motor beschleunigte den 3,2 t schwerenT-37A auf 40 km/h. Obwohl die Hauptaufgabe des T-37 Aufklärung war, wurden nur Befehlsfahrzeuge (T-37TU) mit Funkgeräten ausgerüstet. Der T-37 war der erste in Serie gebaute Amphibienpanzer der Welt und wurde bis 1936 in insgesamt rund 1200 Exemplaren hergestellt, von denen viele auch noch im Sommer 1941 bei Aufklärungseinheiten der Roten Armee zu finden waren. Ende 1941 waren jedoch praktisch alle T-37 verloren gegangen.

T-38

Der T-38 war eine verbesserte Version des T-37 und wurde von 1936 bis 1938 in Serie gebaut. Um bessere Schwimmeigenschaften zu erzielen, war die Wanne breiter und flacher als jene des T-37, auf zusätzliche Auftriebskörper außerhalb der Wanne konnte dadurch verzichtet werden. Teile des Panzers waren nur geschweißt. Der Drehturm des Kommandanten war auf die linke Seite der Wanne versetzt worden, Laufwerk und Antrieb blieben jedoch praktisch unverändert. Durch eine auf 9 mm verstärkte Panzerung stieg das Gewicht auf 3,3 t. Ab 1939 wurde die Version T-38M mit einem 50-PS-Motor produziert. Von insgesamt 1340 T-38 und T-38M, die bis 1939 die Werkshallen verließen, waren nur 165 mit Funk ausgerüstet. Einige Fahrzeuge wurden mit 2-cm-MK versehen, um ihre dürftige Feuerkraft zu erhöhen. Obwohl die überwiegende Mehrzahl der T-38 in den Monaten nach dem deutschen Überfall verloren gingen, verwendeten die Sowjets Panzer dieses Typs noch bis 1944. Sowohl der T-37 als auch der T-38 waren recht mobil und gaben brauchbare Erkundungsfahrzeuge ab, waren jedoch viel zu leicht gepanzert und bewaffnet. Zudem ließ ihre Schwimmfähigkeit zu wünschen übrig: Die Wannen waren nicht selten undicht, weswegen immer wieder Fahrzeuge beim Überqueren von Gewässern versanken.

Mit Funkgeräten ausgestattete T-37U bei einer Parade auf dem Roten Platz.

UDSSR

T-40

Da auch der T-38 nicht überzeugen konnte, folgte ihm der T-40. Die Wanne war nun vollständig geschweißt und die Luken konnten wasserdicht verschlossen werden, zudem wurden Lenzpumpen installiert und am Bug ein aufrichtbares Schwallschild angebracht. Die Panzerung wurde auf maximal 15 mm verstärkt und so weit wie möglich schräggestellt, um die Schutzwirkung zu erhöhen. Der 5,5 t schwere T-40 erreichte mit einem 70-PS-Motor bis zu 44 km/h. Er war mit einem 12,7-mm- und einem 7,62-mm-MG, Funk, einem magnetischen Kompass und einer Feuerlöschanlage ausgerüstet. Die Serienproduktion begann im Oktober 1940 und bis zum 22. Juni 1941 wurden 179 Fahrzeuge ausgeliefert. Die hohen Panzerverluste der Roten Armee im Sommer 1941 führten dazu, dass man die Produktion des T-40 beschleunigen wollte. So fiel zunächst die amphibische Ausrüstung und die Funkanlage fort (T-40S). Zusätzlich wurde ab September/Oktober 1941 die Panzerung auf bis zu 20 mm verstärkt und mitunter kam die 2-cm-SchWak-MK L/82 zum Einbau. Diese Version wird oft als T-30 bezeichnet. Insgesamt wurden bis Ende 1941 722 T-40 aller Versionen gebaut, darunter auch 44 Fahrgestelle, die mit einem 24-fach-Raketenwerfer M-8 Kaliber 8 cm ausgerüstet waren.

T-60

Angesichts der Kämpfe im Sommer 1941 erachtete die Rote Armee die Schwimmfähigkeit des T-40 als sekundär, weitaus wünschenswerter erschienen eine stärkere Bewaffnung und Panzerung. Daher entstand im August 1941 der nicht amphibische T-60, der sich zahlreicher Komponenten (Laufwerk, Motor, Getriebe) seines Vorläufers bediente. Die Wanne des T-40 wurde stärker gepanzert und neu gestaltet sowie ein einfach zu fertigender Turm entwickelt. Die Bewaffnung bestand aus einer 2-cm-MK, die Höchstgeschwindigkeit betrug 42 km/h. Anfang 1942 erschien der 6,4 t schwere T-60A, der eine an der Wannen- und Turmfront auf 35 mm verstärkte Panzerung und vereinfachte Laufrollen aufwies. Die meisten T-60 gingen an Aufklärungseinheiten oder dienten der direkten Infanterieunterstützung. Obwohl für letztere Aufgabe nicht geeignet, gab es für die Rote Armee 1942 keine Alternative. Die Produktion des T-60 wurde im Herbst 1942 nach fast 6000 Exemplaren eingestellt. Überzählige T-60 wurden zu Artillerieschleppern oder Trägerfahrzeugen für 24-Fach-Raketenwerfer M-8 im Kaliber 8 cm verwendet.

T-60 Modell 41. (Abb.: © Vincent Bourguignon)

Der T-60 war nicht mehr schwimmfähig. (Foto: Balcer, © CC-BY-SA-3.0)

Beim T-60 wurde im Gegensatz zum T-40 wieder besonderer Wert auf Panzerung und Bewaffnung gelegt. (Foto: Vladimir Sappinen, © CC-BY-3.0)

Die meisten T-60 gingen an Aufklärungseinheiten oder dienten der direkten Infanterieunterstützung. (Foto: Vladimir Sappinen, © CC-BY-3.0)

Ein T-30 mit 20-mm-MK in seltener Dreifarbentarnung, ausgestellt auf der Rüstungsmesse IDLF im Jahr 2008. (Foto: Vitaly V. Kuzmin, © CC-BY-SA-4.0)

Der T-40 sah nicht nur modern aus, er war in der Tat für seine Zeit ein sehr fortschrittlicher Entwurf.

T-70 während des Tank-Biathlons 2016 in Alabino nahe Moskau. (Foto: Vitialy V. Kuzmin)

Im Ein-Mann-Turm des T-70 war der Kommandant deutlich überfordert.
(Foto: Vladimir Sappinen, © CC-BY-3.0)

T-70 während einer Parade anlässlich des Panzer-Biathlon-Wettbewerbs der russischen Streitkräfte. (Foto: Vladimir V. Kuzmin, © CC-BY-SA-4.0)

T-70 im Technischen Museum in Togliatti. (Foto: ShinePhantom, © CC-BY-SA-3.0)

T-70

Dass der T-60 nur eine Notlösung darstellte, war dem Konstruktionsteam um N. A. Astrow und der Führung der Roten Armee sehr wohl bewusst. Sein einziger Vorteil bestand darin, dass er rasch und einfach zu fertigen war. Bereits im Herbst 1941 begann das T-60-Entwurfsteam um N. A. Astrow, mittlerweile im GAZ-Werk in Gorki tätig, mit den Arbeiten an einem Nachfolgetypen. Hauptziel war die Verbesserung der Panzerung und Bewaffnung. Da dies unweigerlich zu einem höheren Gewicht führen musste, plante man den Einbau zweier GAZ-202-Triebwerke. Der im Februar 1942 vorgestellte Prototyp besaß eine 45-mm-BK und eine auf 45 mm verstärkte Frontpanzerung. Das Laufwerk des als T-70 bezeichneten Typs basierte auf jenem des T-60, war jedoch um eine Laufrolle verlängert worden. Obwohl die Führung der Roten Armee sich von dem neuen Panzer wenig beeindruckt zeigte, lief die Serienfertigung im März 1942 an. Hauptkritikpunkt war, dass der Kommandant durch den Ein-Mann-Turm überfordert wurde und so der Kampfwert des Typs erheblich litt. Der Kommandant hatte nämlich nicht nur den Panzer zu führen, sondern auch nach Zielen Ausschau zu halten, die BK zu richten und zu laden, sowie, falls vorhanden, ein Funkgerät zu bedienen. Konstrukteur Astrow sicherte jedoch zu, die Konstruktion so zu überarbeiten, dass ein neuer Zwei-Mann-Turm installiert werden könne. Ein größerer Turm hätte jedoch ein erhöhtes Gewicht bedeutet. Da das noch vom T-60 stammende Laufwerk jedoch bereits mit den 9200 kg des T-70 überfordert war, musste schließlich darauf verzichtet werden. Der ab Oktober 1942 gebaute T-70M erhielt daher ein verstärktes Laufwerk sowie von 260 mm auf 300 mm verbreiterte Gleisketten und sollte mit einem neuen Turm ausgerüstet werden. Da die Rote Armee jedoch kurz zuvor gefordert hatte, dass die 45-mm-BK nun auch zum Beschuss von Luft- bzw. weit oben liegenden Zielen geeignet sein musste, wurde eine erneute Umkonstruktion des Turms notwendig und der T-70M ging mit dem alten Ein-Mann-Turm in Serie. Der Munitionsvorrat der BK wurde von 90 auf 70 Granaten reduziert, das Gewicht stieg dennoch auf 9800 kg an. Um die Gewichtssteigerung zu kompensieren, wurden die 70-PS-Motoren teils entdrosselt und auf 85 PS gebracht – eine Maßnahme, die ihre ohnehin geringe Lebensdauer nicht erhöhte. Wie der T-60 verfügte der Typ über einen Motorvorwärmer, um die Motoren auch bei eisigem Wetter anlassen zu können. Im Gegensatz zum T-60 war die Mehrzahl der T-70 mit Funkgeräten und einer Bordgegensprechanlage ausgerüstet. Bis Oktober 1943 entstanden 8231 T-70 und T-70M (inklusive der Prototypen), 6843 davon bei GAZ in Gorki. Auf Basis des T-70 wurde eine Reihe von Versuchsfahrzeugen gebaut, die jedoch nicht in Serie gingen. Im Sommer 1942 versah man einen T-70 mit einer 37-mm-MK, die über ein Luftzielvisier verfügte, um auch gegen Flugzeuge einsetzbar zu sein und 1943 erhielten zwei T-70 die längere (L/68,8) und leistungsstärkere 45-mm-BK VT-42. Im Herbst und Winter 1942 wurden zudem zwei Flakpanzer (T-70W und T-90) mit 12,7-mm-Zwillings-MG auf Basis des T-70 erprobt. Nicht zuletzt basiert die Selbstfahrlafette SU-76 auf dem Fahrgestell des T-70.

Die ersten T-70 kamen im Sommer 1942 bei der Roten Armee zum Einsatz. Obwohl für einen leichten Panzer angemessen bewaffnet und gepanzert, erlitt der Typ doch hohe Verluste, denn neben der Aufklärung wurde der T-70 vor allem für die unmittelbare Infanterieunterstützung verwendet – und für diese Aufgabe reichte seine Panzerung nicht aus. Sein Hauptnachteil war (wie bereits erwähnt) der Ein-Mann-Turm, der den Kommandanten überforderte und so den Einsatzwert des Typs minderte. Sein größter Vorteil waren seine geringe Größe und sein relativ geringer Lärmpegel (zeitgenössische Berichte sprechen davon, dass der T-70 nicht lauter als ein Lkw gewesen sein soll) sowie seine vergleichbar gute Mobilität. Nach der Einstellung der Produktion im Oktober 1943 verschwand der Typ nach und nach aus den Fronteinheiten. Die Aufgabe der Infanterieunterstützung übernahm aufgrund ihrer höheren Feuerkraft die Selbstfahrlafette SU-76, für Aufklärungsaufgaben wurden Fahrzeuge der Lend-and-Lease-Lieferungen aus den USA verwendet. T-70 fanden sich nach diesem Zeitpunkt vor allem noch in SU-76-Verbänden als Befehlspanzer. Für sekundäre Aufgaben wie Ausbildung wurde der Typ jedoch bis 1946 verwendet.

UDSSR

BT-REIHE

Das Laufwerk der BT-Reihe basiert auf zwei 1930 in den USA angekauften Fahrzeugen des Typ M1931 von J. Walther Christie, aus denen in der UdSSR eine Reihe von schnellen Panzerkampfwagen (Bystrokhodnyi Tank – BT) entwickelt wurde, welche auf der Straße auch ohne Ketten fahren konnten. Die hinteren Laufräder waren angetrieben und die vorderen lenkbar, sodass der Panzer dann wie ein Radfahrzeug gefahren wurde. Da das Auf- und Abziehen der Ketten recht zeitraubend war, wurde diese Option jedoch häufig nicht genutzt. Der erste in Serie gebaute Typ (rund 400 Exemplare) war der BT-2, der jedoch noch nicht ausgereift und sehr unzuverlässig war. Nach den Versuchsmodellen BT-3 und 4 erschien Ende 1932 der 11,5 t wiegende BT-5, der dank eines modifizierten Liberty-Flugzeugmotors mit 350 PS sehr mobil war und auf Ketten bis zu 52 km/h, auf Rädern sogar bis zu 72 km/h erreichte. Zwar war der BT-5 nur leicht gepanzert (max. 15 mm), seine 4,5-cm-Kanone war jedoch für jene Zeit sehr leistungsfähig. Befehlsfahrzeuge (BT-5TU) waren an einer typischen Rahmenantenne rund um den Turm zu erkennen. Bis Ende 1934 wurden 2108 BT-5 gebaut, von denen viele (sowie einige BT-2) noch im Sommer 1941 in Dienst standen. Ihre schwache Panzerung, taktische Unzulänglichkeiten und Ersatzteilemangel sorgten jedoch dafür, dass die meisten Panzer rasch verloren gingen.

Der 1935 erschienene BT-7 war eine Weiterentwicklung des BT-5 mit stärkerer Panzerung (max. 22 mm), überarbeiteter, geschweißter Wanne und neuem, stärkeren Motor (450 PS) sowie einem neuen Getriebe. Das Gewicht betrug 13,9 t, auf Ketten erreichte der BT-7 eine Geschwindigkeit von bis zu 52 km/h und auf Rädern wurden maximal 72 km/h. Äußerlich war er dem BT-5 sehr ähnlich, auch weil der BT-7 den gleichen, genieteten Turm mit einer 4,5-cm-Kanone verwendete. Der BT-7 Modell 1937 erhielt schließlich einen vollständig geschweißten Turm in leicht konischer Form. Späte Panzer der Version 1937 besaßen im Turmheck ein zusätzliches DT-MG. Eine BT-7A genannte Variante war mit einer 7,62-cm-Haubitze im Turm ausgerüstet. Ab 1939 wurde eine BT-7M (auch BT-8) genannte Ausführung mit neuem Dieselmotor und leicht verstärkter Panzerung gebaut. Die Produktion des BT-7 endete Mitte 1941 nach rund 5000 Exemplaren.

Der erste Kampfeinsatz des BT-7 erfolgte im Sommer 1939 in der Mandschurei, als sowjetische Truppen bei Grenzstreitigkeiten einen eindeutigen Sieg über japanische Einheiten erringen konnten. Auch an der Besetzung Ostpolens im September 1939 sowie dem Winterkrieg gegen Finnland im Jahr 1939/40 waren BT-7 beteiligt. Wie beim BT-5 zeigte sich auch beim BT-7, dass selbst leichte Panzerabwehrwaffen die Panzerung der Fahrzeuge durchdrangen. Im Juni 1941 war der BT-7 neben dem T-26 der wichtigste Panzertyp der Roten Armee. Obwohl die 45-mm-BK keine Mühe hatte, alle deutschen Gegner auf Kampfentfernung von bis zu 500 m auszuschalten und sich der BT-7 beweglicher als seine Kontrahenten zeigte, waren die Verluste hoch. Hauptgrund hierfür war jedoch nur zum Teil technischer Natur. Obwohl der Zwei-Mann-Turm, fehlende Funkgeräte und Kommandantenkuppeln den Kampfwert der BT-Reihe insgesamt zwar einschränkten, waren doch vor allem taktische Unzulänglichkeiten, schlecht ausgebildete Besatzungen, mangelhafte Wartung, Desorganisation sowie Ersatzteil- und Treibstoffmangel für den Verlust Tausender von BT-Panzern verantwortlich. BT-7, die die ersten Monate überlebten, waren noch bis 1943 recht häufig an der Front zu finden. Nach diesem Zeitpunkt gingen die verbliebenen Panzer häufig zu Schuleinheiten. Allerdings waren einige BT-7 noch im August 1945 am Angriff der Roten Armee auf die japanischen Truppen in der Mandschurei beteiligt.

BT-5UT (oder auch RT) in Wintertarnung. (Abb.: © Oliver Missing)

BT-7 Modell 1937. Sein erster Kampfeinsatz fand 1939 in der Mandschurei gegen japanische Einheiten statt. (Foto: Tygydymhors, © CC-BY-SA-3.0)

BT-2, hier im Panzermuseum Kubinka, war bei seiner Einführung noch unausgereift. (Foto: Mike1979Russia, © CC-BY-SA-3.0)

BT-5 im Tarnkleid. (Foto: Mike1979Russia, © CC-By-SA-3.0)

BT-7 Modell 1935 im Museum zur Erinnerung an die Befreiung Leningrads. (Foto: WolfDW, © PD)

Der T-26 war konzipiert als leichter Panzer zur Infanterieunterstützung.
(Foto: Balcer, © CC-BY-SA-3.0)

Anfangs besaß der T-26 zwei Türme mit jeweils einem MG.
(Foto: Vladimir Sappinen, © CC-BY-3.0)

Bei Kampfeinsätzen während des Spanischen Bürgerkrieges und während des Finnland-Krieges 1939-1940 offenbarte sich, dass der T-26 modernen Panzerabwehrwaffen nicht gewachsen war. (Foto: Carrapata, © CC-BY-SA-3.0)

Ab 1933 hatte der T-26 nur noch einen Drehturm mit einer 4,7-cm-Kanone. (Foto: OneHalf35544, © PD)

T-26

Die Sowjetunion erwarb 1930 zwei Vickers-6-Tonner und entwickelte daraus einen leichten Panzer zur Infanterieunterstützung, den T-26. Ab 1931 wurde der T-26 Modell 1931 in Serie gebaut, der zwei nebeneinander liegende Türme mit je einem MG besaß; die Version 1932 verfügte ebenfalls über zwei Türme, war jedoch mit einer 3,7-cm-BK und einem 7,62-mm-MG bewaffnet. Die restliche Auslegung des Panzers war konventionell, der Fahrer saß im Bug, in der Mitte befand sich der Kampfraum und hinten war ein Ottomotor untergebracht, der über eine Kardanwelle auf das vorn liegende Getriebe wirkte. Ab dem Modell 1933 verfügte der T-26 nur noch über einen einzigen Drehturm mit einer 4,5-cm-Kanone L/46, die für die damalige Zeit eine leistungsstarke Bewaffnung darstellte. Befehlsfahrzeuge waren an einer charakteristischen Rahmenantenne rund um den Turm zu erkennen. Der T-26 Modell 1933 verfügte über einen 90-PS-Ottomotor, der das 9,6 t schwere Fahrzeug auf 32 km/h beschleunigte. Die Panzerung war bis zu 15 mm stark. Das Modell 1936 verdankt seine Entstehung den Erfahrungen aus den Grenzscharmützeln gegen die japanische Armee in der Mandschurei 1934–1935, bei denen sich die Panzerung des T-26 als zu schwach erwies und Nieten bei Treffern oft abplatzten und durch den Panzerinnenraum flogen – nicht selten mit tödlichen Folgen für die Besatzung. So wurde die Wannenpanzerung des T-26 ab dem Modell 1936 verstärkt und geschweißt. Im Turmheck wurde ein zusätzliches DT-MG in einer Kugelblende sowie eine Fla-MG-Laffete auf dem Turm installiert. Das ab 1938 produzierte Modell erhielt einen neuen, ballistisch besser geformten geschweißten Turm, neue Zieloptiken sowie eine verbesserte 4,5-cm-Kanone des Typs 20-K. Die schon bei Modell 1936 vergrößerten Treibstofftanks gewannen noch einmal an Kapazität, um den Aktionsradius im Feld zu erweitern.

Das Modell 1939 war die letzte in großen Stückzahlen gebaute Version des T-26. Der Turm wurde noch einmal verändert, um besseren Schutz zu gewähren, und auch die obere Wanne erhielt eine stärkere, abgeschrägte Panzerung. Die Treibstofftanks wurden erneut vergrößert und auch der Munitionsvorrat erhöht. Dennoch zeigten die Erfahrungen des Spanischen Bürgerkriegs und besonders die des Winterkriegs gegen Finnland 1939–1940, dass der T-26 auch in seinen modernsten Versionen zeitgenössischen Pak und sogar Panzerbüchsen nicht mehr gewachsen war. In kleinen Stückzahlen entstand daher 1940 noch eine Variante des T-26 mit bis auf 50 mm verstärkter Panzerung (T-26E). Nach dem Überfall der Wehrmacht auf die Sowjetunion wurden T-26 zudem nicht selten mit Zusatzpanzerungen versehen.

Insgesamt wurden über 12.000 T-26 aller Varianten produziert, wozu neben den genannten Typen auch eine Nahunterstützungsversion mit einer 7,62-cm-Haubitze (T-26A), Funk- und Befehlsfahrzeuge, Selbstfahrlafetten und nicht weniger als vier verschiedene Flammpanzer (OT-26, OT-130, OT-133 und OT-134) zählten. Hinzu kamen Artillerieschlepper, Transportfahrzeuge für Mannschaften, Munition und Treibstoff sowie Pionierpanzer. Im Sommer 1941 waren noch über 10.000 T-26 aller Modelle im Dienst und stellten damit die Masse der Panzereinheiten der Roten Armee. Obwohl Tausende in der ersten Zeit des Ostfeldzuges verloren gingen, setzte die Rote Armee auch noch 1945 vereinzelt T-26 ein.

Zehntausend T-26 standen 1941 noch im Dienst. (Foto: Bonaventura Leris, © CC-BY-2.0)

UDSSR

T-28

Der T-28 war der erste mittlere Panzerkampfwagen der Roten Armee und wurde von 1933 bis 1940 in Serie gebaut. Da er als Durchbruchspanzer dienen sollte, verfügte der Typ über eine große Kletter- und Grabenüberschreitfähigkeit sowie über zwei kleine MG-Türme mit je einem 7,62-mm-MG vorn auf der Wanne und im Turmheck. Sämtliche T-28 waren mit Funk ausgestattet und verfügten über eine Vorrichtung, um sich einzunebeln. Während die ersten 200 T-28 (Modell 1934) mit einer 7,62-cm-Kanone L/16,5 M27/32 ausgerüstet waren, verfügte das Modell 1938 über eine Waffe gleichen Kalibers der Länge L/26 sowie einen stärkeren 500-PS-Motor, der das 32 t schwere Fahrzeug auf 23 km/h beschleunigte. Während der anfänglichen Kämpfe im Winterkrieg gegen Finnland wurde offenbar, dass die ursprüngliche Panzerung von max. 40 mm nicht ausreichte. Daher wurde eine völlig überarbeitete Version (T-28 Modell 1940) geschaffen, deren Panzerung vorn 80 mm, seitlich und hinten 40 mm betrug. Das Gewicht stieg um gut 4 t und die Mobilität litt dementsprechend. Panzer dieser Version erwarben sich 1940 beim Durchbruch durch die Mannerheim-Linie jedoch aufgrund ihrer Beschussfestigkeit einen guten Ruf. Den Angriff der Wehrmacht im Sommer 1941 überlebten nur wenige T-28, einige waren aber noch Anfang 1943 im Einsatz. Insgesamt wurden rund 500 T-28 gebaut, darunter auch einige Befehls- und Brückenpanzer, sowie eine Flammversion (OT-28).

T-35

Die Entwicklung des T-35 begann 1930 und 1933 startete die Serienproduktion des Panzers. Der T-35 verfügte über nicht weniger als fünf Drehtürme. Der Hauptturm trug eine 7,62-cm-Kanone L/16 sowie zwei bis drei MG. Diagonal versetzt davor und dahinter befanden sich zwei Türme mit zunächst je einer 3,7-cm-Kanone und zwei weiteren Türmen mit je einem 7,62-mm-MG. Nach 20 Exemplaren wurde die Produktion auf das Modell 1935 umgestellt, das ein verlängertes Laufwerk, eine veränderte Wanne sowie neue Nebentürme mit 4,5-cm- anstatt der 3,7-cm-Kanonen besaß. Diese Version wurde von einem 500-PS-Ottomotor angetrieben und erreichte bis zu 30 km/h. Der 49,9 t schwere Panzer war bis zu 30 mm stark gepanzert. Von dieser Variante wurden 35 Exemplare gebaut. Ab 1938 trat die letzte Ausführung mit konischen Türmen und überarbeiteten Seitenschürzen in Erscheinung, die aufgrund ihrer bis zu 70 mm starken Wannenfrontpanzerung 54 t wog. Von diesem Modell wurden sechs Panzer hergestellt, sodass insgesamt nur 61 T-35 ausgeliefert wurden. Auf dem Papier und bei Paraden sah der T-35 wie eine mächtige, unschlagbare Waffe aus. In der Realität erwies er sich allerdings als völliger Fehlschlag, da er zu unbeweglich, mechanisch unzuverlässig und zu schwach gepanzert war. Zudem war der Kommandant damit überfordert, die Aktionen der fünf Türme zu koordinieren. Zwischen 1935 und 1940 waren die T-35 in Moskau stationiert und kamen vor allem bei Paraden zum Einsatz. Erst Mitte 1940, nachdem Überlegungen angestellt worden waren, die Fahrzeuge zu Selbstfahrlafetten umzubauen, wurde ein großer Teil der T-35 der 34. Panzerdivision im Bezirk Kiew zugeordnet. Nach dem Überfall der Wehrmacht am 22. Juni 1941 fiel der überwiegende Teil der T-35 wegen mechanischer Probleme aus. Der Rest wurde sehr rasch abgeschossen, da die Panzer eine riesige Zielscheibe abgaben. Ihre letzten Kampfhandlungen erlebten T-35 in den Anfangstagen der Schlacht um Moskau im Winter 1941, danach gibt es über ihren Einsatz keine Aufzeichnungen mehr.

T-28 Modell 1934, Winter. (Abb.: © Vincent Bourguignon)

T-35 Modell 1935, Bialystok, Ende Juni 1941. (Abb.: © Vincent Bourguignon)

Der T-28 verfügte als Durchbruchspanzer über gute Kletter- und Grabenüberschreitfähigkeiten. (Foto: AleGranholm, © CC-BY-2.0)

T-28 Modell 1938 mit der längeren 76,2-mm-BK L-10. Da der T-28 sehr eindrucksvoll wirkte, nahm er an zahlreichen Paraden auf dem Roten Platz teil.

Der T-35 wurde 1933 eingeführt und verfügte über fünf Drehtürme. Dieses Modell steht im Panzermuseum Kubinka. (Foto: Mike1979Russia, © CC-BY-SA-3.0)

Der T-34/76 schockierte die Wehrmacht, als sie im Sommer 1941 erstmals auf diesen neuen sowjetischen Panzer stieß. (Foto: Panzermuseum Munster, © Massimo Foti)

Der T-34 war richtungsweisend für die Panzerentwicklung durch seine gelungene Synthese aus Beweglichkeit, Panzerschutz und Feuerkraft. (Foto: Nicki, © CC-BY-ND-2.0)

Nur die 8,8-cm-Flak der Wehrmacht vermochte vermochte im Sommer 1941 die Panzerung des T-34/76 ohne Probleme zu durchdringen. (Foto: George Chernilevski, © PD)

T-34

Die Geschichte des T-34 begann 1937 als konsequente Weiterentwicklung der BT-Reihe. Man verzichtete auf die Möglichkeit des Räderantriebes und schuf ein Fahrzeug mit allseits abgeschrägten Flächen zur maximalen Geschossablenkung. Über den Prototyp A-20 und den T-32 kam man im Frühjahr 1940 zum T-34. Seine breiten Gleisketten sorgten für einen geringen Bodendruck und machten ihn auch in Schlamm und Schnee beweglich, ein kraftvoller 500-PS-Diesel und ein verbessertes Christie-Laufwerk sorgten für Mobilität. So betrug die Höchstgeschwindigkeit des 26,5 t schweren Panzers 55 km/h. Zudem sank die Feuergefahr, da Diesel schwerer entflammbar ist als Benzin. Die 1940 gebauten Modelle verfügten noch über eine kurze 7,62-cm-Kanone L-11 L/30, ab dem Modell 1941 kam dann aber die leistungsstärkere F-34 L/41 zum Einbau. Als die Wehrmacht im Sommer 1941 auf T-34/76 stieß, erlebte sie einen Schock. Allein die 8,8-cm-Flak war ohne Probleme in der Lage, die bis zu 70 mm starke Panzerung des T-34/76 zu durchdringen. Natürlich hatte aber auch der T-34/76 Nachteile, so fielen nicht wenige Panzer wegen Getriebeschäden aus. Der Zwei-Mann-Turm bürdete dem Kommandanten zusätzliche Aufgaben auf, was, zusammen mit der Tatsache, dass zunächst viele Panzer noch ohne Funk waren, den taktischen Wert des T-34/76 einschränkte.

Im Laufe der Serienproduktion des T-34/76 wurden mehrere Veränderungen, insbesondere an der Turmform, den Luken und Laufrädern vorgenommen. Der in kleinen Stückzahlen gebaute T-34/57 war ein speziell zur Panzerabwehr geschaffenes Fahrzeug mit einer 5,7-cm-Pak. Zudem existierte eine Flammpanzerausführung (OT-34), sowie Berge- und Brückenfahrzeuge. Der T-34/76 blieb bis 1945 in Produktion und wurde in insgesamt über 35.000 Exemplaren gebaut.

Um den T-34 gegenüber den neuen deutschen Panzern wie Tiger und Panther nicht ins Hintertreffen geraten zu lassen, begannen im Frühjahr 1943 die Arbeiten an einer Version mit einer 8,5-cm-Kanone. Diese war die Weiterentwicklung einer bereits bei der Roten Armee eingeführten Flak und benötigte einen neuen und größeren Drei-Mann-Turm. Wanne und Laufwerk wurden jedoch unverändert übernommen. Ende 1943 verließen die ersten T-34/85 (Modell 1943) die Werkshallen und waren zunächst mit der 8,5-cm-Kanone D-5T, ab dem Frühjahr 1944 (Modell 1944) dann mit der verbesserten ZIS-S-53 ausgerüstet. Ende 1944 ging das Modell 1945 mit einer verbesserten Kommandantenkuppel, einem elektrischen Turmschwenkantrieb und diversen Detailänderungen in Produktion. Der T-34/85 brachte aufgrund einer auf bis zu 90 mm verstärkten Panzerung 32 t auf die Waage. Da die Motorleistung sich nicht verändert hatte, sank die Höchstgeschwindigkeit auf 50 km/h. Bis Kriegsende entstanden noch rund 19.000 T-34/85, darunter auch einige Flammpanzer (OT-34/85.) Auch nach 1945 lief die Fertigung des T-34/85 weiter, u.a. als Lizenzbau in Polen, der Tschechoslowakei und China. Der T-34 war eine gelungene Synthese der drei Haupteigenschaften eines Panzers, nämlich Beweglichkeit, Panzerschutz und Feuerkraft. Er war richtungsweisend für eine ganze Generation von Kampffahrzeugen. Der T-34/76 war noch bis Ende der 1950er Jahre bei den Verbündeten der UdSSR zu finden und gehörte auch zur Erstausrüstung der NVA, verschwand dann jedoch rasch aus den Arsenalen. Der T-34/85 hingegen kommt selbst 2017, fast 75 Jahre nach seiner Entstehung, noch bei bewaffneten Konflikten in Afrika und Asien zum Einsatz.

Der T-34/85 von 1943 war zuerst mit der 8,5-cm-Kanone D-5T, dann mit der ZIS-S-53 bewaffnet. (Foto: Massimo Foti)

UDSSR

SU-85

Nachdem die Rote Armee zu Beginn des Jahres 1943 Beschussversuche mit einem eroberten Tiger durchgeführt hatte, wurde deutlich, dass die 7,62-cm-Kanonen des T-34 und KW-1 dessen Panzerung nicht durchschlagen konnten. Um rasch ein Fahrzeug produzieren zu können, das dieser neuen Bedrohung gewachsen war, wurde entschieden, eine Selbstfahrlafette auf Basis des T-34 zu schaffen, die mit einer leistungsfähigen 8,5-cm-Kanone bestückt sein sollte. Die Serienproduktion des SU-85 lief im August 1943 an. Bis Jahresende erhielt die Rote Armee 900 SU-85, die sich als recht erfolgreich erwiesen, auch wenn die Bekämpfung schwerer deutscher Panzer auf weite Entfernungen noch immer ein Problem darstellte. Ein 500-PS-Diesel ermöglichte dem 29,6 t schweren SU-85 eine Höchstgeschwindigkeit von 55 km/h. Die Panzerung betrug max. 45 mm, an der Kanonenblende sogar 75 mm. Als der mit der gleichen Waffe ausgerüstete T-34/85 eingeführt wurde, erschien es sinnlos, einen Panzerjäger zu fertigen, der nicht besser bewaffnet war als ein mittlerer Panzer, sodass die Produktion im September 1944 nach rund 2050 Exemplaren eingestellt wurde. Die letzten 315 SU-85 (Modell M) verwendeten bereits die Wannen des SU-100 mit seitlicher Kuppel und stärkerer Panzerung.

Die leichte Selbstfahrlafette SU-76 wurde anfangs mit dem Antrieb des T-70 bestückt. (Foto: Alexxx Malev, © CC-BY-SA-2.0)

SU-100

Der SU-100 war eine Weiterentwicklung des SU-85. Die Konstruktion begann im Februar 1944, ein erster Prototyp wurde bereits einen Monat später fertiggestellt und im September 1944 begann die Serienproduktion des 31,6 t schweren Fahrzeugs, das mit seinem 500-PS-Diesel bis zu 50 km/h erreichte. Anfang 1945 wurden schließlich die ersten SU-100 an die Fronteinheiten ausgeliefert und begannen den SU-85 aus den Einheiten der Roten Armee zu verdrängen. SU-85 wurde danach an sowjetische Verbündete weitergegeben. Der Hauptunterschied zum SU-85 war die auf 75 mm verstärkte Frontpanzerung (Blende 110 mm) sowie eine über die rechte Aufbauseite hinausragende Kommandantenkuppel, ähnlich der des T-34/85, und eine neue Kanonenblende. Die Bewaffnung bestand aus einer 10-cm-Kanone L/56, die aus dem Marinegeschütz B-34 entwickelt worden war. Der SU-100 war neben dem Jagdpanther sicher der beste Panzerjäger des Zweiten Weltkrieges. Bis Mai 1945 wurden insgesamt 1675 Stück gebaut, die in Ländern wie Jemen oder Vietnam bis heute in Dienst stehen.

SU-76M

Die Entwicklung dieser leichten Selbstfahrlafette begann im Frühjahr 1942. Die Wanne des T-70 wurde verbreitert, das Laufwerk verlängert, und der Motorraum wanderte in die Mitte des Fahrzeugs. Hinten wurde ein fester, rundum geschlossener Aufbau für eine 7,62-cm-Feldkanone geschaffen. Trotz der schlechten Erfahrung, die man mit dem Antrieb des ursprünglichen T-70 gemacht hatte, basierte auch dieses Fahrzeug wieder darauf. Als die ersten SU-76 (zunächst noch SU-12 genannt) Ende 1942 ausgeliefert wurden, kam es erneut zu massiven Problemen mit dem Antrieb. Der geschlossene Kampfraum füllte sich zudem rasch mit Pulverdampf und Abgasen, sodass die Besatzungen zu ersticken drohten. Die Produktion wurde daher im März 1943 nach nur 300 Exemplaren eingestellt, aber bereits im Mai 1943 auf Basis des T-70M wieder aufgenommen. Der Kampfraum war nun oben offen. Das nun SU-76M genannte Modell wog 11,2 t und war max. 35 mm stark gepanzert. Ein 140-PS-Zwillingsmotor ermöglichte 44 km/h. Diese Version erwies sich als wesentlich erfolgreicher und wurde in rund 12.700 Exemplaren produziert. SU-76M wurden als Panzerjäger, mobile Artillerie oder zur Infanterieunterstützung eingesetzt. Auf Basis des SU-76M existierte auch ein Flakpanzer mit einer 3,7-cm-Flak (SU-37), der jedoch nur in geringen Zahlen gefertigt wurde.

Die Selbstfahrlafette SU-76 kam sowohl zur direkten Unterstützung der Infanterie als auch als Panzerjäger oder mobile Artillerie zum Einsatz. (Foto: Alexxx1979, © CC-BY-SA-4.0)

SU-100 Modell 1969. Kurz nach seiner Einführung Anfang 1945 ersetzte der SU-100 seinen Vorgänger T-85 (Foto: Candid, © CC-BY-SA-3.0)

Der Panzerjäger SU-100 verfügte über eine 10-cm-Kanone L/56. (Foto: Vitaly V. Kuzmin, © CC-BY-SA-4.0)

SU-85. (Foto: Gandvik, © CC-BY-SA-3.0)

Der erste Prototyp des KW-1 war neben der 76,2-mm-BK noch mit einer 45-mm-BK ausgerüstet.

Ein Bild, das sich im Sommer 1941 immer wieder bot: ein verlassener KW-2 auf einer Straße in der westlichen UdSSR.

KW-1 Modell 1942 mit Gussturm und ZIS-5 BK. Man beachte die Treibstoffzusatztanks auf der Kettenabdeckung.

Seitenansicht des KW-2-Prototypen. Man beachte die abgeschrägte Turmfront.

KW-1

Die Entwicklung eines Nachfolgers für T-28 und T-35 begann Anfang 1938. Der KW-1 (benannt nach dem damaligen Verteidigungsminister Kliment Woroschilow) war von konventionellerem Design als seine Vorgänger, jedoch ungleich stärker gepanzert. Eine Front- und Seitenpanzerung von bis zu 90 mm Stärke suchte bei Beginn der Serienproduktion im Februar 1940 ihresgleichen. Bereits kurze Zeit später erlebte der Typ seine Feuertaufe im Winterkrieg gegen Finnland. Zwar wurde dort kein KW-1 abgeschossen, es zeigten sich allerdings schwerwiegende mechanische Mängel, weswegen die Konstruktion eigentlich noch einmal überarbeitet werden sollte. Die politische Lage in Europa ließ dies jedoch nicht zu, sodass die Fahrzeuge trotz Mängeln weiter in Großserie gebaut wurden. Bis zum Überfall auf die Sowjetunion im Juni 1941 waren bereits 636 KW-1 im Einsatz und stellten für die Wehrmacht eine böse Überraschung dar, selbst die 8,8-cm-Flak hatte mitunter Schwierigkeiten mit diesem Panzer. Bis zum Erscheinen des Tigers 1942 war der KW-1 der bestgeschützte und wohl auch schlagkräftigste Panzer der Welt.
Allerdings fielen nicht wenige KW-1 ihrem Gewicht von 47,5 t, bzw. daraus resultierenden Getriebe- und Motorproblemen zum Opfer. Obwohl der 600-PS-Diesel theoretisch bis zu 30 km/h ermöglichte, ließen mangelhaft konstruierte Getriebe oft nur 15–20 km/h zu. Im Laufe der Produktion war der KW-1 einigen Veränderungen und Verbesserungen unterworfen. Die Bewaffnung des ersten Serienmodells (Modell 1939) bestand aus einer 7,62-cm-Kanone L-11 L/30, die ab dem Modell 1940 durch eine längere Waffe gleichen Kalibers (F-32) ersetzt wurde. Hinzu kamen Verbesserungen an der Blende. Die Version KW-1E des Modells 1940 verfügte über eine aufgeschraubte Zusatzpanzerung an Turm und Wanne. Das Modell 1941 war mit einer bis zu 130 mm starken Turm- und bis zu 90 mm starken Wannenpanzerung versehen und erhielt die aus dem T-34 bekannte F-34- oder eine ZIS-5-Kanone. Ein verbesserter Motor sowie ein gegossener Turm zeichneten das Modell 1942 aus. Ab Ende 1942 wurde schließlich der KW-1S gebaut, der durch eine schwächere Panzerung und einen kleineren Turm leichter und damit mobiler war. Auf Basis dieses Modells entstand auch der KW-85, der einen neuen Turm mit einer 8,5-cm-D5T-Kanone erhielt und von dem nur 130 Stück gebaut wurden, bevor die Produktion Anfang 1944 auf den JS-1 umgestellt wurde. Insgesamt verließen über 3000 KW-1 aller Varianten die Werkshallen, darunter auch 67 KW-8 mit einem Flammrohr und einer 4,5-cm-Kanone anstelle der 7,62-cm-Waffe.

KW-2

Der KW-2 wurde entworfen, um Bunker und Feldbefestigungen zu bekämpfen und verfügte zu diesem Zweck über eine 15,2-cm-Haubitze in einem riesigen, unförmigen Turm. Diese Haubitze verfeuerte ein rund 50 kg schweres Geschoss, das auf 1600 Meter noch 75 mm Panzerung durchschlug. Die Serienproduktion des Fahrzeugs begann 1940 auf Basis des KW-1 Modell 1939, es gab jedoch ab 1941 auch eine Version auf der Wanne des Modell 1940 (KW-2B), die fast 57 t auf die Waage brachte. Die theoretische Höchstgeschwindigkeit von 25 km/h betrug real nur gut die Hälfte. Das hohe Gewicht überlastete den ohnehin stark beanspruchten 600-PS-Diesel und das Getriebe über Gebühr, weshalb zahlreiche KW-2 aufgrund von mechanischen Mängeln ausfielen. Zudem ließ sich der rund 12 t schwere Turm nur auf ebenem Gelände drehen, bei der geringsten Schrägneigung des Fahrzeugs war dies nicht mehr möglich. Obwohl einzelne KW-2 nach dem Überfall der Wehrmacht Erstaunliches vollbrachten, standen sie ob ihrer geringen Mobilität doch auf verlorenem Posten. Als Ende 1941 das Herstellungswerk nahe Leningrad überrannt wurde, endete die Produktion nach 336 KW-2.

KW-1 Modell 1939. (Abb.: © DWA)

UDSSR

JS-1

Aufgrund der Nachteile der KW-Reihe (unzureichende Mobilität, Mangel an abgeschrägten Panzerflächen, für das hohe Gewicht zu leichte Bewaffnung) entwickelten sowjetische Konstrukteure schließlich eine stark verbesserte Version, die JS-Serie (JS – Josef Stalin). Über den Prototypen KW-13 entstand im Herbst 1943 der JS-1. Dieser wies neben einem verbesserten Getriebe und Laufwerk eine neue, vollständig gegossene Wanne auf, die seitlich über das Laufwerk hinausragte. Der JS-1 war mit dem Turm und der 8,5-cm-Kanone des KW-85 ausgestattet. Durch eine geschickte Formgebung gewährte der JS-1 einen besseren Schutz als die KW-Reihe, wog jedoch nur 44,2 t und erreichte mit einem 600-PS-Diesel und einem neuen Getriebe 37 km/h. Die Panzerung betrug bis zu 120 mm. Fast zeitgleich mit dem JS-1 wurde der T-34/85 entwickelt. Da es jedoch unsinnig erschien, den JS-1 mit der gleichen Waffe wie einen mittleren Panzer auszustatten, wurden Prototypen mit einer 10-cm-Kanone ausgerüstet. Als man schließlich sogar eine Möglichkeit fand, eine 12,2-cm-Waffe unterzubringen, entschied man sich für diese neue Variante, und die Produktion des JS-1 endete Anfang 1944 nach nur 107 Exemplaren. Eine ganze Anzahl dieser Fahrzeuge wurde später durch die Umrüstung mit 12,2-cm-Kanonen auf den Stand des JS-2 gebracht.

JS-2

Nachdem Versuche mit umgerüsteten JS-1 ergeben hatten, dass sowohl die Ausstattung mit der 10-cm-Kanone D-10T als auch die mit der 12,2-cm-Waffe A-19 möglich waren, entschied man sich ob der besseren Verfügbarkeit für letztere Alternative, obwohl die D-10T eine bessere Durchschlagsleistung aufwies. Die ersten JS-2 Modell 1943 wurden im Januar 1944 ausgeliefert und basierten auf der unveränderten Wanne des JS-1 mit einer typischen Stufe am Bug. Diese stellte sich bald als Schwachstelle des Fahrzeugs heraus, weshalb der ab Juni 1944 produzierte JS-2 Modell 1944 eine durchgehende Frontplatte von 120 mm Stärke erhielt. Zuvor war das Geschütz des Modells A-19 bereits durch eine 12,2-cm-Kanone des Typs D-25 ersetzt worden. Sehr späte Exemplare des JS-2 wurden zudem mit einem 12,7-mm-DShk-Fla-MG ausgerüstet. Der JS-2 Modell 1944 wog 46,2 t und erreichte mit einem 600-PS-Diesel 37 km/h.

Gegenüber der KW-Reihe stellte der JS-2 eine deutliche Verbesserung in Bezug auf Schutz (Panzerung max. 120 mm), Feuerkraft und Zuverlässigkeit dar. Hauptnachteil des Typs war seine relativ geringe Mobilität sowie die geringe Schussfolge von nur zwei Schuss pro Minute aufgrund der zweiteiligen Munition. Bis Kriegsende wurden annähernd 3500 JS-2 gebaut, die zum Teil bis Anfang der 1990er Jahre im Einsatz blieben.

JS-2 Modell 1942. (Foto: Alf van Beem, © PD)

Der JS-2 war besser gepanzert und bewaffnet als die KW-Reihe,litt jedoch an einer zu geringen Schussfolge und geringer Mobilität. (Foto: Radomil, © CC-BY-SA-3.0)

Seitenaufnahme eines JS-85 (JS-1). (Abb.: © Oliver Missing)

Werksaufnahme eines frühen JS-85 (bzw. JS-1).

Der JS-2 wartete mit einer 12,2-cm-Kanone auf, die wegen ihrer besseren Verfügbarkeit der D-10T mit besserer Durchschlagskraft vorgezogen wurde. (Foto: Alf van Beem, © PD)

Der JS-3 folgte dem JS-2 nach und war mit einer 122-mm-Kanone bewaffnet.
(Foto: Adamicz, © CC-BY-SA-3.0)

Der T-10 besaß ebenso wie der JS-3 eine 122-mm-Kanone. Er wer weltweit der letzte schwere Kampfpanzer. (Foto: Ferran Cornellà, © CC-BY-SA-3.0)

Die ersten Serienmodelle des JS-3 erschienen im Mai 1945, kamen aber selbst gegen die Japaner nicht mehr zum Einsatz. Mitte 1946 wurde seine Produktion bereits wieder eingestellt. (Foto: Andshel, © CC-BY-SA-4.0)

JS-3M der ägyptischen Streitkräfte 1967. (Abb.: © Oliver Missing)

JS-3

Die Entwicklung des JS-3 begann im Sommer 1944 als Weiterentwicklung des JS-2, von dem Bewaffnung, Laufwerk, Motor und Getriebe übernommen wurden. Wanne und Turm waren jedoch völlig neu konstruiert. Der obere Teil der Frontpanzerung bestand aus zwei winklig miteinander verschweißten Platten, wodurch der Wannenbug die Form eines umgekehrten V erhielt. Geschosse sollten so nicht mehr Richtung Turm, sondern zu den Seiten hin abgelenkt werden. Der Turm war besonders geschossabweisend geformt und erinnerte an eine flache, umgedrehte Schüssel. Die Hauptbewaffnung des IS-3 bestand aus der 122-mm-Kanone, für die nur 28 Schuss mitgeführt werden konnten. Zudem betrug die Feuergeschwindigkeit aufgrund der zweiteiligen Munition und der engen Platzverhältnisse im Turm nur zwei bis drei Schuss pro Minute. Der JS-3 wog 46,5 t und besaß eine bis zu 250 mm starke Panzerung, sein 600-PS-Diesel ermöglichte eine Geschwindigkeit von bis zu 40 km/h.

Die ersten Serienexemplare wurden Mitte Mai 1945 fertiggestellt, während der Offensive gegen japanische Truppen im August 1945 scheinen JS-3 nicht im Kampf verwendet worden zu sein. Erstmals öffentlich zu sehen war der JS-3 am 7. September 1945 bei einer Siegesparade der Alliierten in Berlin. Seine starke Panzerung und die allseits abgeschrägten Flächen im Verbund mit seinem niedrigen Aufzug machten den IS-3 zu einem schwer abzuschießenden Gegner, der trotz 20 t Gewichtsunterschied in der gleichen Klasse wie der deutsche Tiger II spielte. Der 600-PS-Diesel war jedoch an den Grenzen seiner Leistungsfähigkeit, ähnliche Probleme plagten den restlichen Antriebsstrang. Zudem zeigten sich bald fehlerhafte Schweißnähte, insbesondere am Bug. Die Serienfertigung endete daher bereits Mitte 1946 nach 2311 Exemplaren. Die letzten JS-3 wurden jedoch erst Anfang der 1990er Jahre verschrottet.

T-10

Die Entwicklung des T-10 begann Ende 1948, die Serienproduktion lief Ende 1953 an. Der T-10 war mit der Hauptwaffe des JS-3, einer 122-mm-BK, bewaffnet und besaß einen etwas leistungsstärkeren 700-PS-Dieselmotor, der das 51,5 t schwere Fahrzeug auf 43 km/h beschleunigte. Wie der JS-3 war der T-10 bis zu 250 mm stark gepanzert. 1956 erschien der T-10A, der über eine Waffenstabilisierungsanlage (einachsig) verfügte. Der ab 1957 gebaute T-10B war mit einer verbesserten zweiachsigen Stabilisierung ausgerüstet. Die größte Veränderung brachte die ebenfalls ab 1957 produzierte Version T-10M, die eine leistungsfähigere, in zwei Achsen stabilisierte 122-mm-BK und MG des Kalibers 14,5 mm (koaxial und Fla) besaß. Zudem kamen ein 750-PS-Motor, ein ABC-Schutzsystem und eine IR-Nachtsichtausrüstung zum Einbau. Die Produktion des T-10 endete 1962, wie viele Panzer insgesamt produziert wurden, ist nicht zuverlässig zu sagen. Westliche Schätzungen gingen früher von bis zu 8000 Stück aus, eine Zahl von 1500–2000 Exemplaren scheint jedoch realistischer. Obwohl der T-10 ab Ende der 1960er Jahre aus den Fronteinheiten verschwand, wurden die letzten Exemplare erst 1993 verschrottet. Der T-10 war nicht nur der letzte in Serie gebaute schwere Kampfpanzer der Roten Armee, sondern weltweit. Seine Rolle, das Erzwingen von Durchbrüchen in der gegnerischen Front sowie die Feuerunterstützung der eigenen mittleren Kampfpanzer, war überflüssig geworden. Typen wie der T-64 übernahmen nun diese Aufgaben. Der T-10 wurde nicht exportiert und niemals im Gefecht eingesetzt, war allerdings an der Niederschlagung des Prager Frühlings 1968 beteiligt

T-10M im Siegespark von Nischni Nowgorod. (Foto: Michail Martynow, © CC-BY-SA-3.0)

UDSSR

T-44

Die Arbeiten an einem Nachfolgemodell für den T-34 begannen ab Herbst 1943, erste Prototypen wurden Anfang 1944 vorgestellt. Zwei Fahrzeuge waren mit 85-mm-Kanonen, eines mit einer 122-mm-Waffe ausgerüstet. Da sich für die 122-mm-BK nur 24 Schuss mitführen ließen und die Munition aufgrund ihrer Abmessungen nur mit Mühe zu laden war, wurde dieser Ansatz nicht weiter verfolgt. Obwohl der T-44 dem T-34 äußerlich ähnelte, unterschied er sich in einer ganzen Reihe von Punkten. So besaß das Fahrwerk eine Drehstabfederung und auf den MG-Schützen neben dem Fahrer wurde zugunsten zusätzlichen Treibstoffs und Munition verzichtet. Die Wanne war nun insgesamt flacher und reichte seitlich nicht mehr über das Laufwerk hinaus. Das 520-PS-Triebwerk beschleunigte den 32 t schweren T-44 auf 53 km/h. Durch die geringeren Abmessungen war es möglich, die Panzerstärke zu erhöhen (max. 120 mm), ohne das Gewicht ansteigen zu lassen.

Die Serienfertigung des T-44A genannten Modells lief ab Oktober 1944 langsam an, bis Mai 1945 waren nur 190 Panzer fertiggestellt worden, von denen offenbar keiner mehr im Kampf zum Einsatz kam. Der T-44 wurde von zwei ernsthaften Problemen geplagt. Zum einen erwies sich sein Getriebe als störanfällig, zum anderen bestand seine Bewaffnung nach wie vor aus der 85-mm-BK des T-34/85. Die Ausrüstung mit einer 100-mm-Kanone hätte einen neuen Turm erfordert. Versuche in diese Richtung mündeten schließlich in die Entwicklung des T-54. Bis 1947 wurden daher nur 1823 T-44 produziert. Der T-44 wurde nicht exportiert und blieb bis Ende der 1970er Jahre bei der Roten Armee im aktiven Einsatz, im eingelagerten Zustand wohl noch länger.

Wegen der geringen Schussfrequenz wurde der T-44 statt mit der 122-mm-BK mit der 85-mm-BK ausgestattet. (Foto: Boevaja Mashina, © CC-BY-SA-4.0)

T-54

Bereits im Oktober 1944 begann die Entwicklung einer Variante des T-44 mit 100-mm-BK. Die beiden ab Februar 1945 erprobten Prototypen (zunächst T-44B genannt) besaßen zwar ein fast identisches Laufwerk (fünf große Laufrollen mit Drehstabfederung) sowie eine sehr ähnliche Wanne wie der T-44, erhielten jedoch neu konstruierte, größere Gusstürme und waren mit seitlichen, 6 mm starken Panzerschürzen (diese fielen später fort) sowie 12,7-mm-Fla-MG ausgerüstet. Die Panzerung war erneut verstärkt worden und betrug nun 120 mm an der Wannen- und 180 mm an der Turmfront. Obwohl während der Erprobung zahlreiche Verbesserungsmöglichkeiten festgestellt wurden, war das Ergebnis insgesamt positiv und führte im Frühjahr 1946 zu dem Entschluss, die Weiterentwicklung des T-44A aufzugeben und sich allein auf den nun als T-54 bezeichneten Panzer zu konzentrieren.

Die Serienfertigung des T-54 lief 1947 in Charkow und 1948 in Nischni Tagil an. Diese später als T-54-I bezeichnete Version besaß auf der Kettenabdeckung einen Behälter mit zwei starren 7,62-mm-MG, die vom Fahrer ausgelöst wurden und wies eine erneut veränderte bzw. verstärkte Panzerung auf. Nach ersten Truppenversuchen wurde die Produktion des T-54-I jedoch nach nur rund 300 Panzern wieder beendet, da nach wie vor nicht alle Schwachstellen ausgemerzt waren und ernsthafte Qualitätsprobleme auftraten. Zudem ließ die Form des Turms, der zahlreiche Geschossfallen aufwies, zu wünschen übrig. Ab 1949 wurde die verbesserte Version T-54-II gebaut, die über einen vollständig neuen Turm verfügte, der die Geschossfallen an der unteren Turmseite beseitigte, am Turmheck aber noch immer einen Überhang besaß. Zudem kamen ein neues Fla-MG, diverse Verbesserungen an Motor und Getriebe (u.a. eine Vorheizeinrichtung) und breitere Ketten (580 mm statt 500 mm) zum Einbau. Die MG auf der Kettenabdeckung wurden durch eine starre Waffe neben dem Fahrer ersetzt. Dieses Modell blieb bis 1952 in Produktion, wurde dann durch den T-54-III (manchmal auch einfach T-54 genannt) abgelöst, dessen gegossener

Dank seines 520-PS-Triebwerks fuhr der T-44 bis zu 53 km/n schnell.
(Foto: Harveygs, © CC-BY-SA-4.0)

Dieser T-44 ist im Panzermuseum Kubinka ausgestellt.
(Foto: Mike1979Russia, © CC-BY-SA-3.0)

T-44M, u.a. an den Laufrädern des T54/55 (fünf massive Speichen) sowie den neuen Kettenabdeckungen zu erkennen. (Foto: © US DoD)

Ab 1947/48 wurde der T-54 in Serie gebaut. Nach Ausmerzung diverser Schwächen fand er 1952 zu einer ausgereiften Form. (Foto: © Vitali V. Kuzmin)

Ein T-54A der afghanischen Nationalarmee, dahinter ein T-62M. (Foto: Sgt. Frank G. Proctor MOD, © OGL)

Dieser T-54 sieht auf den ersten Blick aus wie ein T-54B, zeigt jedoch die typischen Laufräder eines frühen Fahrzeugs mit zahlreichen Speichen. Im Zuge der Hauptinstandsetzungen wurde offenbar eine Reihe von Merkmalen späterer Versionen nachgerüstet (Zusatztanks, IR-Scheinwerfer, D-10TG-/D-10T2S-Kanone u.a.)

Der T-54 wurde weltweit exportiert und kam bei zahlreichen Konflikten zum Einsatz. (Foto: MKFI, © PD)

Turm nun keinerlei Hecküberhang mehr aufwies. Die endgültige Form des T-54 war damit gefunden.

Der Panzer konnte sich nun durch das Einspritzen von Diesel in die Abgasanlage einnebeln und wies eine Reihe von weiteren Detailverbesserungen auf, so erhielt der Richtschütze nun eine modernere Optik. Der T-54-III blieb in der UdSSR bis 1954 im Bau. 1955 folgte der T-54A, der als erster sowjetischer Panzer über eine stabilisierte BK und eine Tiefwatausrüstung verfügte. Das Rohr der BK war an der Mündung zunächst mit einem Kontergewicht ausgestattet, das später durch einen Rauchabsauger ersetzt wurde, um das Eindringen von Pulvergasen in den Kampfraum zu verhindern. Ein IR-Fahrscheinwerfer und ein IR-Sichtgerät für den Fahrer, neue Funkgeräte, automatische Feuerlöscher, Verbesserungen am Triebwerk und weitere Detailänderungen komplettierten die Modifikationen. Der T-54A war bis zu 200 mm stark gepanzert und mit einem 520-PS-Dieselmotor ausgerüstet, der dem 36 t schweren Panzer eine Höchstgeschwindigkeit von 50 km/h ermöglichte. Die Version T-54A wurde in der UdSSR bis 1957, in Polen von 1956 bis 1964 und in der Tschechoslowakei von 1957 bis 1966 gebaut. Als Typ 59 nahm auch China Ende der 1950er Jahre die Fertigung dieses Panzers auf (siehe dort). Die letzte Hauptversion war der T-54B, der bis 1958 produziert wurde. Diese Version war dank seiner IR-Ausstattung (IR-Scheinwerfer an der Turmfront und auf der Kommandantenluke) als erster sowjetischer Panzer voll nachtkampffähig. Der Richtschütze erhielt eine neue Optik mit einem Tag- und einem IR-Kanal. Befehlsfahrzeuge mit zusätzlicher Kommunikations- und Navigationsausstattung wurden durch den Zusatz »K« gekennzeichnet. Im Laufe ihrer Dienstzeit wurden T-54 bei Generalüberholungen oftmals mit neuen Komponenten nachgerüstet, sodass es zu Mischversionen kam. So wurde der Typ Mitte der 1960er Jahre modernisiert, um seinen Kampfwert auf den des T-55 zu bringen (W-55 Motor, höhere Munitionsausstattung, neue Funkgeräte). Diese Panzer wurden als T-54M bzw. T-54AM bezeichnet. Die ab 1977 mit Laser-EM, Tiefwatausrüstung und teils neuen Ketten versehenen Fahrzeuge erhielten verwirrenderweise ebenfalls dass Suffix »M«. Andere Streitkräfte des Warschauer Paktes führten ähnliche Programme durch, allerdings nicht einheitlich und oft mit anderen Bezeichnungen. So wurde modernisierten T-54 der NVA das Suffix »Z« (für Zusatzausrüstung) zugeordnet.

Auf Basis des T-54 wurden zudem Selbstfahrlafetten (Jagdpanzer SU-122-54, Fla-Panzer ZSU-57), Flammpanzer (OT-54, Flammenwerfer anstelle des koaxialen MG) und zahlreiche Berge-, Brückenlege- und Pionierfahrzeuge entwickelt. Die Weiterentwicklung des Typs führte schließlich zum T-55. Der T-54 kam jedoch nicht bei den Armeen des Warschauer Paktes zum Einsatz, sondern wurde auch vielfach exportiert. Eine Vielzahl von Staaten und Milizen, insbesondere in Asien und Afrika, verwendeten oder verwenden noch immer den T-54. Aufgrund seiner weiten Verbreitung war der T-54 an zahlreichen Konflikten beteiligt, oftmals gab er dabei allerdings keine gute Figur ab.

Dennoch: Der T-54 war ab der Version II für seine Zeit ein hervorragendes Fahrzeug mit guter Bewaffnung und exzellenter Panzerung, das vielen seiner Zeitgenossen überlegen war. Als es ungarischen Aufständischen 1956 gelang, einen der damals hochmodernen T-54A zu erbeuten, fuhren sie das Fahrzeug auf das Gelände der britischen Botschaft, wo es untersucht wurde. Die Ergebnisse dieser Untersuchung führten zu einer Neubewertung der Bewaffnung britischer Panzer und schließlich zur Entwicklung der 105-mm-Zugrohr-BK L7, die in den 1960er und 1970er Jahren praktisch zur NATO-Standardwaffe avancierte und auch im Leopard 1 verbaut wurde. Insgesamt entstanden in der UdSSR rund 35.000, in Polen ca. 3000 und in der Tschechoslowakei ungefähr 2700 T-54.

UDSSR

T-55

Mitte der 1950er Jahre begann sich die Sowjetarmee mit der Überlebensfähigkeit von Kampfpanzern auf einem nuklearen Schlachtfeld zu beschäftigen und gab daher den Auftrag, den T-54 entsprechend zu überarbeiten. Ab Ende 1957 wurden zwei auf dem T-54B basierende Prototypen durch die Streitkräfte erprobt. Im Mai 1958 entschied der Ministerrat der UdSSR, diesen Typ unter der Bezeichnung T-55 einzuführen. Die ABC-Schutzanlage des T-55 verlangte eine Reihe von Veränderungen an Wanne und Turm, so musste die Lüfterkuppel vor der Ladeschützenluke auf der rechten Turmseite entfallen. Dies ist zugleich ein deutliches Erkennungsmerkmal des T-55, der seinem Vorgängermodell ansonsten äußerlich sehr ähnelt. Zudem wurden ein modifizierter Motor, ein verbessertes Getriebe, neue Laufräder und Optiken sowie ein Feuerlöschsystem verbaut. Der T-55 führte zudem mehr Munition und Dieselkraftstoff mit, da neben dem Fahrer ein Treibstoffbehälter installiert worden war, der Aussparungen für 100-mm-Granaten aufwies. Trotz dieser zahlreichen Modifikationen entsprachen die Daten des T-55 weitgehend denen des T-54. Bei einem Gewicht von ca. 36 t beschleunigt ein 580-PS-Dieselmotor den Typ auf 50 km/h. Die maximale Stärke der Panzerung betrug nach wie vor 200 mm. Da man das Fla-MG auf der Ladeschützenluke als nutzlos gegenüber modernen Jets erachtete, fiel die beim T-55 aber nun fort. 1963 begann die Fertigung des T-55A, der eine zusätzliche Strahlenschutzauskleidung und ein verbessertes ABC-Schutzsystem erhielt. Das starre Bug-MG fiel weg, den frei werdenden Raum nahmen sechs zusätzliche Granaten ein. Befehlsfahrzeuge mit umfangreicher Kommunikations- und Navigationsausstattung sind am Zusatz »K« erkennbar, zudem wurde eine Anzahl Flammpanzer (OT-55) gefertigt, deren koaxiales MG durch ein Flammrohr ersetzt wurde.

Eine Vielzahl von Berge-, Brückenlege- und Pionierpanzern gehört ebenfalls zur T-55-Familie. Vom T-55 entstanden auch zahlreiche Versuchsfahrzeuge, z. B. T-55 mit drei AT-3 Sagger PzAbwFK am Turmheck oder mit TV-Anlagen zur Aufklärung. Im Laufe seiner Dienstzeit wurde der T-55 einer Reihe von Modernisierungen unterworfen, so wurde ab Anfang der 1970er Jahre auf der Ladeschützenluke doch wieder ein 12,7-mm-Fla-MG installiert, und ab 1974 erhielten die Fahrzeuge auf der BK angebrachte Laser-EM. T-55A der sowjetischen Marineinfanterie, an deren Turm in den frühen 1980er Jahren zur Abwehr von Panzerfaustgeschossen und PzAbwFK das Hard-Kill-System Drozd (Drossel) installiert worden war, erhielten die Bezeichnung T-55AD. Drozd war das weltweit erste System dieser Art. Es erfasste Geschosse mit einem Millimeterwellenradar und feuerte daraufhin eine Splittergranate ab, um diese zu neutralisieren. Die hohen Kosten des Systems führten dazu, dass nur rund 250 T-55 derartig modifiziert wurden, stattdessen wurde bei Fahrzeugen der Marineinfanterie ab 1985 ERA-Zusatzpanzerung des Typs Kontakt-1 eingeführt. Anfang der 1970er Jahre nahm sich Rumänien den T-55 als Vorbild, um einen eigenen Kampfpanzer, den TR-77-580, zu bauen, von dem ab 1979 rund 400 Stück entstanden. Westlichen Quellen zufolge entstanden in der UdSSR bis 1981 annähernd 28.000 T-55. Die Lizenzfertigung in Polen (1964–1979) belief sich auf zirka 7000 Panzer. Die Tschechoslowakei baute zwischen 1964 und 1983 über 8000 T-55. Zahlreiche dieser Panzer gingen direkt in den Export oder wurden nach Ende des Kalten Krieges vor allem in die Dritte Welt verkauft. Eine kaum überschaubare Zahl von regulären Streitkräften und Milizen weltweit verwendeten oder verwenden noch immer den T-55. Aufgrund seiner weiten Verbreitung war der Typ an zahlreichen Konflikten beteiligt, unter anderem an den Nahostkriegen 1967, 1973 und 1982, den Golfkriegen 1980–1988, 1990/91 sowie 2003, ab 1979 in Afghanistan, den indisch-pakistanischen Kriegen 1965 und 1971, Tschetschenien, den Jugoslawienkriegen der 1990er Jahre sowie zahllosen Bürgerkriegen und Aufständen in Afrika und Asien, so z. B. seit 2012 im syrischen und seit 2013 im jemenitischen Bürgerkrieg. Obwohl das Grundmodell des T-55 heute völlig veraltet ist und keine Chance mehr gegen moderne Kampfpanzer hat, war er zur Zeit seiner Einführung ein hervorragendes Fahrzeug, das eine gute Panzerung und wirkungsvolle Bewaffnung mit einem einfachen und robusten Aufbau kombinierte. Dieses Eigenschaften machen ihn auch heute noch für Staaten der Dritten Welt interessant, sodass die Zeit des T-55 noch lange nicht vorbei ist.

Ein zerstörter T-55-Kampfpanzer in Bosnien. (Foto: Sgt. Angel Clemons, © PD)

T-55 in Afghanistan. (Foto: Davric, © PD)

Hier im Bild ein T-55AM2 mit Zusatzpanzerung, Kettenblenden und einem Laser-Entfernungsmesser über der Kanone. (Foto: 270862, © CC-BY-ND-2.0)

Der T-55 war weit verbreitet und kam deshalb in vielen Konflikten zum Einsatz. Heute ist er vor allem noch für Dritte-Welt-Länder von Interesse. (Foto: Eric Kilby, © CC-BY-SA-2.0)

T-62-Kampfpanzer im Dienste der afghanischen Nationalarmee. (Foto: Davric, © PD)

Obwohl schwerer als sein Vorgänger T-55, erreichte auch der T-62 dieselbe Höchstgeschwindigkeit von 50 km/h. (Foto: © PD)

Der T-62 bekam als erster Serienpanzer eine Glattrohrkanone. Diese bescherte ihm eine höhere Mündungsgeschwindigkeit, was in einer größeren Durchschlagsleistung resultierte. (Foto: Vitaly V. Kuzmin, © CC-BY-SA-3.0)

T-62

Ende der 1950er Jahre entwickelte die sowjetische Industrie eine neue 115-mm-Waffe. Im Gegensatz zu bis dahin üblichen Panzerkanonen war das Rohr dieser Waffe innen glatt, d.h. es besaß keine »Züge«, die das Geschoss zur Stabilisierung in Längsrotation versetzten. Glattrohrkanonen ermöglichen eine höhere Mündungsgeschwindigkeit und somit eine entsprechend höhere Durchschlagleistung. Waffen dieser Art haben aber das Problem, dass aus ihnen abgeschossene Granaten nicht durch ihre Rotation stabilisiert werden – diese Aufgabe müssen Flossen am Geschoss übernehmen.

Als Plattform für diese schlagkräftige Waffe wurde der T-55 gewählt. Um jedoch einen Turm auszunehmen, der für diese Kanone groß genug war, mussten Wanne und Laufwerk modifiziert werden. Erste Prototypen wurden 1960 fertiggestellt, die Serienproduktion lief Ende 1961 an. Als Besonderheit besaß der T-62 nicht nur die weltweit erste Glattrohr-BK eines Serienpanzers, sondern auch die erste automatische Hülsenauswurfanlage. Nachteilig dabei ist jedoch, dass dazu nach jedem Schuss das Rohr auf +3,5° angehoben und das Schwenkwerk abgeschaltet werden musste. Verfehlte die Hülse die Öffnung im Turmheck, so rollte sie im Turminneren umher. Dadurch erreichte der T-62 nur eine Schussfolge von vier Schuss pro Minute. Der T-62 war zudem mit einer IR-Nachtsichtausrüstung versehen und verfügte über den gleichen 580-PS-Motor wie der T-55. Obwohl der T-62 gut 40 t auf die Waage brachte (längere Wanne, auf max. 242 mm verstärkte Panzerung), erreichte er dennoch die gleiche Höchstgeschwindigkeit von 50 km/h wie der T-55. Im Laufe seiner Einsatzzeit entstanden zahlreiche Varianten, von denen hier nur die wichtigsten vorgestellt werden können. 1967 wurde die Motorabdeckung geringfügig geändert, während das Modell 1972 (irrtümlich auch T-62A oder T-62M genannt) mit einem 12,7-mm-Fla-MG, neuen Ketten, neuem Triebrad und einer verbesserten Tiefwatausrüstung versehen wurde.

Zahlreiche frühe Modelle wurden auf diesen Standard nachgerüstet. Ab 1975 kam über der BK ein Laser-EM zum Einbau. Ab 1983 wurde der T-62 einer umfassenden Kampfwertsteigerung unterzogen (T-62M). Dazu gehörten die Ausrüstung mit einer passiven Zusatzverbundpanzerung an der Front und Kettenblenden. Hinzu kam eine rechnergestützte FL-Anlage sowie die Fähigkeit, aus der Kanone den PzAbwFK 9M117 Bastion (AT-10 Stabber) zu verschießen. Der Motor wurde so modifiziert, dass er 620 PS leistete.

T-62M, die ab 1985 mit reaktiver Panzerung ausgestattet wurden, erhielten das Suffix »W«, z.B. T-62MW. Insgesamt wurden in der UdSSR bis 1975 rund 20.000 T-62 produziert. Nordkorea erhielt in den 1970er Jahren einige Hundert T-62 und fertigt bis heute Fahrzeuge auf Basis dieses Entwurfs. In den 1970er und den frühen 1980er Jahren wurden rund 5000 neugebaute T-62 in zahlreiche Länder des Nahen und Mittleren Ostens (z.B. Ägypten, Syrien, Irak) sowie Afrikas, Asiens und Kuba exportiert. Nach Ende der UdSSR 1991 folgten zahlreiche gebrauchte Panzer dieses Typs. Insgesamt nutzten oder nutzen über 30 Staaten den T-62.

Aufgrund seiner weiten Verbreitung wurde der Typ in zahlreichen Konflikten eingesetzt, so z.B. während des Jom-Kippur-Krieges 1973, 1982 im Libanon, 1980–1988 im Krieg Irak-Iran, in Afghanistan und Tschetschenien, während der Irakkriege 1990/91 und 2003, bei zahlreichen Auseinandersetzungen in Afrika, aber auch noch im Kaukasuskonflikt 2008 sowie während der Bürgerkriege in Libyen (2011) und Syrien (seit 2011). Konnte der T-62 während des Jom-Kippur-Krieges von 1973 noch durch seine Feuerkraft beeindrucken, ist er mittlerweile vollständig veraltet. Dennoch wird der Typ in ärmeren Ländern Afrikas und Asiens noch lang Zeit zu finden sein, weshalb eine Reihe von Firmen KWS-Programme für den T-62 anbieten. So hat z. B. Ägypten seine Fahrzeuge umfassend (neuer Antriebsstrang, neue BK, neue FL-Anlage) modernisiert, und KMDB aus der Ukraine bietet ein ähnliches Programm inklusive umfassender Zusatzpanzerung an.

Wie sein Vorgänger wurde auch der T-62 in viele Länder exportiert.
(Foto: Chernenko V. Oleksandrovich,)

UDSSR

T-64

Die Führung der Roten Armee hatte bereits Ende der 1950er Jahre erkannt, dass die T-54/55/62-Reihe an die Grenzen ihres Entwicklungspotentials gestoßen war und gab daher die Order zur Entwicklung eines völlig neuen Kampfpanzers, der 1964 als T-64 in Serie ging. Der Panzer war zwar zunächst noch mit der 115-mm-BK des T-62 ausgerüstet, stellte ansonsten allerdings eine revolutionäre Neukonstruktion dar. Um trotz der erheblichen Leistungssteigerung innerhalb der Gewichts- und Abmessungsgrenzen der T-54/55/62-Reihe zu bleiben, war die Größe des Fahrzeugs möglichst gering gehalten und wo immer möglich Gewicht gespart worden. So besaß der T-64 ein neues Fahrwerk mit sechs kleinen, leichten Laufrollen und der neu konstruierte Dieselmotor arbeitete nach dem Gegenkolbenprinzip, um dem sehr kompakten Triebwerk ein Maximum an Leistung zu entlocken. Der Ladeschütze wurde – erstmals in einem Kampfpanzer – durch einen Ladeautomaten ersetzt, sodass die Besatzung aus nur noch drei Mann bestand. Um den Schutz, insbesondere gegen HL-Geschosse zu maximieren, kam im Wannen- und Turmfrontbereich eine Verbundpanzerung zum Einbau – ebenfalls ein Novum im Panzerbau. Die FL-Anlage war für jene Tage anspruchsvoll und verfügte erstmals im sowjetischen Panzerbau über einen optischen Entfernungsmesser. Obwohl die Produktion bereits 1964 begonnen hatte, wurde der T-64 erst zur Jahreswende 1966/67 in den Dienst der Roten Armee übernommen. Grund dafür waren die fortdauernden Probleme mit dem Ladeautomaten, dem Laufwerk und vor allem dem Triebwerk und der Motorkühlung. Insgesamt entstand daher bis 1968 die für sowjetische Verhältnisse bescheidene Zahl von nur 1032 T-64. 1969 begann die Fertigung des verbesserten T-64A, u.a. kamen eine 125-mm-BK, eine stärkere Verbundpanzerung sowie klappbare Seitenschürzen zum Einbau. Der 38 t schwere T-64A wurde von einem 700-PS-Diesel angetrieben, der eine Höchstgeschwindigkeit von 70 km/h erlaubte. Seine Mehrschicht-Verbundpanzerung bietet im Turmfrontbereich einen Schutz, der ca. 450 mm Panzerstahl entspricht.

Im Laufe der Produktion des T64A wurden verschiedene Modifikationen durchgeführt, so erhielt der Typ ab 1981 Kettenblenden aus Gummi, Laser-EM und Nebelwurfbecher. Ab Mitte der 1970er Jahre wurden zahlreiche T-64 auf den Stand des T-64A nachgerüstet und trugen dann die Bezeichnung T-64R.

Der T-64B wurde ab 1975 gebaut und erhielt einen neuen Turm mit verstärkter Verbundpanzerung, einen modifizierten Autolader sowie neues FL-System mit integriertem Laser-EM. Zudem besaß der Typ nun die Fähigkeit, aus der 125-mm-BK funkgelenkte Flugkörper 9K112 Kobra (NATO-Bezeichnung AT-8 Songster) zu verschießen, die gegen Kampfpanzer und Helikopter auf eine Entfernung von bis zu 4 km wirksam waren. 1985 erschien die Variante T-64BW, die insgesamt 115 ERA-Blöcke des Typs Kontakt-1 trug und im Turm mit einer Kevlar- sowie Strahlenschutzauskleidung versehen war.

Die Fertigung endete 1987. Insgesamt wurden rund 8000 T-64 aller Typen produziert – für eine Bauzeit von über 20 Jahren und an den Maßstäben der Sowjetunion gemessen relativ wenig. Ursprünglich war der T-64 als Standardkampfpanzer vorgesehen und sollte in allen großen Panzerwerken der UdSSR gebaut werden. Der Panzer war zu jener Zeit sehr fortschrittlich und ging technologisch an die Grenzen dessen, was in der Sowjetunion möglich war. Eben aus diesem Grunde war der T-64 nicht ausgereift und daher unzuverlässig, erst ab dem T-64B änderte sich dies. Neben seiner chronischen Pannenanfälligkeit, insbesondere des Motors, war der hohe Preis das größte Manko des Typs – er kostete fast doppelt so viel wie ein T-72. Der T-64 wurde daher nie exportiert, selbst bei Streitkräften des Warschauer Paktes kam er nicht zum Einsatz. Nach dem Zerfall der UdSSR verblieben die meisten T-64 in russischen oder ukrainischen Händen, nur wenige wurden von anderen Nachfolgestaaten der UdSSR übernommen. Die Ukraine schuf in den letzten Jahren zudem eigene Versionen des T-64. Seinen ersten großen Kampfeinsatz erlebte der T-64 2014 während des Kriegs in der Ukraine, wo der Typ sowohl bei Regierungs- als auch bei Rebellentruppen zum Einsatz kam.

Ein T-64B der ukrainischen Streitkräfte bei Schießübungen. (Foto: © CC-BY-SA-4.0)

Dieser T-64BM ist eine modernisierte Variante des T-64BW aus der Ukraine.
(Foto: ArtemisDread, © CC-BY-SA-4.0)

Der T-64 führte noch die 115-mm-BK des T-62 und war zunächst von erheblichen Problemen belastet. (Foto: Vladimir Bruman, © CC-BY-SA-3.0)

Der T-64 stellte eine revolutionäre Neukonstruktion dar, die mit vielen technischen Neuerungen aufwartete. So bestand seine Besatzung dank eines Ladeautomaten nur noch aus drei Mann. Im Bild der T-64BW des ukrainischen Heeres. (Foto: Sergij Popsuewitsch, © GFDL)

Feuernder T-72 im Irak. (Foto: Jacob H. Smith, © PD)

Um die Probleme seines Vorgängers zu vermeiden, erhielt der T-72 einen konventionellen Dieselmotor. (Foto: Cell105, © CC-BY-2.0)

Der T-72 erhielt dieselbe 125-mm-Glattrohrkanone mit Ladeautomat wie der T-64. Er avancierte zu einem der meistgebauten Panzer der Welt. Das abgebildete Modell ist ein T-72 Ajeya der indischen Armee. (Foto: Vivek Patankar, © CC-BY-2.0)

Trotz seiner weiten Verbreitung genießt der T-72 nicht den besten Ruf. Hier ein T-72M1 der finnischen Armee. (Foto: © Finish Defence Forces)

T-72

Hauptschwäche früher T-64 war ihr Gegenkolben-Zweitaktdiesel. Das Konstruktionsbüro in Nischni Tagil wurde daher 1967 beauftragt, eine Version mit einem konventionellen Diesel zu entwickeln. Da der ursprüngliche Motor des T-64 jedoch sehr geringe Abmessungen aufwies, musste die Wanne für die Installation eines anderen Triebwerks umkonstruiert werden. Im Laufe der Zeit ergaben sich immer mehr Modifikationen, sodass ein völlig neuer Typ, der T-72, entstand. Nach Erprobung der ab 1970 gebauten Prototypen lief 1974 die Fertigung an.

Der T-72 ähnelte dem T-64 in Konzeption und Abmessungen und besaß auch die gleiche Bewaffnung, eine vollstabilisierte 125-mm-Glattrohr-BK mit Ladeautomat. Die ersten T-72 waren mit optischen EM und IR-Scheinwerfern ausgestattet. Obwohl die Wannenfront bereits über eine Schottpanzerung verfügte, war der Turm anfangs nur durch Panzerstahl geschützt.

Der T-72A erschien 1979 und besitzt eine verbesserte BK sowie ein moderneres FL-System mit Laser-EM. Neben einer Reihe von Detailänderungen zeichnete sich diese Ausführung vor allem durch einen verbesserten Schutz aus. Anstelle der klappbaren Seitenschürzen kamen festinstallierte aus Gummi zum Einbau. Turmfront und -dach wurden nun durch eine Verbundpanzerung geschützt. Ein 780-PS-Diesel erlaubte dem 41,5 t schweren T-72A eine Höchstgeschwindigkeit von 60 km/h. Die Verbundpanzerung an der Turmfront entsprach gegen HL-Geschosse einer 560 mm dicken Panzerung aus Stahl. Unter der Bezeichnung T-72M wurde das A-Modell in der UdSSR, Polen und der CSSR als Exportversion mit schwächerer Panzerung und weniger leistungsfähiger FL-Anlage gebaut. Die Version M1 hingen besaß eine verstärkte Panzerung.

Der T-72B wurde 1985 eingeführt und besaß u.a. eine verstärkte Verbundpanzerung, ein 840-PS-Triebwerk und die Fähigkeit lasergelenkte PzAbwFK 9M119 Svir (AT-11 Sniper) aus der 125-mm-Kanone zu verschießen. Der T-72BA oder BW verfügt über 227 ERA-Blöcke, während die Exportversion des T-72B, die Variante T-72S, nur 155 Blöcke besitzt. In ab 1990 gebauten Modellen wurde die FL-Anlage des T-80 und mitunter ein stärkerer Motor (1000 PS) installiert. Die weitere Entwicklung des T-72 führte dann zum T-90. Auf Basis des T-72 entstanden z.B. Bergepanzer (BREM), Pionierpanzer (IRM), Brückenleger (MTU), Raketenwerfer (TOS-1) und sogar ein schweres Infanteriekampffahrzeug (BMPT), um nur einige zu nennen.

Die T-72-Serie gehört zu den meistgebauten Panzern überhaupt (allein in der UdSSR/ Russland sollen über 25.000 Stück gebaut worden sein, hinzu kommen die Panzer aus Lizenzfertigung in Polen, der Tschechoslowakei, Indien, Jugoslawien, Iran, Irak. Der T-72 nahm, da in großen Zahlen exportiert, an zahlreichen Konflikten weltweit teil, unter anderem am Iran-Irak-Krieg (1980–1988), den beiden Golfkriegen 1990/91 und 2003 sowie am Libanonkrieg 1982, den Konflikten im ehemaligen Jugoslawien der 1990er Jahre, in Libyen 2011 und aktuell im syrischen Bürgerkrieg.

Der T-72 erwarb sich dabei keinen besonders guten Ruf, was auch auf seine Konstruktion, zu weiten Teilen aber auf schlecht ausgebildete und motivierte Besatzungen, sowie (z.B. 1990/91 im Irak) auf veraltete Munition und minderwertige Exportmodelle zurückzuführen ist. Der T-72 ist ein relativ kleiner Panzer, der dadurch wenig Zielfläche bietet, zugleich aber auch im Inneren sehr beengt ist. Der Ladeautomat des T-72 spart zwar ein Besatzungsmitglied ein, funktioniert aber (besonders bei frühen Versionen) nicht immer zuverlässig. Zudem birgt die Lagerung der Munition in einem Magazin am Turmboden einige Gefahren, so kann diese bei Minenexplosionen oder einem Geschosstreffer detonieren und dabei den gesamten Turm absprengen. Im Vergleich zu modernen Panzern ist der T-72 sicherlich veraltet, seine robuste, kostengünstige Konstruktion sowie der relativ geringe Wartungsaufwand und die einfache Bedienbarkeit machen ihn aber für viele Staaten nach wie vor attraktiv. 2016 war der Typ noch in weit über 30 Staaten im Dienst und wird es aller Voraussicht nach auch noch lange bleiben. Unternehmen aus zahlreichen Ländern bieten daher KWS-Programme für den T-72 an.

UDSSR

T-80

Die Entstehung des T-80 geht wie jene des T-72 auf die Triebwerksprobleme des T-64 zurück, weshalb ab 1968 eine Version mit Gasturbine ausgearbeitet wurde. Aufgrund der vielen am Grundentwurf notwendigen Modifikationen entstand schließlich ein völlig neuer Kampfpanzertyp. Als die Serienfertigung 1976 anlief, war der T-80 der erste Serienkampfpanzer mit alleinigem Turbinenantrieb. Hauptunterschied des T-80 zum T-64A war die Ausrüstung mit einer 1000-PS-Gasturbine und einem neuen Fahrwerk mit sechs größeren Laufrollen. Bewaffnung, Schutz und Ladeautomat waren identisch, auch der Turm beruhte auf jenem des T-64A. Der T-80 war bei seiner Einführung technisch jedoch bereits hinter den T-64B zurückgefallen, daher wurden bis 1978 weniger als 200 Stück gebaut.
Der T-80B wurde ab 1978 gefertigt und erhielt einen überarbeiteten Turm, ein moderneres FL-System mit Laser-EM und war in der Lage, den funkgelenkten Flugkörper 9K112 Kobra (AT-8 Songster) aus der 125-mm-BK zu verschießen. Des Weiteren wurde der Panzerschutz verstärkt. Ab 1980 kam eine Turbine mit 1100 PS zum Einbau, die dem 42,5 t schweren Panzer eine Höchstgeschwindigkeit von 70 km/h erlaubte. Die Verbundpanzerung der Turmfront bot einen Schutz gegen HL-Geschosse, der dem von 640 mm Panzerstahl entsprach. Als ab 1985 reaktive Panzerung verbaut wurde (T-80BW), stieg dieser auf 1040 mm an.
Der T-80A ging seltsamerweise später als der T-80B in Produktion (ab 1982) und war mit einer neu entwickelten Verbundpanzerung sowie einer 1200-PS-Turbine ausgerüstet. Nur wenige Dutzend T-80A wurden gebaut, bevor 1986 der T-80U in Serienproduktion ging. Diese Variante erhielt eine verbesserte Verbundpanzerung, eine 1100-PS-Turbine (ab 1990 1250 PS), ein digitales FL-System und einen neuen Turm. Turm und Wannenfront wurden zusätzlich durch Reaktivpanzerung geschützt. Der IR-Scheinwerfer auf der Kommandantenkuppel wurde durch einen Restlichtverstärker ersetzt. Späte Modelle des T-80U erhielten ein Abwehrsystem (Schtora-1), das die Steuerung anfliegender PzAbwFK stört.
Hauptproblem des T-80 war die in Anschaffung und Unterhalt teure Gasturbine, weshalb ab 1986 die Dieselversion T-80UD in Serie ging. Vor dem Zerfall der UdSSR wurden jedoch nur rund 500 T-80UD produziert, von denen sich 1991 immer noch ca. 350 im Werk in Charkow befanden. Diese gingen dann in den Bestand der ukrainischen Streitkräfte über oder wurden nach Pakistan exportiert.
T-80B und T-80U waren die leistungsfähigsten und modernsten Kampfpanzer der UdSSR. Allerdings kostete ein T-80U auch mehr als drei Mal so viel wie ein T-72B. Die Gasturbine verhilft dem T-80 zwar zu einer erstaunlichen Mobilität, ist in Anschaffung und Betrieb (Wartung, Verbrauch) aber wesentlich teurer als ein Diesel. Zudem erzeugt sie eine stärkere Wärmesignatur, die den Panzer für ein WBG deutlich sichtbar macht. Dass der T-80 nicht zum Standardpanzer wurde und Russland die Produktion Mitte der 1990 Jahre nach rund 5400 Exemplaren aufgab, hängt zu einem großen Teil mit den Anschaffungs- und Unterhaltskosten zusammen. Der T-80 kam nur begrenzt zu Kampfeinsätzen, insbesondere während der Konflikte nach dem Zusammenbruch der UdSSR. Die Verluste (vor allem während des ersten Tschetschenienkrieges) waren dabei weniger auf Mängel des T-80, sondern mehr auf schlecht ausgebildete Besatzungen und katastrophale Einsatzfehler zurückzuführen. Allerdings kam es auch dort wieder zu abgesprengten Türmen, wenn Geschosse die Panzerung des Kampfraumes durchdrangen und die Treibladungen am Turmboden in Brand setzten.
Der T-80 wurde zunächst nicht exportiert, erst nach 1991 fielen T-80 den Nachfolgestaaten der UdSSR (z.B. Ukraine, Weißrussland, Usbekistan, Armenien) in die Hände oder wurden nach Zypern (82), China (50), Ägypten (34), Pakistan (320) und Yemen (31) exportiert. Südkorea erhielt eine Anzahl T-80U als Ausgleich für Schulden aus der Sowjetzeit, diese Panzer werden in Korea für die Feinddarstellung eingesetzt. Auch Großbritannien und die USA erwarben im Chaos, das der Auflösung der UdSSR folgte, einige T-80 zur technischen Untersuchung.

Der T-80 war der erste Kampfpanzer ausschließlich mit Turbinenantrieb.
Im Bild der T-80UE. (Foto: Vitaly V. Kuzmin, © CC-BY-SA-4.0)

Der T-80U wartete ab 1986 mit 1100-PS-Gasturbine, neuer Verbundpanzerung, einem digitalen FL-System und einem neuen Turm auf. (Foto: © Vitaly V. Kuzmin)

Weitere Ausstattungsmerkmale des T-80U waren eine Reaktivpanzerung sowie das Abwehrsystem Schtora-1. (Foto: Vitaly V. Kuzmin, © CC-BY-SA-4.0)

Der T-80 zählte zwar zu den leistungsfähigsten sowjetischen Kampfpanzern, doch waren leider seine Anschaffungs- und Unterhaltkosten zu hoch. (Foto: Vitaly V. Kuzmin, © CC-BY-SA-4.0)

Zur Hauptbewaffnung des T-90A gehörte eine 125-mm-Glattrohrkanone mit Ladeautomat und ein 12,7-mm-Fla-MG. (Foto: Vitaly V. Kuzmin, © CC-BY-SA-4.0)

Indien verfügt über die meisten T-90, nämlich bis 2014 über 800 T90S und T90SK. (Foto: Bhisma, © CC-BY-3.0)

Neuerungen im T-90A waren ein geschweißter Turm mit besserer Reaktiv- und Verbundpanzerung und ein 1000-PS-Dieselmotor. Die hohen Kosten verhinderten eine größere Anschaffungszahl dieser Panzer bei den russischen Streitkräften. (Foto: Vitaly V. Kuzmin, © CC-BY-SA-4.0)

Der rundum modernisierte T-90MS fiel äußerlich durch seine modulare Zusatzpanzerung auf. (Foto: Aleksey Kitaev, © CC-BY-SA-3.0)

T-90

Der T-90 ist grundsätzlich ein umfassend modernisierter T-72B und wurde ab 1989 in Nischni Tagil entwickelt. Der erste Prototyp wurde noch als T-72BU bezeichnet, seine Wanne war praktisch identisch mit jener des T-72BW und wurde wie diese im Frontbereich durch Kontakt-5-Reaktivpanzerung geschützt. Der Turm wurde modifiziert und erhielt eine verstärkte Verbundpanzerung (ähnlich jener im T-80U), eine Reaktivpanzerung sowie das Raketenabwehrsystem Schtora-1. Zahlreiche Elemente wurden vom T-80U übernommen, so die FL-Anlage, das WBG, die Kommandantenkuppel. Das 12,7-mm-Fla-MG kann der Kommandant von innen richten und abfeuern. Die Hauptwaffe ist nach wie vor eine 125-mm-Glattrohr-BK, die ihre Munition über einen Ladeautomaten aus einem 22-Schuss-Magazin am Turmboden erhält. Der T-90 ist in der Lage, lasergelenkte FK 9M119M Reflex FK (AT-11 Sniper) aus der BK abzufeuern, die gegen Panzer bis zu 4000 m und gegen tieffliegende Luftziele bis zu 5000 m wirksam sind. Auch das 840-PS-Dieseltriebwerk wurde aus der T-72-Reihe übernommen. Es ermöglicht dem Basismodell des T-90 eine Höchstgeschwindigkeit von 60 km/h.

Aufgrund der katastrophalen Leistung des T-72 im Irakkrieg von 1991 wurde vor Aufnahme der Serienproduktion beschlossen, den Typ in T-90 umzubenennen. 1999 erschien der Prototyp des T-90A, der einen neuen, geschweißten Turm mit stärkerer Verbund- und verbesserter Reaktivpanzerung sowie einen 1000-PS-Diesel besaß. Zudem verfügt der ab 2004 bei den russischen Streitkräften eingeführte T-90A über ein leistungsfähigeres WBG und ein neues Brandschutzsystem.

Der Exportversion des T-90SA (auch T-90S genannt) fehlt das Schtora-1-Abwehrsystem. 2006 erschien ein überarbeiteter T-90A mit einem verbesserten Ladeautomaten und modernerem WBG sowie erhöhter Treibstoffkapazität.

2011 wurde die tiefgreifend modernisierte Variante T-90 MS vorgestellt, deren Äußeres durch eine neue, modulare Zusatzpanzerung massiv verändert wird. Zum Umrüstungspaket gehören zudem Relikt-Reaktivpanzerung (auch an den neuen Kettenblenden) sowie eine Käfigpanzerung im Heckbereich von Wanne und Turm. Ein 1130-PS-Diesel mit neuem Getriebe kommt ebenso zum Einbau wie eine neue Kommandantenoptik mit WBG, eine Satellitennavigationsanlage GLONASS, ein Gefechtsfeldführungssystem, ein Schtora-2 Raketenabwehrsystem, eine verbesserte 125-mm-BK sowie eine fernbediente 7,62-mm-Waffenstation auf dem Turmdach. Bis 2005 konnte die russische Armee aufgrund finanzieller Probleme nur wenige T-90 beschaffen, insgesamt wurden bis Ende 2011 550– 600 T-90 angekauft, davon zirka 10 % der Version T-90A, dann wurde die Beschaffung neuer T-90 offenbar gestoppt. Die Umrüstung rund 300 alter T-72 ist angeblich geplant. T-90 wurden nach Algerien (305 T-90S ab 2011), Uganda (44 T-90S ab 2011), Turkmenistan (10 T-90S, 30 weitere geordert) und Aserbaidschan (94 T-90S seit 2013, Option auf 94 weitere) exportiert. T-90 tauchen seit Herbst 2015 auch im syrischen Bürgerkrieg auf. Neben Panzern, die Teil des dortigen russischen Kontingents sind, scheinen einige wenige auch an syrische Regierungseinheiten gegangen zu sein. Größter ausländischer Betreiber des Typs ist Indien, dass bis 2014 annähernd 800 T-90 beschafft hat. Indien baut zudem seit 2009 eine als T-90IN bezeichnete Version des T-90SA in Lizenz, von der bis 2020 über 1000 Stück gefertigt werden sollen. Presseberichten aus dem November 2016 zufolge beabsichtigt Indien zudem 464 T-90MS zu ordern.

Obwohl der T-90 nicht an moderne westliche Kampfpanzer heranreicht, ist er doch zuverlässig, erprobt und kostengünstig. Hauptnachteile des Basismodells sind der recht leistungsschwache 840-PS-Diesel, die Unterbringung der Treibladungen im Besatzungsraum sowie eine mittlerweile nicht mehr konkurrenzfähige FL-Anlage. Allerdings verfügt der T-90 dank Kontakt-5-Reaktivpanzerung und Schtora-Abwehrsystem über einen ausgesprochen starken Schutz. In Indien wird der T-90 nach dem offenkundigen Scheitern des Arjun-Programms auf absehbare Zeit der wichtigste Kampfpanzer bleiben.

UDSSR

T-14 ARMATA

Am 9. Mai 2015 stellte die Russische Föderation im Rahmen der Parade anlässlich des 70. Jahrestages des Sieges über das Deutsche Reich in Moskau offiziell den neu entwickelten Kampfpanzer T-14 vor. Einige Zeit zuvor waren bereits Fotos der Fahrzeuge mit noch verhüllten Türmen und einige Tage vor dem 9. Mai schließlich Bilder der unverhüllten Panzer aufgetaucht. Der T-14 stellt eine Abkehr von den bisherigen russischen Kampfpanzertypen dar, die ursprünglich alle auf den T-64 zurückzuführen sind. Die signifikanteste Neuerung ist sicherlich der unbemannte, ferngesteuerte Turm und die Unterbringung der dreiköpfigen Besatzung im Bug des Fahrzeugs. Die Entwicklung des ursprünglich als Objekt 148 bezeichneten Typs begann, nachdem die Entwicklung des Objekts 195 im Jahre 2009 oder 2010 eingestellt worden war. Grundlage des T-14 ist die von Uralwagonsawod entwickelte gepanzerte Plattform Armata, auf der auch der schwere Schützenpanzer T-15 (ebenfalls im Mai 2015 offiziell vorgestellt) basiert. Später sollen noch Selbstfahrlafetten sowie Pionier- und Bergepanzer auf Armata-Basis folgen.

Die Bewaffnung der bei der Parade am 9. Mai 2015 zu sehenden Vorserienfahrzeuge bestand aus einer 125-mm-Glattrohr-BK des Typs 2A82-1M (einer Weiterentwicklung der altbekannten 2A46-Reihe). Da der Turm unbemannt ist, benötigt die Waffe keinen Rauchabsauger. Die BK verfügt über einen Ladeautomaten, der einen Munitionsvorrat von 32 Schuss besitzt (weitere 7 Projektile sind im Fahrzeug verstaut) und eine Feuergeschwindigkeit von 10–12 Schuss in der Minute ermöglichen soll. Neben APFSDS- und Spreng-Splitter-Geschossen (HE-Frag) mit vorprogrammiertem Explosionspunkt können auch Lenkflugkörper des neu entwickelten Typs 3UBK21 Sprinter verschossen werden. Letztere sind auch gegen Luftziele einsetzbar. Die Durchschlagskraft der neuen 125-mm-APFSDS-Geschosse des Typs Vacuum-1 soll auf 2000 m dem Äquivalent von 1000 mm Panzerstahl entsprechen. Die weitere Bewaffnung der am 9. Mai zu sehenden T-14 bestand aus einem 7,62-mm-MG in einer fernbedienten Waffenstation (RWS – Remote Weapon Station). Die Serienpanzer könnten wie das Objekt 195 mit einer 152-mm-Glattrohr-BK 2A83 sowie einem 12,7-mm-MG oder einer 30-mm-MK in einer RWS ausgerüstet werden. Beobachter spekulieren zudem, ob ein an der Turmfront befindlicher Schlitz für ein koaxiales 7,62-mm-MG gedacht sein könnte.

Die FL-Anlage ist vollständig digital und verfügt nach offiziellen Angaben über Laser-EM und Sensoren, die Gegner noch in 9 (anderen Quellen zu Folge 7,5) km Entfernung bei guter Sicht oder bei schlechter Sicht/Nacht mittels WBG bis zu 3,5 km ausmachen können. Diese Sensoren sind doppelt vorhanden, hinzu kommt ein dritter Satz schwächerer Sensoren (Reichweite 2 bzw. 1 km) für den Notfall. Der Kommandant verfügt über eine unabhängig drehbare Optik auf dem Turmdach, während jene des Richtschützen links der Hauptwaffe im Turm untergebracht wurde. Der Fahrer verfügt über ein eigenes WBG, und die Rundumsicht der in einem besonders stark gepanzerten Abteil im Wannenbug untergebrachten Crew wird über eine Reihe von HD-Kameras sichergestellt, deren Sichtwinkel 360° beträgt. Der T-14 verfügt zudem über ein Radarsystem mit elektronischer Strahlschwenkung (Phased-Array-Radar), das eine Reichweite von bis zu 100 km besitzt und bis zu 40 Luft- oder 25 Erdziele gleichzeitig verfolgen kann. Die vom Radar aufgefassten Ziele und ihre Position werden automatisch an das aktive Schutzsystem und das FL-System weitergeleitet. Zudem können diese Informationen über sichere Funkkanäle auch an andere Fahrzeuge, Kommandozentralen sowie die Luftabwehr gesendet werden. Durch diese Fähigkeiten kann der T-14 auch zur Aufklärung oder zur Zielzuweisung für Artillerie eingesetzt werden.

Das Computersystem des T-14 kann sich nicht nur mit anderen Rechnern vernetzen, es gibt der Besatzung auch ein Bild über den Zustand des Fahrzeugs, seine eigene und die Position eigener und aufgefasster gegnerischer Fahrzeuge. Es gibt

Der neue T-14-Kampfpanzer mit 125-mm-Glattrohr-BK des Typs 2A82-1M. (Foto: Vitaly V. Kuzmin, © CC-BY-SA-4.0)

Zur weiteren Bewaffnung des T-14 zählen APFSDS- und Spreng-Splittergeschosse sowie 3UBK21 Sprinter-Lenkflugkörper. (Foto: Vitaly V. Kuzmin, © CC-BY-SA-4.0)

An der Siegesparade am 9. Mai 2015 nahmen sieben T-14 teil. (Foto: Vitaly V. Kuzmin, © CC-BY-SA-4.0)

Anlässlich des 70. Jahrestages des Sieges über Hitler-Deutschland wurde bei der Siegesparade am 9. Mai 2015 in Moskau der brandneue russische Kampfpanzer T-14 vorgestellt. (Foto: Vitaly V. Kuzmin, © CC-BY-SA-4.0)

Für den Transport verladener T-14. Viele Länder haben bereits ihr Interesse an dem neuen Kampfpanzer angemeldet. (Foto: Vitaly V. Kuzmin, © CC-BY-SA-4.0)

Die Dreimann-Besatzung sitzt nebeneinander in einer gepanzerten Kapsel. (Foto: Vitaly V. Kuzmin, © CC-BY-SA-4.0)

Der Schwere Schützenpanzer T-15 basiert auf der gleichen Armato-Plattform wie der Kampfpanzer T-14. (Foto: Vitaly V. Kuzmin, © CC-BY-SA-4.0)

Heckansicht eines T-14. Für Radar- und Wärmebildgeräte soll er nahezu unsichtbar sein. (Foto: Vitaly V. Kuzmin, © CC-BY-SA-4.0)

allerdings Gerüchte, dass nicht alle Elektronikkomponenten in Russland selbst hergestellt werden können, sondern diese zum Teil im westlichen Ausland bzw. China beschafft werden müssen. Neben einer massiven Verbundpanzerung mit noch unbekannter Zusammensetzung wird der T-14 durch die Reaktivpanzerung Malachit geschützt, die auch gegen HEAT-Geschosse mit Tandem-Sprengkopf sowie kinetische Projektile wirksam ist. Hinzu kommt das aktive Schutzsystem Afghanit, das Presseberichten zufolge Soft- und Hard-Kill-Elemente in sich vereinen soll. Zum einen verwirrt Afghanit die IR- oder Lasersteuerung anfliegender PzAbLRak, zum anderen nutzt das System die vom Radar bereitgestellten Informationen, um sich nähernde Geschosse durch Explosivladungen zu zerstören. Dazu dienen fünf lange Röhren, die auf jeder Seite der Turmbasis angebracht sind und eine Explosivladung in Richtung des anfliegenden Geschosses feuern. Russischen Angaben zufolge ist das System zurzeit gegenüber Projektilen mit einer Geschwindigkeit von bis zu 1700 m/s wirksam, soll zukünftig jedoch auch mit Geschwindigkeiten von bis 3000 m/s fertig werden. Des Weiteren verfügt der T-14 auf dem Turm über zwei steuerbare und zwei weitere, starr nach oben gerichtete Kassetten, die jeweils 12 Schuss aufweisen. Ob es sich dabei um kleinere Explosivladungen, Täuschkörper- bzw. Nebelbehälter oder beides handelt, ist unbekannt. Man darf aber davon ausgehen, dass diese Kassetten ebenfalls Teil des Afghanit-Schutzsystems sind. Schenkt man Berichten der russischen Presse Glauben, so entspricht die Panzerung des T-14 frontal dem Äquivalent von 1100 mm Panzerstahl gegen APDSFS- und 1400 mm gegen HEAT-Geschosse. Rundum soll der Schutz dem Äquivalent von 900 mm Panzerstahl entsprechen. Die dreiköpfige Besatzung sitzt nebeneinander (Fahrer links, Richtschütze in der Mitte, Kommandant rechts) in einer gepanzerten Kapsel, deren Schutzwert angeblich noch einmal bis zu 900 mm Stahl entspricht. Uralwagonsawod hat zudem großen Wert auf den Schutz gegen Minen und Top-Attack-Waffen gelegt. Letztere versuchen, die bei konventionellen Kampffahrzeugen schwach gepanzerte Oberseite zu durchdringen. Die am 9. Mai 2015 beobachteten T-14 wiesen daher sehr massive Lukendeckel auf, die darauf hindeuten, dass diesem Bereich besondere Aufmerksamkeit geschenkt wurde. Nach russischen Angaben verfügt die Crew des T-14 daher über beste Chancen, einen Treffer zu überleben – selbst wenn der Rest des Panzers zerstört wird. Uralwagonsawod behauptet des Weiteren, dass der T-14 für Radar- und Wärmebildgeräte nahezu unsichtbar sei, da der Turm speziell geformt, das Fahrzeug zudem mit radarstrahlenabsorbierender Farbe beschichtet sei und die Abgase vor ihrem Austritt mit Umgebungsluft vermischt würden. Westliche Experten halten diese Behauptungen jedoch für überzogen und gehen davon aus, dass die Radar- und IR-Signatur des T-14 zwar reduziert ist, das Fahrzeug aber dennoch aufgespürt werden kann.

Der T-14 wird vom Dieselmotor ChTZ 12H360 (A-85-3A) angetrieben. Dieser wird elektronisch gesteuert und kann bis zu 2000 PS leisten, besitzt dann jedoch eine enorm verkürzte Lebensdauer, weshalb im Regelfall maximal 1500 PS und im Dauerbetrieb sogar nur 1200 PS abgerufen werden. Der Motor und das automatische Getriebe sind verblockt und können – eine Novität für sowjetische/russische Panzerentwürfe – unter Feldbedingungen in 30 Minuten ausgetauscht werden. Das Laufwerk besteht aus sieben Laufrollen, die stark jenen des T-80 ähneln und eine in russischen Quellen als »aktiv« bezeichnete Federung besitzen. Sensoren erkennen die Art des Terrains, über das der Panzer fährt, und passen das Laufwerk entsprechend an. Bis zum Sommer 2015 waren rund 20 Vorserienexemplare des T-14 fertiggestellt worden. Die Russische Föderation gab jedoch bekannt, dass sie beabsichtige, bis 2020 insgesamt 2300 T-14 zu beschaffen, um ihre veralteten T-72, T-80 und T-90 zu ersetzen. Auch Indien, China, Ägypten und südostasiatische Staaten haben bereits Interesse am T-14 sowie der Armata-Plattform gezeigt, ob Russlands fortschrittlichster Panzer jedoch in näherer Zukunft tatsächlich exportiert wird, ist noch keinesfalls sicher.

UDSSR

PT-76

Aufgrund der im Zweiten Weltkrieg gemachten Erfahrungen wurde in der UdSSR ab 1947 eine Reihe schwimmfähiger Panzer konzipiert. Von den daraufhin entstandenen Projekten wurde aber nur der PT-76 (Plawajuschtschij Tank – Schwimmpanzer, 76 für das Kaliber der BK) in die Bewaffnung übernommen, auf dessen Basis etwa zeitgleich der schwimmfähige Schützenpanzer BTR-50 entworfen wurde. 1952 erreichten die ersten PT-76 die Rote Armee. Der PT-76 war vor allem als Aufklärungsfahrzeug gedacht und sollte ohne große Vorbereitung Gewässer überwinden können. Diese Forderung diktierte zahlreiche Eigenschaften des Panzers. So war die Wanne bootsförmig gestaltet und relativ groß, um den notwendigen Auftrieb zu erzeugen. Zugleich war die Panzerung so leicht (Wanne 5–14 mm, Turm 6–20 mm), dass sie an vielen Stellen bereits von 12,7-mm-Geschossen problemlos durchschlagen werden konnte. Der Fahrer saß vorn, mittig war ein Drehturm mit einer 76,2-mm-BK aufgesetzt, im Heck befand sich ein 6-Zylinder-Dieseltriebwerk (ein halbierter T-54-Motor), das 240 PS leistete und das 14 t schwere Fahrzeug auf 45 km/h beschleunigte. Trotz der schmalen Ketten war der Bodendruck durch das geringe Gewicht so niedrig, dass der PT-76 auch mit schwierigem Gelände gut zurechtkam. Im Wasser übernahmen zwei am Heck befindliche Wasserstrahldüsen den Vortrieb. Vor der Einfahrt ins Wasser wurden am Bug ein Schwallschild aufgerichtet und Lenzpumpen in Betrieb genommen. Obwohl gegen leicht gepanzerte Aufklärungs- oder Schützenpanzer wirksam, war der Wert der 76,2-mm-BK gegen Kampfpanzer bereits in den 1950er Jahren fragwürdig. Frühe Serienexemplare (PT-76 Modell 1) erhielten eine unstabilisierte BK ohne Mündungsbremse. Kurz darauf wurde jedoch eine Schlitzmündungsbremse eingeführt (PT-76 Modell 2). Ab 1957 kam dann eine neue BK mit Rauchabsauger und kürzerer Mündungsbremse zum Einbau (PT-76 Modell 3). Zudem wurden die Wanne um rund 13 cm erhöht und neue Funkgeräte, neue Optiken sowie IR-Fahrscheinwerfer installiert. Der Kommandant musste sich bei Nachteinsätzen jedoch mit einem von Hand gerichteten Weißlichtscheinwerfer am Turm behelfen. Ab 1959 wurde die Version PT-76B gefertigt (Modell 4), die u. a. eine stabilisierte BK, eine ABC-Schutzanlage, ein automatisches Feuerlöschsystem, einen modifizierten Motor, eine etwas längere Wanne sowie größere interne Treibstofftanks aufwies. Neben den Serienversionen des PT-76 entstand auch eine Reihe von Versuchsfahrzeugen. Die Produktion endete 1967. Wie viele PT-76 gebaut wurden, ist unklar; Quellenangaben variieren zwischen rund 3000 bis zu 12.000 Panzern. Es könnte jedoch sein, dass darin der Flak-Panzer ZSU-23/4, das FlaRak-System 2K12 KUB (NATO-Bezeichnung SA-6), die Raketenwerfer der Luna-Serie und der Jagdpanzer ASU-85 enthalten sind, die auf dem PT-76 basierten. Der chinesische Typ 63 sowie der nordkoreanische PT-85 entstanden nach dem Vorbild des PT-76.

Russischen Angaben zufolge wurden rund 2000 PT-76 in über 30 Staaten exportiert. Neben dem Warschauer Pakt und Kuba wurden vor allem arabische, afrikanische und asiatische Entwicklungsländer beliefert. Dementsprechend fand der Typ auch in zahlreichen Konflikten Verwendung. Dazu zählten u. a. der Vietnamkrieg, der indisch-pakistanische Krieg 1971, die arabisch-israelischen Kriege 1967 und 1973, der angolanische Bürgerkrieg (sowie der Konflikt mit Südafrika) 1975 bis 2002, die Golfkriege 1980 bis 1988, 1990/91 und 2003 sowie die Konflikte nach dem Zerfall Jugoslawiens in den 1990er Jahren. Sowjetische PT-76 kamen 1956 beim Einmarsch in Ungarn und 1968 bei der Niederschlagung des Prager Frühlings zum Einsatz, während russische PT-76B 1995 und 1999/2000 noch vereinzelt in Tschetschenien gesichtet wurden. Obwohl der PT-76 spätestens seit den 1970er Jahren veraltet ist, stand er auch 2016 noch bei zahlreichen Streitkräften (vor allem ärmerer Länder), aber auch der russischen Marineinfanterie in Dienst.

Seitenansicht des PT-76.
(Foto: Vitaly Kuzmin, © CC-BY-SA-4.0)

Konzipiert wurde der PT-76 zur Aufklärung, der Errichtung von Brückenköpfen und zur Gewässerüberquerung. (Foto: Cooper6, © CC-BY-SA-3.0)

PT-76 auf dem Aberdeen Proving Ground. Dieser schwimmfähige Panzer wurde in über 30 Staaten exportiert. (Foto: Don S. Montgomery, © PD)

Ein früher PT-76 (Model I2) mit flacherer Wanne und 76,2-mm-BK mit Schlitzmündungsbremse. (Foto: Vitaly V. Kuzmin, © CC-BY-SA-4.0)

USA

Während des Ersten Weltkriegs erhielt die US-Armee ihre Panzer aus Frankreich und Großbritannien und nach 1918 verfielen die US-Streitkräfte in einen Dornröschenschlaf, aus dem sie erst durch den Zweiten Weltkrieg geweckt wurden. Zwischen 1939 und 1945 bauten die USA 88.140 Panzer und 18.620 andere gepanzerte Fahrzeuge – fast die doppelte Menge dessen, was Großbritannien und das Deutsche Reich zusammen herstellten. Aufgrund des Kalten Krieges blieben die USA auch nach Ende des Zweiten Weltkrieges weiterhin einer der Hauptproduzenten von gepanzerten Fahrzeugen und entwickelten zahlreiche Kampfpanzer. Obwohl die Entwicklung solcher Typen wie des M48 oder M60 bereits gut sechs Jahrzehnte zurückliegt, stehen diese Typen noch immer weltweit im Dienst. Das Ende des Kalten Krieges 1990 brachte den Rüstungswettlauf zum Stehen, sodass der in den 1970er Jahren entworfene M1 Abrams noch immer der Hauptkampfpanzer der US-Streitkräfte ist. Dank zahlreicher Kampfwertsteigerungen gehört der M1 jedoch noch immer zu den besten Kampfpanzern der Welt und soll daher noch Jahrzehnte in Dienst bleiben.

Der schwere Kampfpanzer M1A Abrams unterwegs im Taunus. (Foto: US Army, © PD)

Christie T3 Medium Tank mit 37-mm-Kanone im Turm.

MK VIII in Camp Meade, USA, 1921. Da der Typ ursprünglich von einem Liberty-Flugzeugmotor angetrieben werden sollte, wurde er auch Liberty-Tank genannt. (Foto: © NARA)

Nachdem die US Army sich mit J. Walter Christie überworfen hatte, ließ sie ab 1934 fünf T3E2 Panzer bauen, die zwar auf Christies Patenten beruhten, aber mehr den Vorstellungen der Streitkräfte entsprachen. Dieser T3E2 wurde 1936 während seiner Erprobung aufgenommen. (Foto: Library of Congress, © PD)

Ein Liberty Tank im Jahre 1920. Er war das Ergebnis der Kooperation zwischen den USA und Großbritannien nach 1917. (Foto: US Gov, © PD)

MK VIII LIBERTY TANK

Kurz nach dem Eintritt der USA im April 1917 kamen Großbritannien und die Vereinigten Staaten überein, gemeinsam einen schweren Kampfpanzer zu produzieren, um die britischen Erfahrungen im Bau von Panzern mit den amerikanischen Produktionskapazitäten zu kombinieren. Die Briten sollten Bewaffnung, Munition und Panzerung liefern, während die übrigen Komponenten aus den USA kamen. Der Mk VIII basierte auf den britischen Entwürfen jener Zeit und zeigte daher die typische Rhomboidform mit umlaufenden Ketten. Er war jedoch länger, um bis zu 4,57 m breite Gräben überschreiten zu können. Die Hauptbewaffnung bestand aus zwei 57-mm-BK in seitlichen Erkern, die für den Transport eingeklappt werden konnten. Hinzu kamen fünf MG. Ein 300-PS-Motor erlaubt dem 38 t schweren Mk VIII eine Geschwindigkeit von 10 km/h zu erreichen. Der Großteil der Fahrzeuge sollte in neu zu errichtenden Fertigungsstätten in Frankreich montiert werden und für die geplanten Offensiven des Jahres 1919 bereitstehen. Bis zum Waffenstillstand im November 1918 war kein Serienfahrzeug fertiggestellt und das Projekt wurde beendet. Allerdings ließen die US-Streitkräfte 1919 100 Panzer aus bereits vorhandenen Teilen in den USA komplettieren und setzten diese bis Anfang der 1930er Jahre ein. Dann wurden die Fahrzeuge eingelagert. 1940 erwarb Kanada eine Reihe der Mk VIII zum Schrottpreis und setzte diese kurzzeitig für die Schulung ein.

CHRISTIE PANZER

J. Walter Christie entwickelte Ende der 1920er Jahre ein revolutionäres Laufwerk für Panzer, das aus mit Vollgummireifen versehenen Laufrädern bestand, die an großen, in der Wanne befindlichen Schraubenfedern aufgehängt waren. Im Zusammenspiel mit leistungsstarken Motoren wurde so eine für die damalige Zeit beispiellose Mobilität möglich. Zudem ließen sich für die Straßenfahrt die Ketten abnehmen und auf den Kettenabdeckungen seitlich der Wanne verstauen. Bei der Fahrt auf Rädern wurde das letzte Laufradpaar angetrieben, während das vorderste Paar lenkbar war. Nach Begutachtung seines turmlosen Versuchsfahrzeugs M1928 bestellte die US Army bei Christie 1930 den weiterentwickelten M1931, dem sieben weitere Panzer folgten: Drei T3 für die Infanterie mit einer 3,7-cm-BK und einem MG im Turm sowie vier T1 mit einem 12,7-mm- und einem 7,62-mm-MG im Turm für die Kavallerie. Obwohl diese rund 11t schweren Fahrzeuge mit einem 340-PS-Motor ohne Ketten 112,5 km/h und mit Ketten 64 km/h erreichten, erfolgte in den USA keine Serienfertigung, nicht zuletzt, weil sich Christie als ein mehr als schwieriger Geschäftspartner entpuppte. 1930 kaufte jedoch die UdSSR zwei M1931 an und entwickelte daraus ihre erfolgreiche BT-Serie von leichten Panzern. Auch die britischen Cruiser-Tanks waren erheblich von Christies Ideen geprägt. Christie fuhr bis zu seinem Tode im Jahr 1944 fort schnelle Panzer zu entwerfen, blieb jedoch erfolglos.

Mk VIII, Camp Meade, MD, USA, circa 1921. (Foto: © NARA)

USA

M2 MEDIUM TANK

Der 1938 entwickelte Prototyp T5 wurde ausführlichen Erprobungen unterzogen und mehrfach verändert, bis der Entwurf im Sommer 1939 schließlich als mittlerer Panzer M2 von der US-Armee akzeptiert wurde. Der Drehturm war mit einer 3,7-cm-Kanone und einem koaxialen 7,62-mm-MG ausgestattet, da der M2 zur Infanterieunterstützung vorgesehen war, verfügte er aber über nicht weniger als acht weitere 7,62-mm-MG. Vier davon befanden sich in kleinen Kasematten an vier Ecken des Aufbaus, zwei waren starr nach vorn gerichtet in der Wanne eingebaut, und zwei weitere waren außen am Turm angebracht. Der Anfang 1940 entwickelte M2A1 erhielt einen 400-PS-Motor, der den 21,4 t schweren Typ auf max. 42 km/h beschleunigte. Hinzu kamen eine verbesserte Panzerung und breitere Ketten. Für den M2A1 hatte das US-Verteidigungsministerium im August 1940 bereits einen Auftrag über 1000 Stück vergeben, als eine Analyse der Ereignisse in Europa zeigte, dass der Entwurf bereits hoffnungslos veraltet war und der Vertrag storniert wurde. Stattdessen konzentrierte sich die US-Armee auf die Entwicklung des mittleren Panzers M3. Insgesamt baute das Rock Island Arsenal 15 M2 und 94 M2A1, die nur zur Schulung eingesetzt wurden.

Gedacht war er als Unterstützungspanzer für die Infanterie: der M2 Medium Tank (links), neben ihm ein leichter M3 Stuart. (Foto: Mark Holloway, © CC-BY-2.0)

M2 LIGHT TANK

Der M2 wurde 1935 entwickelt und sollte der Infanterieunterstützung dienen, weshalb eine MG-Bewaffnung als ausreichend angesehen wurde. Der M2A1 war mit einem 12,7-mm- und einem 7,62-mm-MG in einem Drehturm und einem weiteren 7,62-mm-MG in der Wanne ausgerüstet. Schon bald wurde der M2A1 durch den M2A2 ersetzt, der über zwei getrennte, nebeneinanderliegende MG-Drehtürme verfügte. Der M2A3 unterschied sich nur durch eine verbesserte Laufwerksaufhängung. Von allen drei Versionen wurden insgesamt 321 Panzer gebaut. Das wichtigste Modell der M2-Reihe jedoch war der 1939 entwickelte M2A4. Er besaß einen Drehturm mit einer 3,7-cm-Kanone, einem koaxialen 7,62-mm-MG und einem Fla-MG sowie drei MG gleichen Kalibers in der Wanne. Die Panzerung war von höchstens 16 auf maximal 25 mm verstärkt worden. Ein 250-PS-Motor ermöglichte dem 11,6 t schweren M2 bis zu 58 km/h. Die Produktion des M2A4 endete im März 1941 nach 375 Exemplaren. Die frühen Versionen des M2 galten 1940 als veraltet und wurden nur noch zur Ausbildung verwendet, der M2A4 kam jedoch noch bis Anfang 1943 im Pazifikkrieg zum Einsatz. Großbritannien hatte Anfang 1941 100 M2A4 bestellt, stornierte den Vertrag jedoch nach 36 ausgelieferten Panzern, als der M3 Stuart zur Verfügung stand.

M2 Medium Tank mit 3,7-cm-Kanone. (Foto: Raymond Douglas Veidt, © PD)

M2 Light Tank im Gelände. (Foto: © PD, © CC-BY-SA-2.5)

Der M2A4 Light Tank war u.a. mit einer 3,7-cm-Kanone, einem koaxialen 7,62-mm-MG sowie einer Fla-MG bewaffnet. (Foto: US Army, © PD)

Der M2A3 Light Tank im Jahr 1939 während einer Militärparade. (Foto: Library of Congress, © PD)

Der M5A1 Stuart wartete ab Ende 1942 mit einem größeren Turm und vielen Detailverbesserungen auf. (Foto: Eleferen, © CC-BY-SA-3.0)

M5 Stuart-Panzer während der Luftshow »Thunder over Michigan« des Yankee Air Museums im Jahr 2006. (Foto: D. Miller, © CC-BY-2.0)

M3 Stuart: Trotz Unterbewaffnung und schwacher Panzerung beliebt bei den amerikanischen Streitkräften und ihren Verbündeten. (Foto: Kecko, © CC-BY-2.0)

Den Vortrieb des M3A1 Stuart leistete ein Continental- oder Guiberson-Sternmotor. (Foto: MarkoM, © CC-BY-SA-3.0)

M3 STUART

Die M3-Reihe war der meistgebaute leichte Panzerkampfwagen der USA und wurde unter dem Namen »Stuart« sowohl von britischen und Commonwealth-Streitkräften als auch der UdSSR und zahlreichen anderen Alliierten der USA in großer Zahl eingesetzt. Obwohl unterbewaffnet und zu schwach gepanzert, trug ihm seine Zuverlässigkeit und Beweglichkeit bei den Briten den Spitznamen Honey (Liebling) ein. Der Krieg in Europa machte der US-Armee deutlich, dass ihre leichten Panzer veraltet waren, weshalb im Juli 1940 eine verbesserte Version des M2A4 in Auftrag gegeben wurde. Dieser M3 genannte Panzer war mit seinem Vorgänger in großen Teilen identisch, besaß jedoch eine stärkere Panzerung von maximal 51 mm. Um das gestiegene Gewicht (fast 13 t) zu kompensieren, wurde die Laufwerksaufhängung verstärkt und das Leitrad bekam Bodenkontakt, um die Kettenauflagelänge zu erhöhen. Wie der M2A4, war das Fahrzeug zunächst genietet und verfügte über einen 250-PS-Sternmotor aus dem Flugzeugbau, der auf ein vorn liegendes Getriebe wirkte und dem M3 eine erstaunliche Mobilität (58 km/h) verlieh. Anachronistisch wirkten dagegen die zwei seitlich in der Wanne angebrachten MG.

Die Produktion des M3 begann im April 1941 und insgesamt wurden 5811 dieser Panzer produziert. Aufgrund der ständigen Knappheit an Continental-Sternmotoren waren darunter auch etliche, die mit Guiberson-Stern-Dieselmotoren mit 220 PS ausgerüstet wurden. Die Briten nannten dieses Fahrzeuge Stuart I bzw. II. Der M3A1 verfügte über einen neuen, geschweißten Turm mit Turmdrehkorb sowie über eine kreiselstabilisierte Hauptwaffe. Die seitlichen Wannen-MG fielen fort. Auch die 4621 M3A1 wurden mit Continental- oder Guiberson-Sternmotoren ausgerüstet, die britischen Bezeichnungen waren Stuart III und IV. Während der M3A2 niemals in Serienproduktion ging, wurden vom M3A3 bis Herbst 1943 noch einmal 3427 Panzer hergestellt. Der M3A3 verfügte über eine größere, geschweißte Wanne mit einteiliger Frontplatte und einen vergrößerten Turm zur Unterbringung der Funkausrüstung (Stuart V). Sowohl die US-Armee als auch die Briten nutzten turmlose M3 aller Versionen als Befehls- und Aufklärungsfahrzeuge. Zudem verwandelten die Briten gegen Kriegsende überzählige M3 durch das Entfernen des Turmes und das Hinzufügen von Sitzbänken im Kampfraum zu einfachen Schützenpanzern (M3 Kangaroo). Auf Basis der M3-Reihe entstanden neben einigen im Kampf eingesetzten Flammpanzern auch zahlreiche Versuchsfahrzeuge, zumeist Artillerie- oder Fla-Selbstfahrlafetten, die nie über das Prototypenstadium hinauskamen.

M5 STUART

Aufgrund der Knappheit an Continental-Sternmotoren schlug Cadillac im Herbst 1941 vor, den M3 mit einem Zwillingsmotor und einem automatischen Getriebe aus dem Automobilbau auszurüsten. Versuche mit einem umgerüsteten M3 erwiesen sich als höchst erfolgreich, sodass seitens der US-Behörden im Februar 1942 die Serienproduktion genehmigt wurde. Um Verwechslungen mit dem mittleren Panzer M4 zu vermeiden, erhielt diese neue Version die Bezeichnung M5. Die Cadillac-Motoren (2 x 122 PS) machten es notwendig, die hintere Wanne zu erhöhen, zudem wurde die einteilige Frontplatte abgeschrägt. Bis Ende 1942 wurden 2075 M5 (Stuart VI) hergestellt, dann ersetzte der verbesserte M5A1 seinen Vorgänger auf den Fertigungsbändern. Der M5A1 besaß einen vergrößerten Turm sowie einige Detailverbesserungen im Bereich der Luken und Zieleinrichtungen und wog 15,4 t. Nach dem Ende der M3A3-Produktion im Herbst 1943 beteiligte sich auch American Car & Foundry am Bau des M5A1. Insgesamt wurden 6810 M5A1 gefertigt. Analog zum M3 gab es auch vom M5 Flammpanzer- sowie turmlose Aufklärungs- und Befehlsversionen. Der M5 wurde zumeist nicht als Kampf-, sondern als Spähfahrzeug eingesetzt. In dieser Rolle bewährte er sich aufgrund seiner Mobilität (max. 58 km/h) und Zuverlässigkeit bestens.

M3 LEE/GRANT

Die Konstruktion des mittleren Panzers M3 begann im Sommer 1940, nachdem absehbar war, dass der Vertrag für den M2A1 storniert werden würde. Die US-Armee forderte aufgrund der wachsenden Kriegsgefahr und der Ereignisse in Europa einen Panzer, der mit einer 7,5-cm-Kanone in einem Drehturm ausgerüstet sein sollte. Da der Entwurf eines solchen Fahrzeuges jedoch Zeit benötigte, entschloss sich die US-Armee, den Vorschlag eines stark modifizierten M2A1 anzunehmen. Das neue Fahrzeug übernahm das Laufwerk, das Getriebe sowie den leicht veränderten Motor des Vorgängers, besaß jedoch eine veränderte Wanne und einen neuen Panzeraufbau mit seitlichen Türen, in dem vorn rechts eine 7,5-cm-Kanone M2 L/28 mit begrenztem Schwenkbereich montiert war. Dazu kam ein nach links versetzter Drehturm mit 3,7-cm-Kanone und koaxialem MG. Auf dem Turm befand sich ein zweiter kleiner MG-Turm für den Kommandanten. Der M3 genannte Panzer war als Übergangslösung bis zum Erscheinen des noch zu konstruierenden M4 gedacht. Die Serienfertigung des 27,9 t schweren und bis zu 51 m stark gepanzerten M3 begann im August 1941. Insgesamt wurden bis Ende 1942 6258 M3 aller Varianten gebaut.

Das M3-Grundmodell besaß eine genietete Wanne und einen 340-PS-Sternmotor, der eine Geschwindigkeit von 42 km/h ermöglichte. Da der M3 jedoch von zahlreichen Firmen gebaut wurde, kam es zu unterschiedlichen Ausführungen. Die einzelnen Versionen (M3 bis M3A5) differierten vor allem in ihrer Motorisierung (Wright-Sternmotor, GMC- oder Guiberson-Diesel, GMC-Ottomotoren) sowie darin, ob ihre Wannen genietet, geschweißt oder gegossen waren. Bei späten Exemplaren sämtlicher Versionen fielen der MG-Turm sowie die Seitentüren weg und es kam eine längere 7,5-cm-Kanone L/37 zum Einbau. Die Briten und die Armeen des Commonwealth erhielten insgesamt 2855 M3. Dort trugen unverändert übernommene M3 aller Versionen den Namen »Lee«, während Panzer, die speziell für die britischen Streitkräfte einen neuen Turm mit Heckauslage für die Funkausrüstung erhielten, als »Grant« bezeichnet wurden. Beide Modelle machten sich bei den Kämpfen in Nordafrika 1942–43 einen guten Namen. Nachteilig war allerdings der begrenzte Schwenkbereich der Hauptwaffe, der hohe Aufzug und die insgesamt ungeschickte Formgebung des Aufbaus. Ab 1943 begann der M3 rasch zu veralten und wurde in Nordafrika und Europa durch den M4 ersetzt. Im Pazifik wurden M3 allerdings bis zum Kriegsende verwendet. Im Zuge des Leih- und Pacht-Abkommens erhielten die UdSSR 1386 und Brasilien 96 M3. Das robuste Fahrgestell diente auch als Basis verschiedener Spezialfahrzeuge, darunter Flammversionen, Bergepanzer (M31), Artillerieschlepper (M33), Minensuchfahrzeuge und Selbstfahrlafetten (z. B. M7, M12).

Der M3 Lee war der erste mittlere Kampfpanzer der USA, der in großen Zahlen gefertigt wurde. (Foto: Bukvoed, © CC-BY-SA-3.0)

Der M3 Lee war eigentlich nur als Übergangslösung gedacht. (Foto: Imperial War Museum, © PD)

M3 Lee mit 7,5-cm-Kanone M2 L/28 (links), 3,7-cm-Kanone und koaxialem MG im Drehturm (rechts). (Foto: US Gov, © PD)

M3-Panzer mit neuem Turm für die britischen Streitkräfte hörten auf die Bezeichnung M3 Grant. (Foto: SimonQ, © CC-BY-2.0)

Die Serienfertigung des M3 Lee begann ab August 1941. Bis 1943 bewährten sie sich auf dem nordafrikanischen Kriegsschauplatz. (Foto: Library of Congress, © PD)

Dieser M4A3E8 gehört zum Tankmuseum in Bovington, Großbritannien. (Foto: Simon Q, © CC-BY-2.0)

M4A3E8 mit langer 76,2-mm-Kanone. Der M4 wurde im Laufe des Krieges ständig verbessert. Seinen Zusatznamen »Sherman« gaben ihm die Briten, bei denen er ebenfalls zum Einsatz kam. (Foto: Falcon®, © CC-BY-SA-2.0)

M4 Sherman in einem Reenactment-Camp. (Foto: Archangel12, © CC-BY-2.0)

M4 SHERMAN

Der M4 war der wichtigste und vielseitigste Panzer der westlichen Alliierten während des Zweiten Weltkriegs. Schon im August 1940 begannen die Entwurfsarbeiten für einen Nachfolger des M3, dessen Entwurf eben erst genehmigt worden war. Grundforderung an das Fahrzeug war eine 7,5-cm-Kanone mit Kreiselstabilisierung in einem um 360° schwenkbaren Turm. Um Zeit zu sparen, wurden möglichst viele Komponenten des M3 verwendet, so waren Laufwerk, untere Wanne, Ketten und zunächst auch der Antrieb identisch. Neu waren hingegen das Wannenoberteil und der Drehturm. Der erste Prototyp wurde im Herbst 1941 vorgestellt und ab Februar 1942 lief die Serienproduktion des gut 30,2 t schweren und bis zu 40 km/h schnellen M4 an, die bis 1945 andauerte.

Eine Vielzahl von Unternehmen baute sechs Grundvarianten: M4, M4A1, A2, A3, A4 und A6, von denen jedoch auch Mischformen existierten (A5 war die Bezeichnung für den kanadischen Grizzly). Hinzu kamen zahlreiche Spezialvarianten. Diese Typisierung beruhte jedoch nicht auf einer linearen Verbesserung des Grundtyps M4, sondern auf Differenzen in der Herstellungsweise und Motorisierung. Hauptunterschied waren eine entweder gegossene obere Wanne, oder eine geschweißte, die dann eckiger war. Zudem kamen, da der ursprüngliche 400-PS-Sternmotor nicht in ausreichender Zahl zur Verfügung stand, vier weitere Triebwerkmodelle zum Einbau. Die Bewaffnung des M4, zunächst mit 7,5-cm-BK L/28 und auch später mit der längeren L/37, gab oft Anlass zu Kritik, weshalb ab 1944 eine 7,62-cm-Kanone L/52,8 in einem neuen Turm zum Einsatz kam, welche die Feuerkraft des Panzers wesentlich erhöhte.

Die ersten M4 waren dafür berüchtigt, bei einem Treffer rasch in Flammen aufzugehen, daher wurde bei späteren Exemplaren die Munition in speziellen Wasserbehältern gelagert. Auch die Panzerung des M4 (max. 76,2 mm) wurde im Laufe der Produktion immer weiter verbessert und verstärkt, teils wurden auch Zusatzpanzerungen, z. B. über den Munitionsbunkern, aufgeschweißt. Die Hauptversion der US-Armee gegen Ende des Krieges war der bis zu 108 mm stark gepanzerte M4A3E8 (Easy Eight) mit 7,62-cm-BK und neuem modifiziertem Laufwerk. Zur Infanterieunterstützung existierte eine Variante mit einer 10,5-cm-Haubitze und der M4A3E2 (inoffizieller Name Jumbo) wurde als Sturmpanzer mit bis auf 152 mm verstärkter Panzerung eingesetzt. Den Namen »Sherman« erhielt der M4 von der britischen Armee, welche den Panzer ebenfalls nutzte. Die Briten schufen ab Anfang 1944 durch den Einbau der 17-Pfünder-Kanone Kaliber 7,62 cm ihre eigene, besser bewaffnete Version des M4 (inoffizielle Bezeichnung »Firefly«), die endlich in puncto Feuerkraft mit den schwereren deutschen Panzern gleichziehen konnte. Dazu gab es neben einer verwirrenden Vielfalt von Test- und Experimentalfahrzeugen eine große Anzahl an Spezialversionen wie Flamm-, Berge- und Brückenlegepanzer, Minensuchfahrzeuge, Raketenwerfer und Artilleriezugmaschinen, sowie Panzer mit Planierschild und sogar Schwimmversionen, die z. B. während der Invasion der Normandie zum Einsatz kamen. Das Fahrgestell des M4 diente des Weiteren als Basis zahlreicher Selbstfahrlafetten, wie z. B. M7B1, M10, M36 und M40. Seine Feuertaufe erhielt der M4 im Oktober 1942 bei El Alamein in Nordafrika, und ab diesem Zeitpunkt war er überall dort zu finden, wo alliierte Truppen auftauchten. Auch die Rote Armee erhielt im Zuge der Leih- und Pacht-Lieferungen rund 2000 M4, war allerdings alles andere als zufrieden mit dem Fahrzeug und erachtete den T-34 als weit überlegen. Der M4 wird häufig unterschätzt und im Vergleich zum Panther negativ beurteilt. Dabei sollte man jedoch nicht vergessen, dass der M4 bei aller Kritik drei Eigenschaften besaß, die seinem Rivalen fehlten: Er war zuverlässig, robust und in riesigen Mengen verfügbar. Bis Mai 1945 wurden insgesamt 49.243 M4 aller Modelle hergestellt.

Nach Kriegsende endeten Tausende Sherman auf dem Schrottplatz oder wurden an Streitkräfte in aller Welt abgegeben. Neben den USA, die ihre letzten M4 erst 1958 aussonderten, nutzten nach 1945 über 30 weitere Staaten diesen Panzer – teilweise bis über das Jahr 2000 hinaus. Während des Koreakriegs (1950–1953) stellten Sherman weiterhin einen wichtigen Teil der US-Panzereinheiten.

USA

M10 WOLVERINE

Zu Anfang des Zweiten Weltkriegs sollten Kampfpanzer der US-Armee vor allem der Infanterieunterstützung dienen, während der Kampf gegen Tanks die Aufgabe von Jagdpanzern war. Daher begann im April 1942 die Planung für ein solches Fahrzeug auf Basis des M4A2 mit Dieselmotor. Die Serienfertigung des M10 begann im September 1942. Der neu entwickelte Turm war oben offen und trug eine 7,62-cm-Kanone. Die Panzerung war zwar dünner (max. 51 mm) als beim M4A2, jedoch auch besser abgeschrägt. Ein 375-PS-Diesel erlaubte dem 29,9 t schweren M10 eine Höchstgeschwindigkeit von 48 km/h. Seine Feuertaufe erlebte der M10 Ende 1942 in Tunesien und wurde danach sowohl in Italien als auch in Frankreich oft eingesetzt. Auch die französischen und britischen Verbände erhielten M10 (bei den Briten »Wolverine« genannt). In Großbritannien wurde ab Ende 1944 bei vielen M10 die Hauptwaffe gegen eine 17-Pfünder-Pak ausgetauscht. Diese Fahrzeuge erhielten den Namen »Achilles« und erwiesen sich als hervorragende Jagdpanzer. Um die Produktion zu beschleunigen, wurden M10 auch auf Basis des M4A3 gebaut, diese Version trug die Bezeichnung M10A1. Die meisten M10A1 dienten jedoch in den USA zur Ausbildung oder wurden zu turmlosen M35 Artillerieschleppern umgerüstet. Insgesamt entstanden bis Dezember 1943 6706 M10 und M10A1.

M36

Bereits kurz nach Beginn der Fertigung des M10 wurden von der US-Armee Überlegungen angestellt, ob es möglich sei, in dessen Turm eine 9-cm-BK unterzubringen. Dies aber erwies sich als unmöglich, sodass ab April 1943 ein völlig neuer, bis zu 108 mm stark gepanzerter Turm entworfen werden musste. Da dieses Projekt keine Priorität genoss, dauerte es bis zum Juni 1944, ehe das neue Fahrzeug als M36 offiziell von der US-Armee übernommen wurde. Der M36 entstand durch die Verbindung bereits existierender oder neu gefertigter M10A1-Wannen mit einem neuen Turm für die 9-cm-Kanone und wog 29 t. Sein 500-PS-Motor beschleunigte ihn auf 48 km/h. Ab Spätsommer 1944 kamen M36 in Frankreich zum Einsatz und erwiesen sich als die einzigen Fahrzeuge der US-Armee, die den schweren deutschen Panzern Paroli bieten konnten, weshalb nun rasch möglichst viele M36 produziert werden sollten. Aus diesem Grund wurden zusätzlich einige unveränderte M4A3- (M36B1) und M10-Wannen (M36B2) genutzt. Einige mit M36 ausgerüstete Einheiten erzielten bei geringen eigenen Verlusten teils erstaunliche Erfolge. Insgesamt entstanden bis Juli 1945 1722 M36 aller Versionen.

Der M10 Wolferine wurde ab September 1942 als Jagdpanzer gebaut.
(Foto: Imperial War Museum, © PD)

M10-Produktion bei GM. (Foto: Library of Congress, © PD)

Der M36 ersetzte mit seinem neuen Turm und seiner 9-cm-Kanone ab 1944 den M10. (Foto: Toca, © CC-BY-SA-3.0)

Panzer des Typs M36 waren 1944 einzig in der Lage, in Frankreich den schweren deutschen Panzern etwas entgegenzusetzen. (Foto: Alf van Beem, © PD)

Ein früher M10 bei Erprobungen in den USA. In britischen Diensten erhielt der M10 den Beinamen »Wolverine«. (Foto: Library of Congress, © PD)

Der M18 Hellcat war ein leichter Jagdpanzer mit Drehstabfederung und 400-PS-Sternmotor. (Foto: Dammit, © CC-BY-SA-2.5)

Ab Juli 1943 ging der M18 in Serienproduktion. (Foto: Pablo Fernicola, © CC-BY-2.0)

Der M22 Locust war nur leicht gepanzert, besaß eine 3,7-cm-Kanone und einen 165-PS-Motor. (Foto: D. Miller, © CC-BY-2.0)

M18 HELLCAT

Im Dezember 1941 veröffentlichte die US-Armee eine Ausschreibung für einen leichten Jagdpanzer, der über eine 3,7-cm-Kanone, ein Christie-Laufwerk und einen 400-PS-Sternmotor verfügen sollte. Unter dem Eindruck der Kampferfahrungen in Nordafrika wurde die 3,7-cm-Waffe zunächst durch eine 5,7-cm-, dann durch eine 7,5-cm- und schließlich eine 7,62-cm-Kanone ersetzt. Die Christie-Aufhängung wich einem Drehstablaufwerk, und der so entstandene Prototyp T70 wurde ab Juli 1943 als M18 in die Serienproduktion übernommen. Der Name »Hellcat« blieb stets inoffiziell. Um das Gewicht auf 17 t zu drücken, war die Panzerung des M18 nur sehr dünn (max. 25,4 mm) und der Turm nach oben hin offen. Allerdings war die Panzerung geschossablenkend geformt und die hohe Geschwindigkeit (80 km/h) sorgte dafür, dass der M18 stärkeren Gegnern rasch entkommen konnte. Die 7,62-cm-Kanone durchschlug zwar nicht die Frontpanzerung schwerer deutscher Panzer, doch war der M18 wendig genug, um sich in eine günstige Angriffsposition seitlich oder hinter seinen Gegner zu bringen. Insgesamt wurden bis Oktober 1944 2507 M18 gebaut. Unter der Bezeichnung M39 wurde auf Basis des M18 zudem ein Transport- und Schützenpanzer für zwei plus sieben Soldaten geschaffen.

M22 LOCUST

Im Frühjahr 1941 veröffentlichte die US-Armee eine Ausschreibung für einen Luftlandepanzer, die von Marmon-Herrington gewonnen wurde. Das Unternehmen lieferte Ende 1941 den ersten Prototyp aus und von März 1943 bis Februar 1944 entstanden insgesamt 830 M22. Der von einem 165-PS-Motor angetriebene M22 wog 7,4 t und erreichte 64 km/h. Er war nur leicht gepanzert (max. 25 mm) und nur mit einer 3,7-cm-BK bewaffnet. Um den M22 unter den Rumpf einer C-54-Transportmaschine hängen zu können, musste der Turm abgenommen und nach der Landung wieder aufgesetzt werden, was den Einsatzwert des Panzers entschieden minderte. Da die USA kein Flugzeug besaßen, das in der Lage gewesen wäre, den kompletten M22 aufzunehmen, wurde ein Großteil der Produktion an Großbritannien übergeben, das mit dem Hamilcar über einen entsprechenden Lastensegler verfügte. Die Briten setzten den dort »Locust« (Heuschrecke) genannten Panzer bei der Landung in der Normandie im Juni 1944 sowie bei der Überquerung des Rheins im März 1945 ein.

Die Hauptstärken des M18 Hellcat bestanden in seiner hohen Geschwindigkeit und seiner Wendigkeit . (Foto: Alf van Beem, © PD)

Luftlandepanzer M22 Locust. (Foto: Max Smith, © PD)

USA

M24 CHAFFEE

Die Entwurfsarbeiten für einen Nachfolger des M5 begannen im April 1943. Da sich der 242-PS-Zwillingsmotor und das automatische Getriebe des M5 als sehr zuverlässig erwiesen hatten, sollte diese Kombination erneut Verwendung finden. Ein Prototyp wurde im Oktober 1943 fertiggestellt und noch bevor die Tests abgeschlossen waren, orderte das US-Verteidigungsministerium 5000 Exemplare des M24 genannten Panzers. Der M24 war ein recht modernes Fahrzeug und verfügte über eine Wanne (Panzerung max. 32 mm) mit allseits abgeschrägten Flächen zur maximalen Geschossablenkung, Drehstabfederung und eine 7,5-cm-Kanone. Dennoch war der 18,3 t schwere M24 bis zu 56 km/h schnell und relativ klein, günstige Voraussetzungen für seine Hauptaufgabe als Aufklärungsfahrzeug. Auf Basis des M24 entstanden zudem drei Selbstfahrlafetten (Fla-Panzer M19, Panzerhaubitzen M37 und M41), die jedoch im Zweiten Weltkrieg nicht mehr zum Einsatz kamen. Zwischen April 1944 und Juli 1945 wurden insgesamt 4731 M24 gebaut, von denen Anfang Mai 1945 1163 bei US-Einheiten in Europa in Dienst standen. Auch Großbritannien erhielt eine kleine Anzahl von M24, die dort »Chaffee« genannt wurden.

War mit dem 242-PS-Zwillingsmotor des M5 ausgestattet: der Panzer M24. (Foto: Zaphad1, © CC-BY-2.0)

Die Briten nannten den M24 »Chaffee«. (Foto: Zaphad1, © CC-BY-2.0)

Im Koreakrieg, 17. August 1950. (Foto: © PD)

Die Hauptaufgabe des nur 18,3 to schweren und 56 km/h schnellen M24 war die Aufklärung. (Foto: D. Miller, © CC-BY-2.0)

Dieser M24 ist mit einer Räumschaufel ausgestattet. (Foto: 270862, © CC-BY-ND-2.0)

Die allseits abgeschrägten Flächen des M24 dienten der Geschossabweisung. Als Hauptbewaffnung hatte der M24 eine 7,5-cm-Kanone. (Foto: Zaphad1, © CC-BY-2.0)

Der M26 Pershing war der Stammvater der Typen M46, M47, M48 und M60.
(Foto: Rennet Stowe, © CC-BY-2.0)

Der M46 Patton folgte dem M26 nach und merzte dessen Schwachstellen (schwacher Antrieb, unzuverlässiges Getriebe) aus. (Foto: Mark Holloway, © CC-BY-2.0)

M46 Patton in Korea. (Foto: Mark Holloway, © CC-BY-2.0)

Belgischer M26. Belgien besaß in Europa die meisten dieser Panzer und nutzte diese bis Ende der 1960er Jahre. (Foto: MWAK, © PD)

HEAVY TANK M26 PERSHING

Bereits 1942 begann die Suche nach einem Nachfolgemodell des M4 Sherman. Die Entwicklungsarbeiten gestalteten sich allerdings recht kompliziert, da die Vorgaben und Anforderungen immer wieder geändert wurden und die US-Armee an einem Punkt sogar erklärte, den neuen Panzer gar nicht mehr zu benötigen. Über diverse Prototypen kam man im Frühjahr 1944 zum T26E1, aus dem mit minimalen Veränderungen das Vorserienmodell T26E3 wurde. Dieser Typ besaß ein Drehstabfahrwerk mit sechs Lauf- und fünf Stützrollen. Der Turm mit einer 90-mm-BK M3 L/55 war max. 114 mm stark gepanzert. Das gut 42 t schwere Fahrzeug wurde von einem 500-PS-Motor auf bis zu 40 km/h beschleunigt. Die Ardennenoffensive Ende 1944 bekräftigte die Notwendigkeit eines Panzers, der fähig war mit Panther und Tiger gleichzuziehen, sodass im Januar 1945 die ersten T26E3 nach Europa verschifft wurden. Der Entwurf wurde im März 1945 offiziell als Heavy Tank M26 General Pershing (nach General John J. Pershing) übernommen. Bis Ende 1945 wurden insgesamt über 2200 T26E3/M26 produziert, von denen jedoch nur einige wenige in Europa zum Einsatz kamen. Im Mai 1946 wurde der M26 zu einem mittleren Panzer (Medium Tank) umklassifiziert. Im Einsatz erwies sich der M26 als untermotorisiert, da sein 500-PS-Motor ursprünglich für den rund 10 t leichteren M4 entworfen worden war. Auch das Getriebe stellte sich als unzuverlässig heraus, zudem erlaubte es keine 360°-Drehungen auf der Stelle. Ab 1948 wurden daher M26 u.a. mit neuen Motoren und Getrieben sowie einer verbesserten 90-mm-BK M3A1 ausgerüstet, ihre Bezeichnung änderte sich dann zu M46 (siehe dort). Da die Mittel nicht für die Modifikation aller vorhandenen Fahrzeuge ausreichten, wurde in zahlreiche M26 nur die BK M3A1 mit Rauchabsauger eingebaut (M26A1). Ein auf dem M26 basierender Bergepanzer sowie eine 240-mm-Selbstfahrlafette kamen über das Versuchsstadium nicht hinaus.

Ab Mitte 1950 wurden 309 M26 nach Korea verlegt, wo sie sich den nordkoreanischen und chinesischen T-34/85 als klar überlegen erwiesen. Aufgrund der Probleme mit Motor und Getriebe wurden die M26 jedoch ab 1951 durch M46 ersetzt. Die in Deutschland stationierten M26 wurden ab 1952 durch M47 abgelöst. Größter Nutzer des Pershing in Europa war Belgien, das ab 1952 insgesamt 423 überzählige M26 und M26A1 erhielt, die bis Ende der 1960er Jahre im Einsatz blieben. Frankreich und Italien betrieben ebenfalls M26, allerdings in weitaus geringerer Zahl. Die französischen Pershings wurden recht rasch durch M47 ersetzt, während Italien seine M26 bis 1963 verwendete.

M46 PATTON

Da der M26 Pershing unter einem zu schwachen Triebwerk und einem unzuverlässigen Getriebe litt, begannen Anfang 1948 die Arbeiten an einer verbesserten Ausführung mit der Bezeichnung M26E2. Neben der Ausrüstung mit einem stärkeren 810-PS-Ottomotor, der 48 km/ ermöglichte, wurde zudem ein neues Getriebe verbaut, das nun auch Drehungen auf der Stelle erlaubte (zuvor hatte der minimale Wendekreis 18 m betragen!). Die BK wurde mit einem Rauchabsauger versehen und das Abgassystem verändert. Der Auslass für die Motorabgase befand sich nun nicht mehr zentral im Wannenheck, sondern rechts und links auf den hinteren Kettenabdeckungen. Aufgrund des neuen Getriebes musste das Treibrad nach oben versetzt werden. Zwischen dem letzten Laufrad und dem Treibrad wurde ein Kettenspannrad installiert und die Lafette des Fla-MG vor der Kommandantenkuppel installiert. Die Umrüstung alter M26 begann Mitte 1949, im November jenes Jahres wurde die Bezeichnung der neuen Version in M46 Patton (nach General George S. Patton) geändert. Der M46A1 besaß neben einem verbesserten Motor und Getriebe sowie stärkeren Bremsen auch eine modifizierte Motorkühl- und Elektroanlage. Weder der M26 noch der M46 verfügten über Entfernungsmesser oder eine ABC-Schutzanlage und waren damit Anfang der 1950er Jahre eigentlich nicht mehr zeitgemäß. Dennoch wurden 800 M26 zu M46 und 360 M26 zu M46A1 umgerüstet. Der einzige Kampfeinsatz des M46 erfolgte in Korea, wo er sich, wie der M26, den gegnerischen T-34/85 weit überlegen zeigte. Die USA nutzten den M46 bis 1957. Eine kleine Zahl von M46 wurde auch an Belgien, Italien und Frankreich abgegeben.

M47 PATTON

Zur Zeit des Ausbruchs des Koreakrieges im Juni 1950 wurden in den USA keine neuen Kampfpanzer mehr produziert. In aller Eile wurde daher beschlossen, die leicht modifizierte Wanne des M46 mit dem Turm der Experimentalentwicklung T42 zu versehen. Der MG-Schütze und das Bug-MG wurden beibehalten, der M47 war damit der letzte US-Panzer, der dieses Merkmal aufwies. Bereits im Juni 1951 verließen die ersten Serienfahrzeuge die Werkshallen. Bis November 1953 entstanden insgesamt 8576 M47.

Der schmale und lange Turm war gegossen und bot frontal nur wenig Zielfläche. Im ausladenden Turmheck waren Funkgeräte und Lüftungsgebläse untergebracht. Frühe M47 wiesen ein 12,7-mm-koaxial-MG auf, das jedoch bald einer 7,62-mm-Waffe wich. Um die Trefferwahrscheinlichkeit auf größere Entfernungen zu erhöhen, war der M47 der weltweit erste Serienpanzer mit einem optischen Entfernungsmesser (EM). Im Einsatz erwies sich das Gerät aber als sehr komplex und störanfällig. Der M47 verfügte zunächst über keinerlei Nachtsichtausrüstung. Die maximale Panzerung des 46,2 t schweren M47 betrug 114 mm, seine Höchstgeschwindigkeit mit einem 810-PS-Ottomotor lag bei 48 km/h.

Neben der US Army nutzte auch das Marines Corps M47. Beide ersetzten diesen Typ jedoch rasch durch M48 oder M103. Spätestens Ende der 1950er Jahre waren alle M47 bei den US-Streitkräften ausgesondert oder eingelagert. Viele M47 wurden preiswert an verbündete Staaten abgegeben, insgesamt verwendeten oder verwenden über 20 Staaten Panzer dieses Typs. Die Bundeswehr erhielt ab 1956 1120 M47, die bis 1967 Dienst taten. Ab 1959 wurde bei den deutschen M47 der Fahrerplatz auf die rechte Wannenseite verlegt, somit entfielen das Bug-MG sowie der Platz des MG-Schützen ganz. Der frei werdende Raum wurde zur Unterbringung zusätzlicher Munition genutzt. Zahlreiche M47 der Bundeswehr wurden später an NATO-Partner wie Griechenland oder die Türkei abgegeben. Österreich beschaffte ab Ende der 1950er Jahre 153 M47, von denen einige bis 1982 verwendet wurden. Bereits seit 1972 waren zahlreiche M47-Türme in österreichische Grenzbefestigungen eingebaut worden. Die Schweiz erprobte zwei M47, entschied sich dann aber zur Entwicklung eines eigenen Panzers. Weitere Hauptnutzer des Typs waren Italien (2480), Frankreich (856), Belgien (784), Spanien (389), Türkei (1374), Jugoslawien (319), Iran (ca. 400), Pakistan (ca. 230) und Südkorea (531).

Hauptschwäche des M47 war sein überaus »durstiger« Ottomotor. Die US-Firma BMY entwickelte daher 1969 die Variante M47M, die den Dieselmotor und die FL-Anlage des M60A1 erhielt. Zudem wurde, wie bei den deutschen M47, das Bug-MG und der Platz des MG-Schützen entfernt und durch zusätzliche Munition ersetzt. BMY errichtete 1970–1972 im Iran ein Werk, das alle iranischen sowie 147 pakistanische M47 auf diese Art umrüstete. Auch Spanien modifizierte ab 1976 seine M47 mit Dieselmotoren und entfernte das Bug-MG, diese Panzer erhielten die Bezeichnung M47E, von denen später 45 mit 105-mm-BK von Rheinmetall versehen. Die letzten spanischen Kampfpanzer des Typs M47E wurden Mitte der 1990er Jahre ausgesondert. Aufgrund seiner weiten Verbreitung nahm der M47 an zahlreichen Auseinandersetzungen teil. So z.B. an den indisch-pakistanischen Kriegen 1965 und 1971, auf jordanischer Seite am Nahostkrieg 1967, dem iranisch-irakischen Krieg 1980–1988, an der türkischen Invasion Zyperns 1974 sowie den Jugoslawienkriegen der frühen 1990er Jahre. 2016 nutzten nur noch Jordanien und Somaliland einige M47 als Kampfpanzer.

M47 des 143rd Tank Battalion, Germany 1952. (Foto: US Army, © PD)

M47 Patton. (Foto: Epolk, © CC-BY-SA-3.0)

M47 des Panzermuseums in Saumur, Frankreich. (Foto: © Massimo Foti)

Der M47 war der weltweit erste Serienpanzer mit einem optischen Entfernungsmesser. (Foto: © Massimo Foti)

Ein M47 der Bundeswehr während eines Manövers im Jahre 1960. (Foto: US Army, © PD)

Zu Ehren eines in Korea verstorbenen Generals erhielt der M41 den Beinamen »Walker Bulldog«. (Foto: LesMelours, © CC-BY-SA-3.0)

Der M41 verfügte über eine 76,2-mm-BK L/64 mit Mündungsbremse. (Foto: Cubby T. Bear, © CC-BY-SA-2.0)

M41 Walker Bulldog des Österreichischen Bundesheeres, ausgestellt im Heeresgeschichtlichen Museum Wien. (Foto: Peetriple, © CC-BY-SA-3.0-DE)

M41 mit 500-PS-Motor.
(Foto: Mark Holloway, © CC-BY-2.0)

M41 WALKER BULLDOG

1947 begannen in den USA die Entwurfsarbeiten für einen neuen leichten Panzer, der lufttransportfähig sein und sich besser als der M24 für den Kampf gegen Panzer eignen sollte. Die Serienfertigung des M41 lief Mitte 1951 an und bis 1953 hatte der M41 den M24 bei der US Army weitestgehend ersetzt. Der ursprünglich vorgesehene Name des M41 war Little Bulldog. Zu Ehren des 1951 in Korea bei einem Unfall verstorbenen Generals W.H. Walker wurde dieser jedoch in Walker Bulldog geändert. Obwohl die Panzerung des M41 (max. 38 mm) kaum stärker war als jene des M24, verfügte er doch über eine wesentlich wirkungsvollere 76,2-mm-BK L/64 mit Mündungsbremse. Der Fahrer saß vorn links in der Wanne, der Kommandant und der Richtschütze befanden sich rechts im Turm, der Ladeschütze links. Ein im Heck installierter 500-PS-Ottomotor verhalf dem 23,5 t schweren M41 zu einer für seine Zeit exzellenten Höchstgeschwindigkeit von 72 km/h. Der M41 verfügte über keinen ABC-Schutz und war zunächst nicht nachtkampffähig, besaß jedoch IR-Fahrscheinwerfer. Allerdings wurden im Laufe der Dienstzeit des Typs zum Teil IR-Scheinwerfer am Turm nachgerüstet. Nach 1802 gebauten M41 wurde 1954 das Modell M41A1 eingeführt, das anstelle eines elektrischen über ein kompakteres, hydraulisches Turmschwenkwerk verfügte, sodass nun mehr Munition (65 anstelle von 57 76,2-mm-Granaten) mitgeführt werden konnte. Viele M41 wurden auf diesen Stand nachgerüstet. Der Motor des M41A2 (ab 1956) wurde mit einer Einspritzanlage ausgerüstet, um die Reichweite zu erhöhen. M41A3 sind M41A1, an denen ebenfalls diese Triebwerksmodifikation vorgenommen wurden. Insgesamt entstanden bis 1958 rund 5500 M41 aller Versionen. Zudem basierten der Flakpanzer M42 Duster mit 40-mm-Zwillingsflak, der Schützenpanzer M75 sowie die Panzerhaubitzen M44 (155 mm) und M52 (105 mm) auf dem Walker Bulldog. M42, M44 und M52 fanden sich auch bei Einheiten der Bundeswehr.

Nur wenige M41 der US Army kamen während des Koreakrieges noch zum Kampfeinsatz. Die dort gemachten Erfahrungen führten jedoch zu einigen Detailänderungen am Entwurf. 1961 unterstützten M41 die Landung kubanischer Regierungsgegner in der Schweinebucht auf Kuba, gingen aber sämtlich verloren. Während des Vietnamkrieges kam der Typ sowohl bei den amerikanischen als auch bei den südvietnamesischen Streitkräften zum Einsatz und bewährte sich trotz seiner Nachteile (geringe Reichweite, hoher Lärmpegel, enger Innenraum) gut. So war er dank seiner durchschlagkräftigen 76,2-mm-Kanone in der Lage, nicht nur leichte Panzer des Typs PT-76, sondern auch Kampfpanzer wie den T-54 bzw. dessen chinesische Kopie Typ 59 auszuschalten.

Die Dienstzeit des M41 bei der US Army endete 1969, zahlreiche neue und gebrauchte Walker Bulldog wurden jedoch exportiert, u. a. nach Belgien, Chile, Dominikanische Republik, Japan, Jordanien, Libanon, Neuseeland, Philippinen, Somalia, Spanien, Thailand, Tunesien – und waren dort zum Teil auch noch 2017 im Einsatz. Die Bundeswehr beschaffte ab 1956 602 M41, die bis 1966 als leichte Kampf-, Jagd- und Spähpanzer zum Einsatz kamen. Bei den Panzeraufklärern wurden die letzten M41 sogar erst 1969 ausgesondert. Österreich betrieb zwischen 1960 und 1979 ebenfalls 42 M41, die als Späh- und Jagdpanzer verwendet wurden. Brasilien war ein weiterer Betreiber des Typs und modernisierte ab Ende der 1970er Jahre 286 seiner 340 M41 umfassend mit Scania-Dieselmotoren, 90-mm-Kanonen, Zusatzpanzerung, neuer FL-Anlage mit Laser-EM und Nachtsichtgeräten. Nachdem diese Panzer durch gebrauchte Leopard 1 ersetzt worden waren, wurden 46 davon an Uruguay weitergegeben. Taiwan erhielt 675 M41, die ähnlich wie die brasilianischen Fahrzeuge modernisiert wurden und zum Teil auch 2017 noch im Dienst waren. Dänemark beschaffte 1953 ebenfalls 53 M41, die ab Mitte der 1980er Jahre modernisiert und dann als M41DK bezeichnet wurden. Die letzten dänische M41DK wurden 1998 ausgemustert – einige davon fanden ihren Weg nach Guatemala, wo sie weiterhin verwendet werden.

M48 PATTON

Da der M47 nur als Interimsmodell gedacht war, begannen im Oktober 1950 Arbeiten an einem neuen Kampfpanzer, welche der Öffentlichkeit am 1. Juli 1952 vorgestellt wurde und die Bezeichnung M48 Patton erhielt. Insgesamt entstanden bis 1959 11.703 M48 aller Versionen. Ein 810-PS-Ottomotor beschleunigte das 44,9 t schwere Basismodell auf 42 km/h. Die maximale Panzerung betrug 178 mm. Die 90-mm-Hauptwaffe war im Grunde jene des M47, die Sekundärbewaffnung bestand aus einem koaxialen 7,62-mm-MG sowie einem 12,7-mm-Fla-MG. Da das Bug-MG entfiel, besaß der M48 nur noch eine 4-Mann-Besatzung. Der M48 war mit einer ABC-Schutzanlage ausgerüstet und lief der Truppe 1953 zu. Da der Koreakrieg zu einer überhasteten Entwicklung und unzureichenden Erprobung geführt hatte, waren die ersten M48 jedoch sehr unzuverlässig. Neben Problemen mit dem Motor und dem Getriebe machten auch das Fahrwerk und die Ketten Schwierigkeiten, außerdem erwies sich der Treibstoffverbrauch als zu hoch. Zwar konnte die 1954 eingeführte Version M48A1 einige Probleme abstellen, besaß aber immer noch einen unzureichenden Fahrbereich von nur 110 km, der sich im Gelände auf nur 50 km reduzierte. Die ab 1956 gebaute Variante M48A2 besaß einen vollständig umgestalteten Motorraum, der es erlaubte, rund 50% mehr Treibstoff mitzuführen. Dank des größeren Tankinhalts und eines überarbeiteten Motors verdoppelte sich die Reichweite. Die letzte Version des M48 mit Ottomotor war die Variante A2C, die einen modifizierten Entfernungsmesser und eine Reihe von Detailänderungen aufwies.

Der ab Anfang 1963 ausgelieferte M48A3 besaß einen Dieselmotor. Da aber keine neuen A3 produziert, sondern nur Panzer der Versionen M48A1, A2 und A2C modifiziert wurden, können einzelne Fahrzeuge der Variante A3 erhebliche Unterschiede aufweisen. Durch den Einbau des sparsameren Diesels stieg die Straßenreichweite auf ca. 460 km an. Der M48A3 erhielt ein neues ABC-Schutzsystem, eine verbesserte FL-Anlage sowie einen Weißlicht-/IR-Scheinwerfer.

Der M48 wurde neben den US-Streitkräften auch von zahlreichen weiteren Armeen und Milizen eingesetzt, teils bis heute. Darunter auch die Bundeswehr, die ab Ende 1957 zunächst 203 M48A1 erhielt, denen wenig später 1001 M48A2 und 462 A2C folgten. Der M48 avancierte damit in den 1960er Jahren zum Standardkampffahrzeug der westdeutschen Panzertruppe. Anfang der 1960er Jahre lieferte die BRD rund 150 M48 an Israel, zudem erhielt die IDF ab 1965 auch M48 aus den USA. Ehemalige M48 der Bundeswehr wurden auch an die Türkei abgegeben. Insgesamt nutzten oder nutzen über 20 Staaten M48. Neben NATO-Staaten wie Spanien, Norwegen, Portugal oder Griechenland gehören dazu u.a. auch Taiwan, Südkorea, Jordanien, Pakistan, Libanon und Iran. Aufgrund seiner weiten Verbreitung fand der Typ in zahlreichen Konflikten Verwendung. Während der M48 sich bei den Israelis (1967, 1973 und 1982) und der USA (Vietnam) durchaus bewährte, erzielten die pakistanischen Pattons 1965 und 1971 im Krieg gegen Indien nur mäßige Ergebnisse.

Israel hatte bereits Mitte der 1960er Jahre damit begonnen, die 90-mm-BK des M48 durch britische 105-mm-BK zu ersetzen. Ein Schritt, dem die USA ab 1975 folgten und alte M48 mit der 105-mm-BK, dem Dieselmotor, Getriebe und Ketten sowie weiteren Komponenten des M60A1 ausrüsteten. Bis Ende 1979 wurden 2064 Panzer auf diese Art kampfwertgesteigert und erhielten die Bezeichnung M48A5. Nach Einführung des M1 Abrams wurden viele M48A5 an verbündete Staaten abgegeben, bis Mitte der 1990er-Jahre war das Modell A5 aus dem Inventar der US Army verschwunden. Zahlreiche weitere Staaten führten mit ihren M48 ähnliche Programme durch, u.a. Spanien (M48E1 und E2), die Türkei (M48A5T1 und T2), Südkorea (M48K), Taiwan (M48H oder CM-11 bzw. CM-12) und nicht zuletzt die Bundeswehr. Zwischen 1978 und 1980 rüstete Wegmann 650 M48A2 mit 105-mm-BK zum M48A2GA2 um. Auf die Einführung eines Dieselmotors wurde aus Kostengründen jedoch verzichtet. Diese Fahrzeuge blieben bis 1993 in Dienst.

Der M48 Patton war in den 1960er Jahren der Standard-Panzer der Bundeswehr.
(Foto: Pi3 124, © CC-BY-SA-4.0)

M48A2C der südkoreanischen Armee. (Foto: © US DoD)

Ein M48AS im Forsevarsmuseet in Oslo. (Foto: Bene Riobo, © CC-BY-SA-4.0)

Die spanischen M48 A5 E2 waren ab Ende der 1970er Jahre mit verbesserter FL-Anlage ausgestattet. (Foto: Outisnn, © CC-BY-SA-3.0)

Ein 300-PS-Motor machte den M551 Sheridan bis zu 70 km/h schnell. Hier ein Ausstellungsexemplar des Fort Lewis Military Museums. (Foto: Arcticseahorse, © CC-BY-SA-4.0)

Der M551 war schwimmfähig und konnte außerdem als Luftlandepanzer eingesetzt werden. (Foto: Mark Holloway, © CC-BY-2.0)

Die M551 A1 Sheridan bekamen ab 1970 ein Laser-EM.
(Foto: Joe Mabel, © CC-BY-SA-3.0)

M551 SHERIDAN

Nachdem die US Army 1959 eine Ausschreibung für einen leichten Aufklärungspanzer herausgegeben hatte, der schwimmfähig, per Fallschirm absetzbar und stark bewaffnet sein sollte, entwickelte Cadillac den M551 Sheridan, dessen erster Prototyp im Juni 1962 ausgeliefert wurde. Die Entwicklung des M551 verlief zunächst sehr schleppend und es kam immer wieder zu Problemen. Obwohl noch nicht alle Schwachstellen beseitigt waren, begann im Juni 1966 die Serienfertigung und bis November 1970 wurden 1662 Fahrzeuge gebaut. Die Wanne des M551 bestand aus Aluminium, der 3-Mann-Turm war aus Stahl. Die Panzerung schützte frontal gegen 12,7-mm-Geschosse, ansonsten bis gegen das Kaliber 7,62 mm. Der M551 war schwimmfähig, vor der Einfahrt ins Wasser musste jedoch ein Schwimmbalg aufgerichtet werden, der zusammengelegt auf der Wanne mitgeführt wurde. Der Antrieb im Wasser geschah über die Ketten. Ein 300-PS-Diesel beschleunigte das 15,8 t schwere Fahrzeug auf bis zu 70 km/h. Als Luftlandepanzer konnte der M551 von Transportern wie der C-130 Hercules oder C-141 Starlifter mitgeführt und per Fallschirm abgesetzt werden. Der M551 war ABC-geschützt und zunächst mit Restlichtverstärkern ausgerüstet. Da diese aber in mondlosen oder wolkigen Nächten nicht genug Leistung erbrachten, wurden später IR-Scheinwerfer nachgerüstet. Ab 1972 wurden die Fahrzeuge mit Laser-EM ausgerüstet (M551A1). 1990 bekamen schließlich 70 Sheridan einen WBG (ähnlich jenem des M60A3) und einen neuen Restlichtverstärker für den Fahrer. Diese Panzer wurden dann als M551A1(TTS) bezeichnet. Der Sheridan war mit dem 152-mm-Waffensystem M81 ausgerüstet, das in der Lage war, konventionelle HL- und Splittergranaten oder IR-gesteuerte PzAbwLRak des Typs Shillelagh abzufeuern. Obwohl der M551 theoretisch jeden Kampfpanzer seiner Zeit ausschalten konnte, war seine Waffenanlage doch von Beginn an mit Fehlern behaftet, die nie wirklich behoben wurden. Das Abfeuern konventioneller Munition erzeugte einen so hohen Rückstoß, dass die ersten beiden Laufrollen mitunter vom Boden abhoben.

Der erste Kriegseinsatz des M551 erfolgte ab Januar 1969 in Vietnam. Aufgrund der dortigen Minengefahr wurden die Fahrzeuge an der Wannenunterseite bald mit einer Zusatzpanzerung aus Titan versehen. Der Kommandant erhielt einen »bird cage« (Vogelkäfig) genannten Schutz rund um das 12,7-mm-Fla-MG. Bei den in Vietnam eingesetzten Sheridan wurde das FK-Lenksystem entfernt, da es nicht zuverlässig arbeitete und die Fahrzeuge vor allem zur unmittelbaren Feuerunterstützung verwendet wurden. Dabei erwiesen sich ihre 152-mm-Granaten beim Einsatz gegen Truppen als sehr gefürchtet. 1989 kamen zehn M551 in Panama zum Einsatz, und 1990 gehörten Sheridan der 82. Luftlandedivision zu den ersten gepanzerten Fahrzeugen, die im Rahmen der Operation Desert Shield in Saudi-Arabien eintrafen. Anfang 1991 gelang es M551, einige irakische Panzer mit Hilfe ihrer Shillelagh-FK zu zerstören – das erste und einzige Mal, dass diese PzAbwLRak im Gefecht eingesetzt wurde. Die 82. Luftlandedivision nutzte ihre M551 mangels einer Alternative noch bis 1997, alle anderen Sheridan waren zwischen 1978 und 1980 außer Dienst gestellt und zumeist eingelagert worden. Rund 300 unbewaffnete M551 wurden bis 2004 im Army National Training Center in Fort Irwin (Kalifornien) zur Feinddarstellung genutzt und dabei häufig so modifiziert, dass ihr Äußeres an sowjetische Kampffahrzeuge erinnerte.

M551 Sheridan während einer Übung im Joint Readiness Training Center, einem Ausbildungszentrum in Louisiana. (Foto: Raymond Barnard, © PD)

M551 Sheridan. (Foto: Mark Holloway, © CC-BY-2.0)

USA

M60 PATTON

Bereits Anfang 1956 hatte die Führung der US-Streitkräfte entschieden, dass der M48 zukünftig mit einem sparsameren und weniger feuergefährlichen Triebwerk, besserem Schutz sowie einer stärkeren Bewaffnung ausgerüstet werden sollte. Erste Prototypen (XM60) wurden Mitte 1959 fertiggestellt, die Serienproduktion begann 1960. Der Turm der ersten Version des M60 war zwar mit einer in den USA in Lizenz gefertigten Version (M68) der britischen 105-mm-Zugrohr-BK L7 versehen, entsprach ansonsten jedoch beinahe jenem des M48A2 und auch das Laufwerk war praktisch jenes des M48. Die Wanne des M60 erlaubte jedoch eine eindeutige Unterscheidung zum M48, da die Front nun nicht mehr gerundet, sondern gerade war. Der M60 verfügte über ein ABC-Schutzsystem, einen optischen EM und einen analogen FL-Rechner, die BK war allerdings nicht stabilisiert. Weißlicht-/IR-Scheinwerfer ermöglichten eine beschränkte Nachtkampffähigkeit.

Die Auslegung des M60 war wie beim M48 konventionell. Im mittig aufgesetzten 3-Mann-Turm befanden sich Kommandant und Richtschütze rechts, der Ladeschütze links. Der Fahrer war vorn mittig in der Wanne untergebracht und auf beiden Seiten von Munitionsbunkern umgeben. Im Oktober 1962 löste der M60A1 den M60 auf den Fertigungsbändern ab. Bis dahin waren 2205 M60 produziert worden. Auffälligstes Unterscheidungsmerkmal des M60A1 war sein neuer, stärker gepanzerter Turm (max. 254 mm) mit schmalerer Front. Die BK war zunächst nur teilstabilisiert. Das Gewicht stieg um gut 3 t auf 52, 6 t an. Ein 750-Dieselmotor erlaubte eine Höchstgeschwindigkeit von 48 km/h.

Der M60A1 wurde im Laufe seiner Produktionszeit einer Reihe von Verbesserungen unterzogen, die zum Teil auch bei älteren Fahrzeugen nachgerüstet wurden.

Ab 1977 wurden neue Panzer mit Restlichtverstärkern ausgestattet und schließlich wurden 170 M60A1 des USMC 1988 mit einer reaktiven Zusatzpanzerung (ERA) versehen. Insgesamt verließen zwischen 1962 und 1980 insgesamt 7849 M60A1 die Werkshallen. Hinzu kamen 300 in Italien von OTO Melara in Lizenz gebaute Panzer.

Auf Basis des M60A1 wurde ab 1964 der M60A2 mit völlig neuem Turm mit 152-mm-Waffe entwickelt, die (wie der M551) in der Lage war, IR-gelenkte Shillelagh-Flugkörper zu verschießen. Da der Typ jedoch von zahlreichen Problemen geplagt wurde, entstanden zwischen 1966 und 1975 nur 526 Exemplare, die 1981 alle bereits wieder ausgemustert worden waren.

Im Februar 1978 wurde der erste M60A3 fertiggestellt, der sich vom Modell A1 vor allem in der digitalen FL-Anlage mit Laser-EM unterschied. Dieser Computer berücksichtigte u.a. auch Luftdruck, Luftfeuchtigkeit und Wind, was die Treffgenauigkeit erheblich erhöhte. Am Turm wurde eine Nebelwurfanlage installiert, zudem konnte sich der M60A3 (wie sowjetische Panzer) durch das Einspritzen von Dieselkraftstoff in die Abgasanlage einnebeln. Anstelle von IR-Sichtgeräten erhielt die Variante A3 Restlichtverstärker, die jedoch ab 1979/80 zunehmend durch Wärmebildgeräte ersetzt wurden. Derartig ausgerüstete Panzer erhielten die Bezeichnung M60A3 (TTS).

Die Produktion des M60A3 endete 1987. Bis zu diesem Zeitpunkt waren insgesamt über 15.000 Exemplare aller Varianten gefertigt worden. Die letzten Panzer des Typs M60A3 wurden im Mai 1997 aus dem aktiven Dienst der U.S. Army genommen. Neue oder gebrauchte M60A1 und A3 wurden zudem in insgesamt 23 Staaten exportiert. Neben NATO-Partnern wie Griechenland, Spanien und Türkei zählten dazu auch Österreich (170 Panzer, bis 1997 im Einsatz) und vor allem Staaten der arabischen Welt (u.a. Ägypten, Jordanien, Saudi-Arabien, Libanon) aber auch der Iran, Israel, Thailand, Taiwan und andere. Auch 2017 wurde der M60 noch von einigen Staaten genutzt, z.B. von Ägypten, der Türkei und Israel. Israel entwickelte aus dem M60 die Magach-Serie mit Zusatzpanzerung, auf denen auch der heutige von der Türkei verwendete M60T basiert, die zusätzlich noch über eine 120-mm-Kanone verfügt.

Der M60 ging 1960 in Serie und verfügte u.a. über ein ABC-Schutzsystem und eine optische EM. (Foto: Joel Franusic, © CC-BY-SA-2.0)

Der M60 war mit der in den USA gebauten Lizenzversion der britischen 105-mm-Zugrohr-BK L7 bewaffnet. (Foto: JustSomePics, © CC-BY-SA-4.0)

Der M60A2 erschien im Jahr 1964. Er wurde mit einem völlig neuen Turm samt 152-mm-Kanone bestückt. (Foto: © US Army)

Feuernde M60A1 der Königlich Thailändischen Armee bei einem Manöver im Jahr 2014 in Ban Chan Krem. (Foto: US DoD, © PD)

1980 eingeführt, war der M1 Abrams der erste westliche Serienpanzer mit Verbundpanzerung. (Foto: Mark Holloway, © CC-BY-2.0)

Ein früher M1 im Anniston Army Depot, Alabama. (Foto: Mark Holloway, © CC-BY-2.0)

M1 Abrams der Minnesota National Guard während eines Gefechttrainings im Orchard Combat Training Center, Idaho. (Foto: Sgt. Leon Cook, © PD)

M1 Abrams in Verteidigungsposition. (Foto: US Army, © CC-BY-2.0)

M1 Abrams bei gemeinsamem Manöver von NATO und Georgien. (Foto: Mark Holloway, © CC-BY-2.0)

M1 ABRAMS

Nach dem Scheitern des deutsch-amerikanischen Projekts MBT-70 begann 1971 in den USA die Entwicklung eines neuen Kampfpanzers. 1973 erhielten sowohl Chrysler (heute General Dynamics Land Systems) als auch General Motors den Auftrag zum Bau von Prototypen, die beide im Februar 1976 ausgeliefert wurden. Nach Erprobung durch die U.S. Army wurde das Chrysler-Modell im November 1976 zum Sieger der Ausschreibung erklärt. Die Serienproduktion begann 1979, 1980 wurden schließlich die ersten M1 Abrams an die Truppe übergeben. Der M1 war der erste westliche Serienkampfpanzer, bei dem eine mehrschichtige Verbundpanzerung zum Einsatz kam. Diese damals neuartige Schichtpanzerung war in Großbritannien unter dem Namen Chobham entwickelt worden und schützte die Wannenfront und den Turm des M1 erheblich wirkungsvoller gegen Wucht- und HL-Geschosse als konventioneller Panzerstahl. Wannenseiten und Laufwerk wurden durch schwere Kettenblenden geschützt. Die Bewaffnung des M1 bestand ursprünglich aus der 105-mm-Zugrohr-BK M68 der US-Lizenzversion der britischen L7. Der Turm war jedoch von vornherein auch auf die 120-mm-Glattrohr-BK des Leopard 2 ausgelegt. Erstmals war die Munition in einem Bunker im Turmheck untergebracht und durch Panzertüren vom Kampfraum getrennt. Der Munitionsbunker verfügte zudem an der Oberseite über Ausblasklappen (blow out panels), die im Falle einer Treibladungsdetonation die Explosion vom Besatzungsraum wegleiten sollen. Ein weiteres Novum des Abrams war seine 1500-PS-Gasturbine, die den 55,7 t schweren Panzer auf 72 km/h beschleunigte. Zugleich besaß diese jedoch wegen der hohen Abgastemperaturen eine sehr deutliche IR-Signatur und war sehr »durstig«. Bei Tests der schwedischen Streitkräfte 1993 verbrauchte der M1 rund doppelt soviel Treibstoff wie der Leopard 2. Um die Wannenfront möglichst beschussgünstig und flach gestalten zu können, befindet sich der Fahrer bei geschlossener Luke in einer fast liegenden Position. Für Nachtfahrten verfügte er über einen Restlichtverstärker. Die digitale FL-Anlage des M1 mit stabilisierter Optik, Laser-EM und Querwindsensor ermöglichte die Bekämpfung von Zielen auch während der Fahrt. Zum Auffassen von Zielen bei schlechter Sicht oder Dunkelheit stand ein WBG zur Verfügung. Neben Nebelwurfbechern verfügte der Abrams auch über die Fähigkeit, sich durch das Einspritzen von Diesel in die Abgasanlage einzunebeln. Ab 1984 wurde der M1 mit einer stärkeren Turmfrontpanzerung und einem Staukasten am Turmheck versehen, die Bezeichnung dieser Variante lautet M1 IP (Improved Protection – Verbesserter Schutz). Viele M1 und M1 IP wurden später auf den Stand der Version A1 nachgerüstet, die ab August 1985 gebaut wurde. Deutlichstes Unterscheidungsmerkmal dieser Version war die 120-mm-Glattrohr-BK M256 (Lizenzbau der Kanone des Leopard 2). Obwohl der M1A1 dem Basismodell äußerlich glich, verfügte er über zahlreiche Detailmodifikationen, so z.B. ein neues ABC-Schutzsystem, ein überarbeitetes Getriebe sowie veränderte Kettenblenden. Unter der Bezeichnung M1A1 HA (Heavy Armor – Schwere Panzerung) wurde die Panzerung der Version A1 ab 1988 mit abgereichertem Uran (DU – Depleted Uranium) verstärkt. Späte Fahrzeuge dieser Variante (auch HA+ genannt) wiesen eine verstärkte Uranschicht auf. Basierend auf der Ausführung HA+ entstand eine tiefwatfähige Version für das US Marine Corps. Ab dem Jahr 2000 wurden zahlreiche M1A1 grundüberholt und in einen praktisch fabrikneuen Zustand versetzt. Die Bezeichnung für diese überarbeiteten Panzer lautet M1A1 AIM (Abrams Integrated Management).

Seit 1992 wird die Version M1A2 gefertigt, die sich äußerlich vor allem durch die unabhängige Kommandantenoptik mit WBG unterscheidet, mit deren Hilfe der Kommandant unabhängig von der Turmstellung nach Zielen suchen und sie dem Richtschützen zuweisen kann. Des Weiteren wurde der M1A2 mit einem digitalen Gefechtsfeldführungs- und Informationssystem ausgerüstet, das den Datenaustausch mit anderen derartig ausgerüsteten Fahrzeugen erlaubt. Um den Treibstoffverbrauch im Stand zu senken, wurde am Heck ein Stromerzeugungsaggregat angebracht. Zuvor musste die Turbine zur Aufrecherhaltung der Stromversorgung auch bei Stillstand des Panzers weiterlaufen. Aufgrund einer verstärkten Panzerung stieg das Gewicht auf über 63 t an. Die Fertigung neuer M1A2 endete 1996, bis heute werden jedoch im Zuge von Generalüberholungen ältere Fahrzeuge auf diesen Standard gebracht.

Der M1A2 SEP (System Enhancement Program – System Verbesserungsprogramm) umfasst neben einer erneut verstärkten Panzerung vor allem ein erheblich leistungsfähigeres bordeigenes Computersystem.

Seit 2007 wurden einige Hundert M1 (vor allem die im Irak eingesetzten) mit einem TUSK (Tank Urban Survival Kit) genannten Rüstsatz versehen, der die Überlebensfähigkeit im bebauten Gelände erhöhen soll. Zu diesem Rüstsatz gehören u. a. eine reaktive Zusatzpanzerung an den Kettenblenden, erhöhter Minenschutz, WBG für Fahrer und Ladeschütze, Schutzschild für das Ladeschützen-MG (teils auch für das MG des Kommandanten), 12,7-mm-MG auf dem Rohr der BK, Suchscheinwerfer, eine Außenbordsprechstelle (Tank Infantry Phone – TIP, ermöglicht begleitender Infanterie mit der Panzerbesatzung zu sprechen) und zum Teil eine Rückfahrkamera. Zukünftig sollen zudem fernbediente Waffenstationen auf dem Turmdach und ein abstandsaktives Schutzsystem installiert werden.

Bereits seit 1991 besteht die Möglichkeit zur Installation eines Systems, dass die Steuerung anfliegender PzAbwFK stört. Dieses System wird vor der Ladeschützenluke montiert, beim M1A2 befindet sich dort allerdings bereits die unabhängige Kommandantenoptik.

Im Irakkrieg 1991 erwies sich der M1 den gegnerischen T-55, T-62, T-72 und Typ 69 als weit überlegen. Dank ihrer WBG konnten die M1 den Gegner auch bei Nacht und schlechter Sicht ausmachen und bereits auf eine Entfernung von über 2500 m vernichten. Von den rund 1800 eingesetzten M1 wurden nur wenige überhaupt von feindlichem Feuer getroffen, das zumeist wirkungslos abprallte. Insgesamt wurden nur 23 Abrams beschädigt, davon neun so schwer, dass sie abgeschrieben werden mussten. Von diesen neun wurden sieben durch andere M1 beschossen und zwei zerstört, um sie nicht feindlichen Truppen in die Hände fallen zu lassen. Nur ein einziges M1-Besatzungsmitglied fiel im Kampf.

Während des Irakkrieges 2003 bot sich ein ähnliches Bild, zwar gelang es den Irakern einige wenige M1 bewegungsunfähig zu machen, sodass diese von eigenen Truppen zerstört wurden, um sie nicht in feindliche Hände fallen zu lassen, ein tatsächlicher Abschuss eines Abrams gelang jedoch nicht. Allerdings fielen bis zum Ende des Einsatzes im Irak im Jahre 2011 einige Dutzend M1 den Aufständischen zum Opfer, vor allem mittels improvisierter Sprengfallen (IED), wobei auch eine Reihe von Besatzungsmitgliedern getötet wurde.

Die US-Streitkräfte planen den M1A1 noch bis mindestens 2021 und den A2 bis über das Jahr 2050 hinaus im Dienst zu behalten. Aktuell soll eine A3-Version entwickelt werden, über deren Modifikation jedoch nur spekuliert werden kann, die jedoch wohl bei gleichen oder sogar besserem Panzerschutz um einiges leichter sein und Elemente des TUSK-Programms enthalten soll. Neben diversen Versuchsfahrzeugen entstanden auf Basis des M1 zudem Brückenleger und Minenräumpanzer. Insgesamt wurden bisher über 9000 M1 aller Versionen gebaut. Neben den US-Streitkräften (die momentan noch rund 5000 M1 betreiben) wird der Abrams auch in Ägypten (1005 M1A1, geplant sind bis zu 1500 Stück), Australien (59 M1A1 AIM), Irak (140 M1A1AIM), Kuwait (218 M1A2) und Saudi Arabien (315 M1A2S) verwendet. Ab Mitte 2016 begann zudem die Auslieferung von 221 modifizierten und generalüberholten M1A1 SA an Marokko. Den Exportversionen fehlt jedoch die Uran-Panzerung der US-Fahrzeuge. Der M1 ist zur Zeit ohne Zweifel einer der leistungsfähigsten Kampfpanzer. In den letzten drei Jahrzehnten nahm der M1 an zahlreichen internationalen Ausschreibungen teil, bei denen er jedoch häufig vor allem aufgrund seiner hohen Betriebskosten (z.B. Treibstoffverbrauch) unterlag.

Dank seiner 1500-PS-Gasturbine ist der M1 72 km/h schnell. (Foto: Dranac CP, © PD)

Seitlich am Turm trägt dieser M1A2 SEP Combat Identification Panels, die eine eindeutige Identifikation auf dem Bildschirm eines WBG ermöglichen. (Foto: Mark Holloway, © CC-BY-2.0)

Nachteilig am M1 Abrams sind sein hoher Treibstoffverbrauch und seine deutliche IR-Signatur. (Foto: Dranac CP, © PD)

Von Anfang an war der Turm des M1 Abrams für die 120-mm-Glattrohr-Kanone des Leopard 2 ausgelegt. (Foto: US Army Europe, © PD)

AUS ALLER WELT

Neben den fünf großen Produzenten von Kampfpanzern Deutschland, Großbritannien, Frankreich, USA und UdSSR gelang es vor 1945 nur zwei weiteren Nationen, Panzer im größeren Umfang zu produzieren. Weder in Italien noch in Japan genoss der Entwurf und Bau derartiger Kampffahrzeuge jedoch Priorität, sodass in Ländern vor und während des Zweiten Weltkriegs keine herausragenden Panzer entstanden. Nach 1945 überschwemmten überzählige Kampffahrzeuge, vor allem aus den USA, praktisch für den Schrottpreis den Weltmarkt und während der ersten Zeit des Kalten Krieges stellten die USA und UdSSR ihren Verbündeten und befreundeten Staaten Panzer zu sehr günstigen Konditionen zur Verfügung, sodass für viele Länder keine Notwendigkeit bestand, eigene Fahrzeuge zu entwickeln. Eine Ausnahme bildeten dabei Staaten, die von jeher auf ihre Neutralität bedacht waren wie z.B. Schweden oder sich von Waffenlieferungen anderer Nationen unabhängig machen wollten wie z.B. Israel. Dabei entstanden interessante und ungewöhnliche Fahrzeuge wie der Strv 103 oder der Merkava. In den letzten Jahrzehnten haben dazu noch eine ganze Reihe von Staaten, z.B. China, Südkorea, Indien oder die Türkei, damit begonnen, Kampfpanzer zu entwickeln und zu fertigen. Gab es Anfangs oftmals noch Hilfe aus den klassischen Ländern des Panzerbaus, so entstehen in Nationen, die man vor nicht allanger Zeit noch zu den Entwicklungsländern gezählt mittlerweile erstklassige Kampfpanzer. Fahrzeuge wie südkoreanische K2 Black Panther legen davon beZeugnis ab.

Chinesischer Panzer Typ 96. (Foto: © VBA)

Der TAM VCTP ist ein Schützenpanzer, der, ebenfalls auf Marder-Basis, zeitgleich mit dem TAM-Kampfpanzer in Kooperation mit Thyssen-Henschel konstruiert wurde.

Der Großteil des Tanque Argentino Mediano wurde im eigenen Land hergestellt.

Der argentinische TAM war auch im Ausland begehrt. Doch ein Veto der Bundesrepublik Deutschland sowie Druck aus den USA verhinderten seinen Exporterfolg.

ARGENTINIEN

Diese Aufnahme eines frühen TAM zeigt deutlich die Verwandtschaft zum Schützenpanzer Marder.

TAM (TANQUE ARGENTINO MEDIANO)

Da die eigene Industrie keine Erfahrung im Bau von Panzerfahrzeugen hatte, beauftragte Argentinien 1974 Thyssen-Henschel mit der Entwicklung eines mittleren Panzers. In Kooperation mit argentinischen Ingenieuren konstruierte und baute die deutsche Firma bis 1977 drei TAM-Prototypen, die auf dem Schützenpanzer Marder basierten. Neben einem Kampfpanzer (TAM – Tanque Argentino Mediano) war auch die Entwicklung eines Schützenpanzers Teil dieses Auftrages (Vehículo de Combate Transporte de Personal – VCTP, ebenfalls auf Marder-Basis). Die Produktion in Argentinien begann 1979, wurde 1983 aber aufgrund finanzieller Probleme nach 150 TAM beendet. Nachdem Peru 1983 einen Auftrag storniert hatte, erhielt die argentinische Armee noch einmal 20 für den Export bestimmte TAM. 1994 wurde die Produktion wieder aufgenommen, endete aber 1995 nach 236 gebauten TAM endgültig. Die Fertigungslinie wurde geschlossen.

Rund 70 % der TAM-Komponenten wurden im Land selbst hergestellt, ca. 30 % (darunter Getriebe, Optiken und FL-Anlage) aus Deutschland importiert. Obwohl zahlreiche Staaten Interesse am TAM bekundeten, wurde der Panzer nie exportiert. So wollten z.B. während des Iran-Irak-Krieges (1980–88) beide Seiten Hunderte von TAM beschaffen, eine Ausfuhr scheiterte jedoch am Veto der Bundesregierung und am politischen Druck der USA. Der 30,5 t wiegende TAM nutzt Wanne und Laufwerk des Marder, besitzt jedoch einen stärkeren Antrieb (720 PS anstelle von 600 PS) und eine bis zu 50 mm starke Panzerung, die ihn gegen Geschosse bis zum Kaliber 40 mm schützt. Die Höchstgeschwindigkeit liegt bei 75 km/h. Argentinien entschied sich bewusst für eine relativ leichte Panzerung, um das Fahrzeuggewicht in den für die Straßen und Brücken des Landes vertretbaren Grenzen zu halten. Motor und Automatikgetriebe befinden sich vorn rechts, der Fahrer sitzt links. Der hinten liegende Drehturm ist mit einer 105-mm-Zugrohr-BK ausgestattet, eine in Argentinien gefertigte Lizenzversion der britischen L7 ohne Wärmeschutzhülle, für die 50 Schuss mitgeführt werden. Neben dem VCTP entstanden auf Basis des TAM auch eine 155-mm-Panzerhaubitze (VCA 155), ein Mörserträger (VCPM) und ein Befehlsfahrzeug (VCPC). Weitere Varianten kamen über das Prototypenstadium nicht hinaus. Zukünftig sollen der TAM durch Elbit Systems (Israel) modernisiert werden. Neben einem neuen, elektrischen Turmschwenkantrieb gehören dazu neue Nachtsichtgeräte, ein vernetztes taktisches Gefechtsfeldführungs- und Informationssystem (Battle Management System), eine Wärmeschutzhülle für die BK, ein Laser-Warnsystem, eine neue Feuerlöschanlage sowie ein Hilfstriebwerk (APU). Eventuell wird auch eine neue 120-mm-BK installiert

Der TAM verfügt über eine 105-mm-Zugrohr-BK bei der es sich um eine Lizenzfertigung der britischen L7 handelt. (Foto: Joaquin Alvarez Riera, © PD)

CHINA

TYP 62

Da der Typ 59 (chinesische Kopie des T-54) die Tragfähigkeit zahlreicher Brücken im bergigen und an Gewässern reichen Südchina überschritt, ließ die Volksbefreiungsarmee (VBA) eine kleinere und leichtere Ausgabe dieses Kampfpanzers entwickeln. Erste Prototypen des 21 t schweren Panzers wurden 1962 vorgestellt. Typ 59 und 62 ähneln sich äußerlich sehr. Allerdings verfügt der Typ 62 nur über eine 85-mm-BK und ist maximal 50 mm stark gepanzert. Die in beiden Modellen verwendeten Dieselmotoren sind jedoch identisch, allerdings wurde die Leistung beim Typ 62 auf 430 PS gedrosselt. Die Höchstgeschwindigkeit beträgt 60 km/h. Die Ausstattung des Typ 62 war zunächst sehr einfach, eine FL-Anlage war nicht vorhanden, die BK war weder stabilisiert, noch verfügte der Panzer über Nachtsichtgeräte oder ABC-Schutz. Die Serienproduktion lief 1963 an. Während des chinesisch-vietnamesischen Grenzkonflikts von 1979 offenbarten sich einige Schwächen. Neben seiner Verwundbarkeit durch relativ leichte Waffen zählte dazu auch die mangelnde Treffsicherheit. Ab 1980 wurde daher eine unbekannte Anzahl chinesischer Typ 62 mit seitlichen Schürzen und Staukörben rund um den Turm ausgestattet, die vermehrten Schutz gegen HL-Geschosse bieten sollten. Hinzu kamen ein Schild für das 12,7-mm-Fla-MG sowie ein Laser-EM. So modifizierte Fahrzeuge wurden als Typ 62-I bezeichnet. Von 1962/63 bis 1989 wurden über 1500 Typ 62 gefertigt. Da das Fahrzeug sehr kostengünstig in Anschaffung und Unterhalt war, wurde er in eine Reihe ärmerer Staaten in Asien und Afrika exportiert. Obwohl ab dem Jahr 2000 noch eine Version mit einem neuen Turm und 105-mm-BK auftauchte (Typ 62G), sind in China mittlerweile alle Typ 62 ausgemustert worden.

Der Typ 62 wurde entwickelt, weil der Typ 59 zu schwer für viele Brücken in Südchina war. (Foto: Howchou, © CC-BY-SA-3.0)

TYP 63

Dass der 1963 bei der Volksbefreiungsarmee eingeführte Typ 63 nach dem Vorbild des PT-76 entworfen wurde, lässt sich nicht verleugnen, dennoch ist er keine Kopie des sowjetischen Schwimmpanzers. So ist die Wanne des Typ 63 länger, breiter und höher. Zudem befindet sich der Fahrer nicht mittig vorn in der Wanne, sondern links. Des Weiteren besitzt der Typ 63 eine 85-mm-BK und einen Turm mit drei Mann Besatzung, während der PT-76 eine 76-mm-BK und einen 2-Mann-Turm aufweist. Das Laufwerk beider Typen ist jedoch sehr ähnlich. Im Wasser übernehmen zwei Wasserstrahltriebwerke den Antrieb, die das Fahrzeug auf maximal 12 km/h beschleunigen. Besaßen die ersten Exemplare noch einen 6-Zylinder-Dieselmotor mit 240 PS, so kam bald darauf ein 400-PS-Diesel zum Einbau. Die so motorisierten Fahrzeuge werden als Typ 63-I bezeichnet. Der Typ 63-I wiegt 18,7 t, ist bis zu 14 mm stark gepanzert und erreicht 64 km/h. Während der 1970er Jahre wurde der Typ 63 mit einem IR-Scheinwerfer und über der BK befestigten Laser-EM ausgerüstet (Typ 63-II). Insgesamt entstanden über 1500 Panzer des Typs 63, die auch in eine Reihe ärmerer Staaten in Asien und Afrika exportiert wurden. Der Typ 63-I ist zudem Basis des 1978 eingeführten Schützenpanzers Typ 77 (WZ-511). In den 1990er Jahren wurde der Typ 63 tiefgreifend modernisiert und erhielt einen neuen Turm mit 105-mm-BK, einen 580-PS-Diesel, eine modifizierte Wanne und zahlreiche weitere Detailverbesserungen. Das 22 t schwere Fahrzeug erreicht 75 km/h. Seit 1997 sollen (je nach Quelle) zwischen 300 und 500 Typ 63A (auch ZTZ-63A genannt) gebaut worden sein.

Typ 63 mit 85-mm-BK. (Foto: Max Smith, © PD)

Der Typ 62 basiert auf dem sowjetischen T-54, wurde aber hinsichtlich seines Gewichtes und seiner Bewaffnung abgespeckt. (Foto: Max Smith, © PD)

Typ 63 ist ein Schwimmpanzer nach Vorbild des sowjetischen PT-76. (Foto: © VBA)

Der Typ 63A Amphibien-Panzer erhielt in den 1990er Jahren eine 105-mm-BK, einen 580-PS-Diesel, eine modifizierte Wanne und weitere Verbesserungen. (Foto: © CC-BY-SA-3.0)

Typ 59-Panzerkolonne bei Fahrt über eine Brücke.
(Foto: 中华人民共和国国防部网, © CC-BY-SA-3.0)

Typ 59 Basismodell. Im Jahr 1959 übernahm die Chinesische Volksbefreiungsarmee den sowjetischen Panzer T-54A in Lizenz als Typ 59. (Foto: Alf van Beem, © PD)

Kampfpanzer vom Typ 59 II, aufgestellt in Reih und Glied. Der Typ 59 II besaß eine 105-mm-Zugrohr-BK ohne Wärmeschutzhülle sowie eine neue Funk- und Feuerlöschanlage. (Foto: Staff Sgt. D. Myles Cullen, © PD)

Typ 59-II im Military Museum of the Chinese People's Revolution. Mehrfach wurde der Typ 59 kampfwertgesteigert. (Foto: Ian Armstrong, © CC-BY-SA-3.0)

CHINA

TYP 59

Mitte der 1950er Jahre half die UdSSR der damals noch befreundeten Volksrepublik China beim Aufbau eines Panzerwerks, in dem der T-54A in Lizenz gefertigt werden sollte. Die ersten chinesischen T-54A wurden 1958 fertiggestellt und 1959 übernahm die Volksbefreiungsarmee (VBA) das Modell offiziell – daher die Bezeichnung Typ 59. Insgesamt wurden bis Mitte der 1980er Jahre rund 10.000 Exemplare gebaut, viele davon für den Export. Im Laufe der Zeit wurde der Typ 59 mehrfach modernisiert und kampfwertgesteigert. Der ursprüngliche Typ 59 (Herstellerbezeichnung WZ-120) war eine Kopie des T-54A, allerdings ohne Stabilisierung der Hauptwaffe und ohne die beim T-54A nachgerüsteten IR-Scheinwerfer. Der ab 1979 gebaute Typ 59-I war mit der 100-mm-Bk des Typ 69-II, Laser-EM, einem neuen FL-System, einer automatischen Feuerlöschanlage sowie Seitenschürzen ausgerüstet. Der 36 t schwere Typ 59 erreichte mit seinem 520-PS-Diesel bis zu 50 km/h und war maximal 200 mm stark gepanzert.

FL-Anlage und Panzerung wurden während der Produktion mehrfach modifiziert. 1984 folgte der Typ 59-II (WZ-120B), der eine 105-mm-Zugrohr-BK Typ 81 ohne Wärmeschutzhülle (Kopie der britischen L7) sowie eine neue Funk- und Feuerlöschanlage aufwies. Beim Typ 59-IIA wurde eine Wärmeschutzhülle für die 105-mm-BK sowie eine Zusatzpanzerung eingeführt, während der Typ 59D (WZ-120C) über reaktive Panzerung (ERA) an der Turmfront, eine neue 105-mm-BK Typ 83 sowie passive Nachtsichtgeräte und einen 580-PS-Diesel verfügte. Panzer mit der älteren und kürzeren 105-mm-BK Typ 81 werden als Typ 59D1 bezeichnet. Der Typ 59G (auch »Gai«) ist kaum noch als Typ 59 zu erkennen. Er besitzt einen neuen geschweißten Turm (evtl. jenen des Typ 96) mit einer 125-mm-Glattrohr-BK und einem automatischen Ladesystem sowie einen 730-PS-Diesel, ERA und passive Zusatzpanzerung, eine neue digitale FL-Anlage mit Laser-EM und Querwindsensor. Eine kleine Anzahl Panzer der Ausführung G wurde bisher von Tansania (24) und Bangladesch (geplant sind bis zu 300) beschafft.

In den letzten Jahren sind zudem zwei Versuchsmodelle aufgetaucht. Die Version BWK-120K ist ein Modell mit einer chinesischen 120-mm-Glattrohr-BK, während der Typ 59P ein Modernisierungsvorschlag der chinesischen Industrie darstellt. Er soll mit einer 105-mm-Zugrohr-BK, ERA im Front- und Seitenbereich, einem 730-PS-Diesel, einer neuen digitalen FL-Anlage (mit integriertem Laser-EM und Querwindsensor) ausgerüstet werden. Auch der Iran hat ab Mitte der 1990er Jahre zahlreiche seiner Typ 59 unter der Bezeichnung Safir-74 bzw. T-72Z (nicht zu verwechseln mit dem T-72 russischen Ursprungs) eigenständig modernisiert. Neben einer 105-mm-Zugrohr BK (Kopie der L7 bzw. M68) gehören dazu ein 780-PS-Diesel, ERA sowie eine FL-Anlage slowenischen Ursprungs mit Wärmebildgeräten (WBG) und Laser-EM.

TYP 69

Die Entwicklung des Typs 69 (WZ-121) begann bereits 1963, verzögerte sich aufgrund der Wirren der Kulturrevolution jedoch erheblich. Erst nachdem es den Chinesen Anfang 1969 während der Grenzstreitigkeiten am Ussuri gelungen war, einen T-62 zu erbeuten, nahm die Entwicklung wieder Fahrt auf. Die Chinesen entschlossen sich, einige Merkmale des T-62 zu übernehmen, darunter die vollstabilisierte Glattrohrkanone und den IR-Scheinwerfer. Allerdings baute man die 115-mm-BK nicht einfach nach, sondern entwarf eine verkleinerte Version im Kaliber 100 mm und vermied so die umfangreichen Änderungen an Wanne und Turm, die beim T-62 gegenüber der T-54/55-Serie notwendig gewesen waren. Im Vergleich zum Typ 59 wurde die Panzerung der Wannenfront leicht verstärkt, die Panzerung der Turmfront blieb jedoch bei 200 mm. Es kam ein Dieselmotor mit 580 PS zum Einbau, der dem 36,7 t schweren Panzer eine

CHINA

Geschwindigkeit von 50 km/h ermöglichte. Der Typ 69-I besaß einen verbesserten IR-Scheinwerfer und ein ABC-Schutzsystem. Beide Versionen wurden jedoch von der chinesischen Volksbefreiungsarmee VBA nicht übernommen, insbesondere die Glattrohrkanone und das FL-System erfüllten die Erwartungen nicht. 1982 erschien daher ein weiter verbessertes Modell, der Typ 69-II, mit neuer FL-Anlage, Laser-EM und stabilisierter 100-mm-Zugrohr-BK. Spätere Typ 69-II erhielten zudem einen Gitterkorb am Turm sowie Kettenblenden. Obwohl die VBA nur wenige Typ 69 beschaffte, wurde der Typ in großer Zahl exportiert. Während der 1980er Jahre gingen rund 2000 Typ 69 in den Export, größter Kunde war der Irak mit über 1000 Fahrzeugen, weitere Betreiber sind oder waren Thailand, Myanmar, Zimbabwe, Iran und Sri Lanka. Der Typ 69-II wurde in Pakistan sowie im Sudan auch in Lizenz gebaut und erfuhr im Dienste einiger Nutzer wie z.B. Irak und Bangladesch eigenständige Modifikationen. Irakische Typ 69-QM erhielten eine zusätzliche Schottpanzerung auf der Wannenfront und waren mit 105-mm-BK und Laser-EM ausgerüstet, während in einigen wenigen die 125-mm-BK und der Ladeautomat des T-72M1 installiert wurde. Der Typ 69-IIG weist eine 120-mm-Glattrohr-BK auf, die in der Lage ist, Flugkörper zu verschießen. Er besitzt ein halbautomatisches Ladesystem, einen 1000-PS-Diesel, reaktive und passive Zusatzpanzerung, eine neue digitale FL-Anlage mit integriertem Laser-EM und WBG sowie ein GPS-Navigationssystem.

Dieser Typ 69-II stand in Diensten der irakischen Armee und ist heute im Panzermuseum Bovington zu bewundern. (Foto: Panzermuseum Bovington, © Massimo Foti)

TYP 79

Der Typ 79 ist eine Weiterentwicklung des Typs 69, der durch den Einbau westlicher Komponenten entstand. So verfügt der Typ 79 über eine chinesische Version (Typ 83) der britischen 105-mm-Zugrohr-BK L7 mit Wärmeschutzhülle sowie ein digitales FL-System mit integriertem Laser-EM von Marconi (Großbritannien). Zudem ist das Fahrzeug mit passiven Nachtsichtgeräten und einem 730-PS-Diesel ausgerüstet. Der erste Prototyp des zunächst noch Typ 69-III (WZ-121D) genannten Panzers wurde 1981 fertiggestellt. Der Typ 79 verfügt zudem erstmals im chinesischen Panzerbau über Gleisketten mit Gummipolstern und eine ABC-Schutzanlage, die bei Gefahr selbstständig alle Luken schließt. Die Produktion des Typ 79 begann 1984, insgesamt scheinen nur rund 700 bis 800 Kampffahrzeuge dieses Typs gebaut worden zu sein. Obwohl offenbar vor allem für den Export konstruiert, blieben dem Typ 79 Erfolge auf dem internationalen Markt verwehrt. In chinesischen Diensten wurden einige Panzer später mit einer reaktiven Zusatzpanzerung nachgerüstet.

Mit Hilfe westlicher Komponenten verbessert: der Typ 79.

Dieser Typ 69 kam während der Operation Desert Storm zum Einsatz und fiel den Amerikanern in die Hände. (Foto: © USMC)

Der Typ 69 II erschien 1982 mit neuer FL-Anlage, Laser-EM und stabilisierter 100-mm-Zugrohr-BK. (Foto: Daryan J. Huggins, © PD)

Soldaten der US Marines begutachten den erbeuteten Panzer vom Typ 69 II. Ein Unterscheidungsmerkmal des Typ 69 gegenüber dem Typ 59 oder dem T-54/55 ist die Tatsache, dass der Typ 69 über je zwei Scheinwerfer auf der linken und rechten Kettenabdeckung verfügt. (Foto: © USMC)

Der Typ 88A der VBA verfügt über eine längere und leistungsfähigere 105-mm-BK Typ 83-I. (Foto: © VBA)

Der Typ 85 IIM wurde Mitte der 90er Jahre eingeführt und wies Merkmale des T-72 auf.

Typ 88B der VBA, aufgenommen während einer Parade am chinesischen Nationalfeiertag (1. Oktober) in Peking.

Der Typ 85 wurde 1988 mit Verbundpanzerung und geschweißtem Turm vorgestellt.
(Foto: 颐园新居 © CC-BY-SA-3.0)

TYP 88

Der Typ 88 wurde ab Anfang der 1980er Jahre aus Typ 59/69/79 Serie entwickelt. Neben einem neuen Laufwerk mit sechs kleinen Laufrollen an Torsionsstäben (das angeblich durch aus Vietnam beschaffte M48 beeinflusst wurde) verfügt der Typ 88 über eine neue Wanne, während der Turm stark an die Vorgängermodelle erinnert. Der 730-PS-Diesel wurde ursprünglich in Deutschland, das FL-System, die Stabilisierung für die Hauptwaffe sowie die BK selbst in Großbritannien entworfen. Der erste Prototyp trug noch die Bezeichnung »Typ 80« und wurde 1985 vorgestellt. Der Laser-EM war zu jener Zeit noch über der BK angebracht. Am Turmheck befand sich ein Gitterkorb. Unter der Bezeichnung »Typ 80-II« erhielt der Prototyp einen in die Zieloptik integrierten Laser-EM auf dem Turmdach, ein neues ABC-Schutzsystem sowie rund um den Turm Gitterkörbe, die zusätzlichen Schutz vor HL-Geschossen bieten sollten. Die Serienversion erhielt, da sie 1988 eingeführt wurde, schließlich die Bezeichnung »Typ 88« und besaß erneut nur am Turmheck einen Gitterkorb. Die Variante 88B wies ein verbessertes FL-System sowie eine modifizierte BK auf. Der Typ 88B wiegt 39,5 t und erreicht bis zu 60 km/h.

Trotz ihrer Bezeichnung wurde die Variante 88A nach der Version 88B eingeführt. Sie wurde mit einer leistungsfähigeren 105-mm-BK Typ 83-I mit längerem Rohr ausgestattet. Insgesamt beschaffte die VBA bis 1995 400 bis 500 Panzer des Typs 88, in etwa die gleiche Anzahl wurde in den Sudan, Myanmar sowie Bangladesch exportiert.

TYP 85

Der Typ 85 basiert auf Wanne und Laufwerk der Serie 80/88, besitzt jedoch einen neuen, geschweißten Turm mit Verbundpanzerung. Der erste Prototyp (Typ 85) wurde 1988 gezeigt und besaß eine 105-mm-Zugrohr-BK. Nach der Ausrüstung der BK mit einer Wärmeschutzhülle wurde daraus der Typ 85-I. Der Typ 85-II wurde durch ehemals irakische T-72, die Ende der 1980er Jahre über den Iran beschafft wurden, beeinflusst. So verfügt er über einen Karussell-Ladeautomaten und ein neues FL-System, der Typ 85-IIA weist zudem eine 125-mm-Glattrohr-BK auf. Ein 730-PS-Diesel ermöglicht eine Geschwindigkeit von 650 km/h. Der Typ 85-IIA wurde in Pakistan als Typ 85-IIAP eingeführt (rund 300 Exemplare). Mitte der 1990er Jahre wurde der Typ 85-IIM vorgestellt, dieser besaß neben einer verstärkten Panzerung ein besseres FL-System mit passiven Nachtsichtgeräten. Die Variante 85-III (1996) war mit einem 1000-PS-Diesel sowie reaktiver Panzerung an der Wannen- und Turmfront ausgerüstet, kam aber bei der VBA nicht zur Einführung. Pakistan rüstete viele ältere Typ 85-IIAP auf den Standard des Typ 85-III nach.

Typ 85 mit 105-mm-Zugrohr-BK.
(Foto: National War College Military Image Collection, © PD)

CHINA

TYP 90/MBT-2000

Der Typ 90 wurde erstmals 1991 vorgestellt und ist eine Weiterentwicklung des Typs 85. Er besitzt im Frontbereich eine modular aufgebaute Verbundpanzerung. Außer einigen Versuchsträgern wurde der Typ 90 jedoch zunächst nicht bei der VBA eingeführt und stattdessen in unterschiedlichen Ausstattungen und Bezeichnungen für den Export angeboten. Während der 1990er Jahre wurden unter anderem chinesische, deutsche, britische, französische und ukrainische Antriebskomponenten getestet. Pakistan zeigte sich besonders an diesem Panzer interessiert und war in die Erprobung und zum Teil auch die Entwicklung involviert. Die Version 90-IIM mit 125-mm-BK und einem ukrainischen 1200-PS-Dieselmotor wird seit 2001 mit Modifikationen in Pakistan als Al-Khalid in Lizenz gebaut. Diese Version wiegt 48 t und erreicht bis zu 70 km/h. NORINCO stellte 2001 eine als »MBT-2000« bezeichnete Exportversion vor, von der Bangladesch 44 Stück kaufte, die ab 2012 ausgeliefert werden sollen. Unter der Bezeichnung VT-1A bietet NORINCO seit 2007 zusätzlich eine modernisierte Version mit neuem Turm, verbesserter Panzerung und leistungsfähigerer 125-mm-BK sowie einem chinesischen Dieselmotor der 1300- bis 1500-PS-Klasse an. Peru wollte 2009 eine Anzahl beschaffen, stornierte den Vertrag jedoch im folgenden Jahr.

Typ 96 G bzw. A während des Tank Biathlons in Alabino, Russland, 2014.
(Foto: © Vitaly V. Kuzmin)

TYP 96

Der seit 1997 gebaute Typ 96 (auch ZTZ 96 oder anfangs Typ 88C) ist im Grunde ein leicht modifizierter Typ 85-III, in den Erfahrungen aus der Erprobung des Typs 90 einflossen. Wie der Typ 85 basiert auch der Typ 96 auf der Untersuchung einiger durch den Iran erbeuteter, ehemals irakischer T-72. So erinnern die Wanne, die 125-mm-BK und der Karussell-Autolader deutlich an russische Vorbilder. Der eckige, geschweißte Turm hingegen orientiert sich an westlichen Entwürfen. Wannen- und Turmfront sind durch zum Teil modulare Verbundpanzerung geschützt. Turmseiten und -heck werden von einem Staukorb umgeben, der zusätzlichen Schutz gegen HL-Geschosse bietet. Der 1000 PS leistende Dieselmotor und das Getriebe liegen im Wannenheck, die Höchstgeschwindigkeit des 42,8 t schweren Panzers beträgt 70 km/h. Laufwerk und Ketten werden im Einsatz durch Kettenblenden geschützt. 2006 wurde erstmals eine neue Version gesichtet (Typ 96G oder auch 96A), die an der Turmfront mit einer keilförmigen Zusatzpanzerung und auf dem Bug mit ERA-Kacheln ausgerüstet wurde. Das Modell 96G besitzt zudem ein neues WBG und ein IR- sowie Laserwarn- und Störgerät. FL-Anlage und Bordelektronik dürften vom Typ 99 beeinflusst sein. Der Typ 96 ist zurzeit wegen seiner gegenüber dem Typ 99 günstigeren Herstellungskosten die Hauptstütze der chinesischen Panzertruppen. Die VBA besitzt aktuell mindestens 2500 Kampfpanzer dieses Typs.

MBT 2000 als Exportversion des Typ 90. (Foto: © NORINCO)

Seit 2006 befindet sich eine verbesserte Version des Typ 96 im Einsatz, die an der Turmfront mit einer keilförmigen Zusatzpanzerung und am Bug mit ERA-Kacheln ausgerüstet wurde. (Foto: © VBA)

Seitenansicht des Typ 96. Man beachte den Gitterkorb an den Turmseiten und dem Turmheck, der zusätzlichen Schutz gegen HL-Geschosse bieten soll. (Foto: © VBA)

Ein Typ 96 im Schnee. Der Typ 96 ist z.Zt. der wichtigste Kampfpanzer der VBA. (Foto: © VBA)

Heckansicht des Typ 99. Dank eines 1500-PS-Diesels erreicht er eine Höchstgeschwindigkeit von bis zu 80 km/h. (Foto: Max Smith, © PD)

Auffällig am Typ 99 ist seine keilförmige Zusatzpanzerung an der Turmfront. (Foto: Max Smith, © PD)

Wurde konstruiert, um auch westlichen Panzern Paroli bieten zu können: der Typ 98 orientiert sich beim Turm deutlich an westlichen Panzern. Der Fahrer sitzt in der Mitte, über ihm die 125-mm-BK mit Autolader. (Foto: © PD)

Frontseite des Typ 98 mit seinem Zweimann-Turm. (Foto: © PD)

TYP 98

Bereits in den 1970er Jahren begann in China die Entwicklung eines Panzers, der auch modernen westlichen Modellen gewachsen sein sollte. Aufgrund mannigfaltiger Probleme wurden brauchbare Prototypen jedoch nicht vor 1991 fertiggestellt. Wanne und Bewaffnung waren stark vom T-72 beeinflusst, während die Türme westlichen Entwürfen ähnelten. Bevor 1998 der Bau von Vorserienfahrzeugen genehmigt wurde, war das Modell jahrelang erprobt und immer wieder modifiziert worden. Der Fahrer sitzt mittig vorn, der Zwei-Mann-Turm ist mit einer 125-mm-BK und einem Autolader ausgerüstet. Ein 1200-PS-Diesel beschleunigt den 52 t schweren Typ 98 auf bis zu 70 km/h. Der Typ 98 (auch ZTZ-98) verfügt über eine modulare Verbundpanzerung und kann optional auch mit ERA ausgerüstet werden. Eine moderne digitale FL-Anlage mit Laser-EM, WBG und Querwindsensor sorgt für eine hohe Zielgenauigkeit. Der Typ 98 besitzt zudem ein GPS- und GLONASS-Navigationssystem. Neben konventioneller Munition können auch AT-11 Sniper (9M119) Flugkörper verschossen werden. Ein Laserwarngerät löst bei Gefahr automatisch die Nebelwurfbecher aus. Auf dem Turmdach ist ein drehbares Laserstörgerät JD-3 installiert. Insgesamt scheinen nur rund 120 Typ 98 gefertigt worden zu sein. Der Typ 98 war offenbar nie für die Großserienfertigung bestimmt, sondern diente als Vorserienfahrzeug für das Modell 99.

TYP 99

Der Typ 99 (auch ZTZ-99) ist derzeit der modernste und leistungsfähigste Kampfpanzer der VBA. Er ist eine Weiterentwicklung des Typs 98 und wurde 2001 eingeführt, seine Bezeichnung lautete zunächst »Typ 98G«. Wie sein Vorgänger besitzt der Typ 99 eine 125-mm-Glattohr-BK, die mittels eines Ladeautomaten mit Karussell-Magazin geladen wird. Der 57 t schwere Typ 99 erreicht mit einem 1500-PS-Diesel bis zu 80 km/h und ist in der Lage, FK des Modells AT-11 Sniper zu verschießen. Das Panzerabwehrgeschoss (APFSDS) hat eine Mündungsgeschwindigkeit von 1780 m/s und durchschlägt chinesischen Angaben zufolge auf 2000 m mit einem Penetrator aus Wolfram 850 mm, und mit einem solchen aus Uran 960 mm Panzerstahl. Auf dem Turmdach findet sich ein Laserstörgerät JD-3, das zum einen lasergelenkte FK »blenden« soll, mutmaßlich aber auch gegnerische Optiken und die Augen der Richtschützen schädigen kann.

Markantestes Unterscheidungsmerkmal gegenüber der Vorgängerversion ist die keilförmige Zusatzpanzerung an der Turmfront, die durch zusätzliche Reaktivpanzerung verstärkt werden kann. Auch der Wannenbug und die hinteren Turmseiten sind mit ERA (Reaktivpanzerung) bestückt. Viele Details über den Typ 99 und seine Versionen sind noch unklar. Sicher ist jedoch, dass seit 2001 verschiedene Varianten in der Öffentlichkeit aufgetaucht sind, ob dies allerdings Serienmodelle oder nur Versuchsträger waren, ist mitunter ungewiss. In der Literatur finden sich jedoch die Ursprungsvariante Typ 99 (oder 98G), die Version A1 (in zwei Untervarianten, die sich durch die Form des Turmdaches unterscheiden) sowie das neueste Modell mit der (wahrscheinlichen) Bezeichnung A2 (evtl. aber auch Typ 99G).

Die Version A2 bzw. G wurde ab 2007 erprobt und weist eine veränderte Turmfrontpanzerung, eine neue Kommandantenoptik und ein verändertes elektrooptisches Störgerät auf, das nun höher platziert ist. Ob neben diesem Soft-Kill- auch ein Hard-Kill-System mit Millimeterwellenradar vorhanden ist, bleibt umstritten. Die an den Turmseiten angebrachten ERA-Blöcke wirken massiver, ebenso die Kettenblenden. Im Gegensatz zum Typ 96, der die Masse der modernen Panzer der VBA ausmacht, wird der Typ 99 aufgrund seiner höheren Herstellungskosten nur bei einigen Eliteeinheiten eingesetzt. Bis 2016 dürften nur einige hundert Fahrzeuge gebaut worden sein.

INDIEN

VIJAYANTA

Nach der Auswertung deutscher und britischer Angebote für einen in Lizenz zu bauenden Kampfpanzer entschied sich Indien 1961 für den Vickers MBT Mk 1. Die Prototypen sowie die ersten 90 Serienpanzer sollten in Großbritannien gebaut werden, danach wollten die Inder die Produktion in Eigenregie durchführen. Das Fahrzeug erhielt den Namen Vijayanta (der Siegreiche/der Eroberer). 1963 lieferte Vickers einen Prototypen, 1965 folgten schließlich die ersten Serienfahrzeuge. Zunächst wurde die in Indien gebauten Panzer noch aus importierten Teilen gefertigt, später kamen alle relevanten Komponenten aus indischer Produktion. Der Vijayanta wog 39 t, war bis zu 80 mm stark gepanzert und mit einer 105-mm-BK bewaffnet. Sein 650-PS-Diesel beschleunigte ihn auf bis zu 48 km/h. Bis 1983 wurden rund 2200 Vijayanta gebaut, die letzten wurden 2008 ausgemustert. Der Vijayanta war während seiner Dienstzeit einigen Modifikationen unterworfen, die vor allem die Ausrüstung mit moderneren FL-Anlagen (u.a. Laser-EM, Ballistik-Rechner) betrafen (Mk 1A, B und C). Ein Programm zur Ausrüstung mit dem W-46 Diesel des T-72 (780 PS) und einer in Indien entwickelten Verbundzusatzpanzerung (Kanchan) wurde aus finanziellen Gründen Ende der 1990er Jahre abgebrochen. Auf Basis des Vijayanta entstanden zudem Berge- und Brückenpanzer. Die mit der sowjetischen M-46 130-mm-Kanone ausgerüstete Selbstfahrlafette Catapult verwendete eine verlängerte Vijayanta-Wanne mit sieben Laufrädern. Von diesem Typ wurden 170 Exemplare gebaut, die nun ebenfalls ausgemustert werden.

Auf Basis des britischen Vickers MBT Mk I baute Indien ab 1963 den Vijayanta.
(Foto: Suyash Dwivedi, © CC-BY-SA-3.0)

ARJUN

Indien initiierte 1974 ein Programm zur eigenständigen Entwicklung eines Kampfpanzers. Der Arjun wurde in Zusammenarbeit mit zahlreichen in- und ausländischen Unternehmen entwickelt, der erste Prototyp wurde 1984 vorgestellt, Vorserienpanzer folgten 1987. Obwohl die Einführung des Typs für Anfang der 1990er Jahre geplant war, verzögerte sich die Serienfertigung aufgrund geänderter Vorgaben und mannigfaltiger Probleme, insbesondere des Antriebsstrangs und des FL-Systems, immer wieder. Im Jahr 2000 bestellte die indische Armee schließlich 124 Arjun, die jedoch erst ab 2007 geliefert wurden. Der Panzer verfügt über eine vollstabilisierte 120-mm-Zugrohr-BK und ein hochmodernes digitales FL-System. Der Arjun ist durch eine in Indien entwickelte Verbundpanzerung (Kanchan) geschützt, die bei Beschussversuchen Treffern aus der 125-mm-BK eines T-72M1 standhielt. Da der in Indien entwickelte Antriebsstrang nicht zuverlässig war, werden in die Serienfahrzeuge aus Deutschland importierte 1400-PS-MTU-Diesel und Renk-Automatikgetriebe verbaut, die das 58,5 t schwere Fahrzeug auf 72 km/h beschleunigen.

Die Ketten stammten zunächst ebenfalls aus Deutschland (Diehl), werden nun aber in Indien in Lizenz gefertigt. Die problematische Entwicklung hat dazu geführt, dass Indien zuerst den T-72 und heute den T-90 in Lizenz baut. Obwohl eine Vergleichserprobung mit dem T-90 nach indischen Angaben eine klare Überlegenheit des Arjun ergab, wird das Programm wohl nach weiteren 118 Arjun Mk II beendet. Indien will sich offenkundig auf die Lizenzfertigung des T-90 konzentrieren. Der 68 t schwere Mk II wurde mit israelischer Hilfe entwickelt und soll u.a. verbesserte Optiken, ein Laserwarnsystem, eine verbesserte BK mit der Fähigkeit zum Verschuss lasergesteuerter FK, eine fernbediente Waffenstation auf dem Turm, Zusatzpanzerung und die Möglichkeit zur Anbringung eines Minenpfluges aufweisen. Die Erprobung des Mk II begann im Juni 2012, die ersten Serienfahrzeuge wurden 2014 an die Truppe übergeben. Unter der Bezeichnung »Tank Ex« wurden mindestens zwei veränderte T-72-Wannen (u.a. neuer 1000-PS-Diesel) für Versuchszwecke mit modifizierten Arjun-Türmen ausgerüstet, um die Möglichkeit einer Modernisierung der indischen T-72-Flotte zu testen. Indien betreibt zudem 40 130-mm-Artillerieselbstfahrlaffetten auf Basis des Arjun. Brücken- und Bergefahrzeug auf Basis des Arjun sind bisher nicht über die Versuchsphase hinausgekommen.

Der Vijayanta bot eine 80-mm-Panzerung, eine 105-mm-BK sowie einen 650-PS-Diesel, später auch moderne FL-Anlagen. (Foto: Vikaashh, © CC-BY-SA-4.0)

Arjun-Panzer mit vollstabilisierter 120-mm-Zugrohr-BK. (Foto: Simren Christila, © CC-BY-SA-4.0)

Das Arjun-Programm ist von zahlreichen Problemen geplagt, sodass die Produktion nach noch nicht einmal 250 Serienfahrzeugen mutmaßlich eingestellt werden wird. (Foto: Ajai Shukla, © CC-BY-2.5-IN)

Seine Panzerung, und damit der Schutz seiner Insassen, hatte bei der Entwicklung des Merkava Mk I oberste Priorität. (Foto: Joker Island, © PD)

Der erste Kampfeinsatz des seit 1979 in Serie produzierten Merkava Mk I fand 1982 im Libanonkrieg statt. (Foto: Joker Island, © PD)

In den Merkava II flossen die Erfahrungen der israelischen Armee aus dem Libanon-Krieg von 1982 ein. Seine Panzerung war so stark, dass kein Merkava II von einem syrischen Panzer abgeschossen werden konnte. (Foto: © IDF)

Merkava Mk II mit verbesserter FL-Anlage, neuem Getriebe und 60-mm-Mörser.
(Foto: Bukvoed, © CC-BY-SA-30)

MERKAVA I UND II

Bereits 1967 begann man in Israel über den Bau eines eigenen Kampfpanzers nachzudenken. Den endgültigen Ausschlag für den Entwurf des Merkava (Streitwagen) gaben dann die vielen, während des Jom-Kippur-Kriegs von 1973 gefallenen Panzersoldaten. Oberste Priorität kam daher dem Schutz der Besatzung zu, erst danach folgten Feuerkraft und Mobilität. Um die Entwicklungsrisiken zu minimieren und die Logistik zu vereinfachen, sollte der neue Panzer zudem Komponenten der bereits eingeführten M48/60 und Centurion nutzen. 1974 wurde ein erster Prototyp fertiggestellt, Serienfahrzeuge liefen der Truppe ab 1979 zu. Der erste Einsatz des Merkava erfolgte im Libanonkrieg 1982. Dabei bestätigte sich das Konzept des Panzers: Zwar wurden sieben Merkava abgeschossen, allerdings verlor kein Besatzungsmitglied dabei sein Leben. Um bei Frontaltreffern als zusätzlicher Schutz zu dienen, befinden sich Motor und Getriebe vorn in der aus verschweißten Gussteilen bestehenden Wanne. Die Fahrerfront ist extrem stark geneigt. Hinter dem Wannenbug befindet sich ein Treibstofftank, hinter dem eine zweite Panzerwand folgt. Diese aufeinander folgenden Panzerungselemente werden als Schottpanzerung bezeichnet. Auch die Wannenseiten werden durch eine Schottpanzerung geschützt.

Durch den vorn liegenden Motor können im hinteren Wannenteil zusätzliche Munition, Infanteristen oder Verwundete Platz finden. Der Zugang erfolgt über eine zweiteilige Klappe. Diese vereinfacht der Besatzung zugleich das Verlassen des Fahrzeugs unter Feuer. Hauptwaffe ist eine stabilisierte 105-mm-BK mit Wärmeschutzhülle. Zu den üblichen MG (koaxial, Fla) kommt noch ein außen angebrachter 60-mm-Mörser. Die digitale FL-Anlage verfügt über einen Laser-EM und ermöglicht eine hohe Trefferwahrscheinlichkeit. Der keilförmige Turm bietet von vorn nur ein sehr schmales Ziel und weist ebenfalls Schottpanzerung auf. Das Fahrwerk des Merkava erinnert an das Laufwerk des Centurion und besitzt außenliegende Schraubenfedern. Dies ermöglicht einen raschen Austausch bei Beschädigungen, ist günstig in der Anschaffung und dient zugleich, da außen angebracht, als weiteres Panzerungselement. Laufwerk und Seiten werden zudem durch Kettenblenden geschützt.

Im Libanonkrieg 1982 bewährte sich der Merkava, unter anderem gelang der Abschuss mehrerer syrischer T-72, ohne dass diesen selbst ein Merkava zum Opfer gefallen wäre. Der 1983 vorgestellte Merkava II basiert auf den 1982 gemachten Kampferfahrungen und verfügt u. a. über eine verbesserte FL-Anlage und ein neues Getriebe sowie einen im Turm installierten 60-mm-Mörser. Der Mk II wiegt 63 t und erreicht mit seinem 908-PS-Diesel bis zu 48 km/h. Kein überragender Wert für einen modernen Kampfpanzer. Doch wie gesagt, stand der Schutz beim Entwurf an erster Stelle. Die Version IIB wurde mit einem WBG ausgerüstet, während der Typ IIC mit einer Zusatzpanzerung auf dem Turmdach versehen wurde. Die Variante IID (auch II Dor Dalet) wurde ab Ende der 1990er Jahre an

Hauptbewaffnung des Merkava Mk I: eine 105-mm-BK mit Wärmeschutzhülle.
(Foto: Adamicz, © CC-BY-SA-3.0)

Wanne und Turm mit einer modularen Verbundpanzerung nachgerüstet, die das Erscheinungsbild erheblich veränderte. Im Gegensatz zur Version II ist der Merkava I mittlerweile nicht mehr in den Frontverbänden zu finden, sondern an Reserveeinheiten abgegeben worden. Insgesamt wurden 250 Merkava I und 580 Merkava II gebaut.

MERKAVA III UND IV

Ende 1989 begann die Produktion des Merkava III, der bereits serienmäßig über modulare Verbundpanzerung verfügt. Dazu kommen ein 1200-PS-Diesel sowie eine 120-mm-Glattrohr-BK L/44 aus israelischer Entwicklung mit verbesserter FL-Anlage, ein Laserwarnsystem und einige Detailänderungen. Die Version IIIB besitzt eine verstärkte Panzerung, während die IIIBAZ eine verbesserte FL-Anlage mit stabilisierten Optiken und ein neues ABC-Schutzsystem mit Klimaanlage sowie eine Rückfahrkamera besitzt. Einige Fahrzeuge dieses Modells wurden für den Einsatz in urbanem Gelände mit gegen Splitter geschützten Optiken, 360-Grad-Außenkameras und einer Kugelblende in der Heckklappe nachgerüstet. Ab der Subvariante IIID kamen neue Verbundpanzerelemente (ähnlich denen der Version IID) sowie verbesserte Ketten zum Einsatz. Seit 2004 wird der Merkava IV produziert, der neben neuer modularer Verbundpanzerung über einen von General Dynamics in den USA unter MTU-Lizenz gefertigten 1500-PS-Diesel (das Triebwerk des Leopard 2) sowie ein in Israel in Lizenz produziertes Renk-Automatikgetriebe verfügt. Dafür musste die Wanne weitgehend neu entworfen werden. Des Weiteren besitzt dieses Modell einen umkonstruierten Turm mit verbesserter 120-mm-BK, eine neue FL-Anlage, ein besseres ABC-Schutzsystem, eine unabhängige Kommandantenoptik mit WBG, Außenkameras und ein vernetztes Gefechtsfeldführungssystem. Die BK wird nun mittels eines 10-Schuss-Magazins halbautomatisch geladen. Um der Gefahr durch PzAbwFK (Panzerabwehrflugkörper), die gegen die Oberseite des Panzers gerichtet sind (Top Attack Weapons) zu begegnen, wurde der Merkava IV dort zusätzlich geschützt. Die Konstrukteure entfernten sogar die Luke für den Ladeschützen, da diese eine Schwachstelle in der Turmdachpanzerung darstellt. Dank seines leistungsstärkeren Motors erreicht der 65 t schwere Mk IV nun bis zu 64 km/h.

Obwohl der Merkava zu den fortschrittlichsten und bestgeschützten Kampfpanzern zählt, gelang es der Hisbollah 2006 während des israelischen Vorstoßes in den Libanon, eine Reihe von Panzern mit modernen PzAbwFK zu zerstören. Als Gegenmaßnahme erhalten nun alle Merkava IV ein in Israel entwickeltes abstandsaktives Schutzsystem (von der IDF Windbreaker genannt), das anfliegende FK mittels Radar ausmacht und mit einer »Schrotladung « ausschaltet (ein sogenanntes »Hard-Kill-System«). Zudem ist das System in der Lage, den Abschussort zu berechnen, sodass die Besatzung rasch gegen den Ursprung der Bedrohung wirken kann. Derartig ausgerüstete Merkava werden als Mk IVM bezeichnet. Insgesamt wurden 780 Merkava III und 360 Merkava IV gebaut, weitere 300 IV sollen folgen. Zusätzlich entstanden auf Merkava-Basis eine Panzerhaubitze (Sholef, nur Prototypen), ein Bergefahrzeug (Nemmera) sowie ein schwerer Schützenpanzer (Namer).

Merkava Mk III mit Minenroller. (Foto: Matanya, © CC-BY-SA-3.0)

Merkava Mk IV. (Foto: Zachi Evenor, © CC-BY-SA-2.0)

Neben konventioneller Munition kann der Merkava auch lasergelenkte FK des Typs LAHAT verschießen. (Foto: Israel Defense Forces, © CC-BY-2.0)

Dieser Merkava Mk IV ist an beiden Seiten des Turms mit dem Hardkill-System Windbreaker ausgerüstet. (Foto: Israel Defense Forces, © CC-BY-2.0)

Merkava Mk IV mit halbautomatisch ladbarer 120-mm-BK, besserem ABC-Schutzsystem und unabhängiger Kommandantenoptik mit Wärmebildgerät (WBG). (Foto: Israel Defense Forces, © CC-BY-SA-3.0)

L3/33 im Australian War Memorial. Er basierte auf dem britischen Kleinpanzer Carden-Lloyd Mk IV. (Foto: Nick-D, © CC-BY-SA-4.0)

L3/35 im Belgrader Militärmuseum. (Foto: Pudelek, © CC-BY-SA-3.0)

Der L3/35 entstand 1938 aus dem CV 35 mit seinem 8-mm-Zwillings-MG. Er war mit Panzerstärke von maximal 14 mm nur leicht gepanzert und daher auch durch leichte Waffen verwundbar. (Foto: Pudelek, © CC-BY-SA-3.0)

ITALIEN

Ein frisch von der Wehrmacht erbeuteter L6/40 mit hastig aufgemalten Balkenkreuzen. Jugoslawien, 1943. (Abb.: Martin Spurny)

CARRO VELOCE L3

1929 importierte Italien vier britische Carden-Loyd Mk VI Kleinpanzer, aus denen 1933 der der Carro Veloce 33 oder CV 33 entstand (»Carro Veloce« schneller Kampfwagen). Das Modell CV 33 war mit zwei Mann besetzt und mit einem 6,5-mm-MG bewaffnet. Der ab 1935 gebaute CV 35 wies ein 8-mm-Zwillings-MG sowie einige Detailänderungen auf und war etwas stärker gepanzert. Es gab jedoch auch Versionen mit einer 2-cm-Panzerbüchse, einem Flammenwerfer oder Pionierausrüstung, die jedoch alle nur in geringen Zahlen gebaut wurden. 1938 wurde die Serie in L3 umbenannt, wobei »L« für »Leggero« (leicht) und »3« für die Gewichtsklasse in Tonnen stand. Der CV 33 wurde so zum L3/33, der CV 35 zum L3/35. Die Variante L3/38 besaß vier mittelgroße Laufräder und war mit einem 13,2-mm-MG bewaffnet – hiervon wurde nur eine Handvoll produziert. Allerdings ließ die italienische Armee 1942 200 L3/35 auf das neue Laufwerk umrüsten, so dass es hier zu Mischversionen kam. Wie viele L3 insgesamt die Werkshallen verließen, ist nicht klar, die Angaben schwanken zwischen ca. 2000 und ca. 2700 Stück. Die interne Auslegung aller Versionen war identisch. Ein im Heck eingebauter 43-PS-Ottomotor war über eine Welle mit dem im Bug liegenden Getriebe verbunden und sorgte für eine Höchstgeschwindigkeit von 42 km/h.

Vor dem Krieg war die L3-Serie – vor allem aufgrund ihrer Einfachheit und des günstigen Preises – ein großer Exporterfolg. Der Typ wurde nach Ungarn, Bulgarien, Österreich, Afghanistan, Albanien, Bolivien, Brasilien, China, Irak und Spanien verkauft. Die italienischen Streitkräfte erhielten eine große Zahl L3, die ab 1934 überall zu finden waren, wo italienische Truppen kämpften: Vom Spanischen Bürgerkrieg bis in die UdSSR, von Äthiopien bis zum Balkan und nach Nordafrika. Obwohl sich bereits 1940 herausgestellt hatte, dass die leichte Panzerung (max. 14 mm) und Bewaffnung völlig unzureichend waren, blieb der L3 in Ermangelung einer Alternative dennoch im Dienst.

L6/40

Dieser leichte Panzer wurde von Fiat und Ansaldo ab 1936 ursprünglich rein für den Export entwickelt. Nach verschiedenen Zwischenstufen mit unterschiedlicher Bewaffnung und Auslegung wurde 1938 der Prototyp des Carro Leggero L6/40 vorgestellt (etwa: Leichter Kampfwagen, 6 t, Modell 1940). Die Bewaffnung bestand aus einer 2-cm-MK und einem koaxialen 8-mm-MG in einem Ein-Mann-Drehturm, der leicht nach links versetzt auf der Wanne saß. Der Fahrer befand sich rechts in der Wanne, quer vor ihm lag das Getriebe, das über eine Welle mit dem hinten liegenden 70-PS-Ottomotor verbunden war. Eine Funkausrüstung war nicht vorgesehen. Die Höchstgeschwindigkeit des bis zu 40 mm stark gepanzerten L6/40 lag bei rund 40 km/h. Über die Zahl der produzierten L6 liegen höchst widersprüchliche Angaben vor, diese reichen von rund 200 bis weit über 500 gebaute Exemplaren. Letztere Zahl bezieht jedoch wohl sämtliche Varianten mit ein, die allerdings stets nur in sehr kleiner Zahl gefertigt wurden. Zu den verschiedenen Versionen zählen ein Flammpanzer, ein Befehlsfahrzeug mit Funkausrüstung sowie ein Munitionstransporter ohne Turm. Sicher ist jedoch, dass im Mai 1941 die ersten Exemplare ausgeliefert wurden. L6/40 kamen in Nordafrika, der UdSSR und auf dem Balkan zum Einsatz. Obwohl eigentlich nur als Aufklärungsfahrzeug geeignet, wurde der L6/40 von den italienischen Truppen zumeist als Kampfpanzer eingesetzt. Eine Rolle, für die er zu leicht bewaffnet und gepanzert war, weshalb das Fahrzeug sich nicht bewährte.

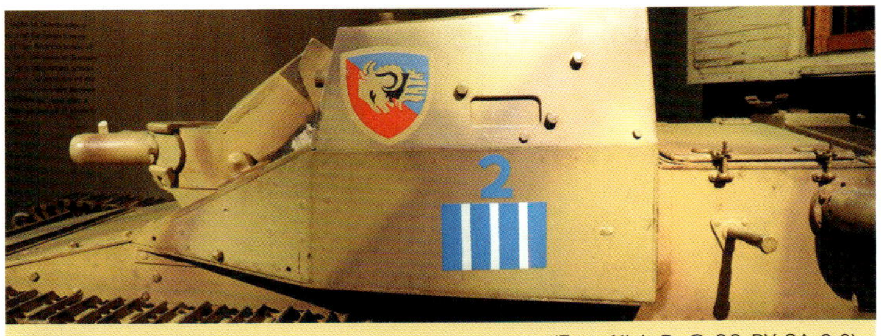

Turm des L3/33. (Foto: Nick-D, © CC-BY-SA-3.0)

ITALIEN

M13/40–M15/42

M13/40, M14/41 und M15/42 waren die italienischen Standardkampfpanzer des Zweiten Weltkriegs. Die Bezeichnung M13/40 erklärt sich wie folgt: »M« steht für »Medio« (mittel), »13« für »13 t« und »40« für das Jahr der offiziellen Einführung. Die Angaben über die insgesamt gebaute Anzahl dieser Panzertypen schwanken stark, da häufig sämtliche Varianten wie Selbstfahrlafetten und Befehlsfahrzeuge hinzu gerechnet werden. Italienischen Angaben zufolge dürften jedoch rund 1500 M13/40 und M14/41 sowie 82 M15/42 produziert worden sein. Der M13/40 wurde aus dem Vorläufermodell M11/39 entwickelt, das, wie viele andere Kampffahrzeuge der 1930er Jahre (7TP, T-26, LT vz.35), vom britischen Vickers 6-Tonner beeinflusst war. Dies zeigte sich besonders im Bereich des Fahrwerks. Aufgrund mangelnder Zuverlässigkeit und der ungeschickten Unterbringung der 3,7-cm-Kanone in der Wanne wurden nur rund 100 M11/39 gebaut, die fast alle 1940–41 in Nordafrika verloren gingen. Der Nachfolger M13/40 verwendete das gleiche Laufwerk, besaß aber einen modifizierten Panzeraufbau, um einen größeren Turm mit einer 4,7-cm-Kanone aufnehmen zu können. Die Sekundärbewaffnung bestand aus drei bis vier 8-mm-MG, einem im Turm koaxial zur Hauptwaffe, zwei beweglich in der Wanne und (optional) einem Fla-MG auf dem Turm. Zudem war der neue Typ etwas stärker gepanzert (max. 42 mm) und mit einem leistungsfähigeren 125-PS-Dieselmotor ausgerüstet, der für eine Geschwindigkeit von bis zu 32 km/h sorgte. All dies hätte den M13/40 einige Jahre vor seiner Einführung im Sommer 1940 zu einem guten Kampfwagen gemacht, zu jener Zeit reichte es jedoch nur noch für eine mittelmäßige Leistung. Obwohl die Möglichkeit zum Einbau einer Funkanlage vorhanden war, geschah dies aus Mangel an Funkgeräten nur selten. Die Variante M14/41 wurde ab Herbst 1941 gebaut und wies als wichtigste Veränderung einen stärkeren Dieselmotor (145 PS) mit besseren Sandfiltern auf. Sowohl der M 13/40 als auch der M14/41 waren ihren Gegnern unterlegen. Eine weitere verbesserte Version, der M15/42 wurde ab Ende 1942 produziert; aber nur 82 Exemplare kamen vor September 1943 noch zur Truppe. Der M15/42 ist äußerlich kaum von den Vorgängerversionen zu unterscheiden, Haupterkennungsmerkmal ist die große Luke im Panzeraufbau, die auf die rechte Seite wechselte. Der M15/42 besaß zudem eine längere 4,7-cm-Kanone (L/40 statt L/32), ein elektrisches Turmschwenkwerk, einen neuen Ottomotor mit 190 PS (der eine etwas längere Wanne erforderlich machte und die Höchstgeschwindigkeit auf 40 km/h ansteigen ließ) sowie eine stärkere Panzerung (max. 45 mm) im Frontbereich. Dennoch war der Typ 1943 hoffnungslos veraltet und seinen Gegnern weit unterlegen. Auf Basis dieser Reihe von Kampfpanzern entstand zudem eine ganze Reihe von Selbstfahrlafetten und Sturmgeschützen (z.B. Semovente 75/18), die sich im Ganzen als erfolgreicher als die Ursprungsmodelle erwiesen.

Die verbesserte Version M15/42 von 1943 besaß noch immer eine 4,7-cm-Kanone und wurde nur noch in geringen Stückzahlen gebaut. (Foto: Alf van Beem, © PD)

M13/40 im El-Alamein-Museum. (Foto: Ian Rose, © CC-BY-SA-3.0)

Ein 135-PS-Diesel verlieh dem M13/40 eine Höchstgeschwindigkeit von 32 km/h. (Foto: JustSomePics, © PD)

Der M13/40 war mit einer 4,7-cm-Kanone sowie drei bis vier 8-mm-MG bewaffnet. Dazu kam ein Fla-MG auf dem Turm. (Foto: Thy, © CC-BY-2.0)

Ab 1995 wurde der von IVECO und OTO entwickelte Kampfpanzer Ariete in Italien eingeführt. (Foto: Kaminski, © CC-BY-SA-3.0)

Ariete mit 120-mm-Glattrohr-BK L/44 von OTO. (Foto: SETC Italy, © CC-BY-2.0)

Bis zu 65 km/h schnell ist der 54 t schwere Kampfpanzer Ariete dank seines 1250-PS-Diesels. (Foto: Nathanael Mercado, © PD)

OF-40 mit nach hinten gedrehtem Turm. (Foto: © OTO-Melara)

OF-40

OTO Melara baute zwischen 1974 und 1983 720 Leopard 1 in Lizenz, konnte den Typ jedoch aufgrund der restriktiven deutschen Lizenzbestimmungen nicht exportieren. Der Konzern entwickelte daher gemeinsam mit FIAT (zuständig für die Antriebselemente) ab 1977 das Modell OF-40 (O für OTO Melara, F für FIAT und 40 für das angestrebte Gewicht in Tonnen), dem sein Vorbild deutlich anzusehen war. Erste Prototypen wurden 1980 vorgestellt. Die in Lizenz gebauten Dieselaggregate und 105-mm-BK L7A3 waren jene, die auch im Leopard 1 zum Einsatz kam. Der OF-40 besaß jedoch weder ein modernes FL-System noch eine vollstabilisierte BK. Die Vereinigten Arabischen Emirate VAE waren einziger Kunde und orderten 1981 18 OF-40, denen 1985 weitere 18 OF-40 und drei Bergepanzer folgten. Die 1985 bestellten Fahrzeuge besaßen eine digitale FL-Anlage mit Laser-EM und Restlichtkamera über der nun stabilisierten BK. Die zuvor gelieferten OF-40 wurden auf diesen Standard nachgerüstet. Der 45,5 t schwere OF-40 erreichte 60 km/h und war bis zu 80 mm stark gepanzert.

Auf Basis des OF-40 entstanden zudem der Prototyp eines Flak-Panzers mit 76-mm-Waffe und die Panzerhaubitze Palmaria. Letztere erfreute sich eines gewissen Exporterfolges und wurde von Libyen (210), Nigeria (25) und Argentinien (25 Türme) beschafft.

ARIETE

1984 formten IVECO und OTO Melara ein Konsortium (CIO) zur Entwicklung neuer Fahrzeuge für das italienische Militär, darunter auch eines modernen Kampfpanzers. OTO Melara zeichnete für Wanne, Turm und Bewaffnung verantwortlich, während IVECO den Antrieb entwickeln sollte. Erste Prototypen wurden bereits 1986 fertiggestellt, die Auslieferung an die Truppe begann jedoch erst 1995. Der Ariete (Widder oder Rammbock) wird durch Verbundpanzerung geschützt und erhält dadurch das typische Aussehen moderner westlicher Kampfpanzer. Das Fahrzeug besitzt eine 120-mm-Glattrohr-BK L/44 von OTO Melara sowie ein digitales FL-System modernster Bauart mit WBG, Laser-EM und stabilisierten Optiken. Die Auslegung ist konventionell, der Fahrer sitzt vorn mittig in der Wanne, die restlichen drei Besatzungsmitglieder finden ihren Platz im Turm. Der Antrieb erfolgt über einen 1250-PS-Diesel, der den 54 t schweren Ariete auf bis 65 km/h beschleunigt. Bis 2002 wurden vom italienischen Heer insgesamt 200 Ariete beschafft. Die Bezeichnung der Fahrzeuge lautete ursprünglich C-1, da ein verbesserter C-2 mit 1500-PS-Motor und verstärkter Panzerung folgen sollte. Die Entwicklung des C-2 wurde jedoch eingestellt. Die vorhandenen Panzer sollen jedoch sukzessive mit1600-PS-Dieselmotoren und Zusatzpanzerung nachgerüstet werden – bislang scheiterte dieses Vorhaben jedoch stets aufgrund fehlender Mittel.

Verbundpanzerung schützt den Ariete. (Foto: SETC Italy, © CC-BY-2.0)

JAPAN

TYP 94 TANKETTE

Der Typ 94 Kleinpanzer (Tankette) war von europäischen Entwürfen beeinflusst und ging 1934 in Serie. Der Fahrer des 3,4 t schweren Fahrzeugs saß vorn rechts und hatte einen 32-PS-Ottomotor neben sich. Der Kommandant im Drehturm bediente zunächst ein 6,5-, bei späteren Fahrzeugen ein 7,7-mm-MG. Da der Typ 94 nicht nur der Aufklärung und Infanterieunterstützung, sondern auch der Versorgung von Infanterieeinheiten dienen sollte, besaßen frühe Fahrzeuge einen Anhänger mit Kettenlaufwerk. Die Höchstgeschwindigkeit des nur leicht gepanzerten Typ 94 (max. 12 mm) lag bei 40 km/h. Bis 1938 wurden 823 Stück gebaut. Obwohl ihr Kampfwert gering war, blieb der Typ 94 bis 1945 im Einsatz und war überall dort zu finden waren, wo japanische Truppen kämpften. Späte Exemplare verfügten über ein verändertes Laufwerk mit einem abgesenkten Leitrad und besaßen keinen Anhänger mehr. Auf Basis des Typs 94 entstanden zudem Varianten zum Verlegen von Telefonkabeln und zur chemischen Kriegführung.

Der Typ 95 Ha-Go war zwar sehr mobil, aber zu schwach gepanzert. Dennoch setzten die Japaner ihn bis zum Ende des Zweiten Weltkrieges ein.
(Foto: Mark Pelligirini, © CC-BY-SA-3.0)

TYP 97 TE-KE

Dieser Kleinpanzer wurde ab 1936 entwickelt, löste den Typ 94 1939 in der Produktion ab und wurde bis 1944 616 Mal gebaut. Der Motor, ein 65-PS-Diesel, befand sich nun im Heck und beschleunigte den 4,7 t schweren Te-Ke auf 42 km/h. Der Fahrer saß vorn links, im Ein-Mann-Turm sollte eine 3,7-cm-Kanone verbaut werden – aus Mangel an diesen Waffen war jedoch oft nur ein 7,7-mm-MG vorhanden. Der Te-Ke war vor allem als Aufklärungsfahrzeug gedacht, wurde jedoch auch zur Infanterieunterstützung eingesetzt, wozu er jedoch aufgrund seiner nur dünnen Panzerung (12 mm) nicht geeignet war. Der allein im Turm sitzende Kommandant war mit der Führung des Fahrzeugs sowie dem Zielen und Laden der Kanone überfordert. Trotz dieser Nachteile blieb der Te-Ke bis 1945 im Einsatz. Obwohl der Typ 97 in China und zu Anfang des Krieges im Pazifik noch mit Erfolg verwendet wurde, hatte er später gegen die amerikanischen M3 und M4 keine Chance. Interessant ist übrigens, dass die US-Panzer im Laufe des Krieges dazu übergingen, nicht mit Panzer-, sondern mit Sprenggranaten auf japanische Kampfwagen zu schießen. Panzergranaten sind aufgrund der dünnen Panzerung nämlich meist einfach durch diese hindurch gegangen und haben, so sie dabei keine lebenswichtigen Teile oder die Besatzung trafen, keine großen Schäden angerichtet. Vom Typ 97 gab es auch eine Variante (Typ 98 So-Da) als Munitionsschlepper mit gepanzertem Anhänger und als Artilleriebeobachtungspanzer (Typ 100 Te-Re).

Typ 97 Te-Ke mit Ein-Mann-Turm und Heckmotor. (Foto: © CC-BY-SA-2.5)

Typ 97 Te-Ke mit 65-PS-Diesel und 3,7-cm-Kanone, eingesetzt vor allem zur Infanterieunterstützung oder Aufklärung. (Foto: © Massimo Foti)

Typ 94 Tankette im Kubinka-Museum. (Foto: Mike1979 Russia, © CC-BY-SA-3.0)

Spätes Modell des Typ 94 Tankette. Das 3,4 t schwere Fahrzeug diente der Aufklärung und sollte die Infanterie unterstützen und versorgen. (Foto: Imperial Japanese Army, © PD)

Der Typ 97 Chi-Ha war während des Zweiten Weltkrieges der Standardpanzer der japanischen Armee. (Foto: Mark Pellegrini)

Ein früher Typ 89A mit nach hinten gedrehtem Turm, sodass das am Turmheck angebrachte MG zu sehen ist. (Foto: Imperial Japanese Navy, © PD)

Nach Ende des Krieges im Pazifik/Asien übernahmen die kommunistischen Streitkräfte Chinas zahlreiche zurückgelassene japanische Fahrzeuge und Waffen, so auch diesen Typ 97 Shinhoto Chi-Ha. (Foto: Mills Baker, © CC-BY-SA)

Zur Bewaffnung des Typ89B gehörte eine 5,7-cm-Kanone sowie zwei 6,5-mm-MG.
(Foto: Megapixie, © PD)

TYP 95 HA-GO

Der Prototyp dieses leichten Panzers erschien 1934 und konnte sich zu jenem Zeitpunkt mit den Panzern anderer Nationen messen, bei Kriegsausbruch im Dezember 1941 war der 7,4 t schwere Typ 95 jedoch veraltet. Fahrer und Bug-MG-Schütze saßen vorn in der Wanne, der Kommandant allein im Turm. Dort sollte er das Fahrzeug führen, die BK und ein MG am Turmheck richten, laden und abfeuern. Ein 120-PS-Diesel sorgte für eine Höchstgeschwindigkeit von 45 km/h. Panzer des Typs 95 wurden zunächst im Krieg gegen China und dann den ganzen Zweiten Weltkrieg hindurch eingesetzt. Die Fahrzeuge dienten vor allem der Infanterieunterstützung, waren aber aufgrund ihrer dünnen Panzerung (max. 13 mm) nicht dazu geeignet. Von Vorteil waren allerdings die recht hohe Mobilität und Verlässlichkeit. 2375 Exemplare wurden bis 1945 hergestellt, was den Typ 95 zum wichtigsten leichten japanischen Panzer machte. 1943–44 wurden zudem 182 amphibische Typ 2 Ka-Mi gebaut, die auf dem Typ 95 beruhten. 1944 wurden schließlich rund 100 Ha-Go mit den Türmen des Typ 97 Chi-Ha ausgerüstet, die mit einer 57-mm-Bk ausgerüstet waren.

TYP 89 CHI-GO

Der Entwurf des Typ 89 basierte auf dem britischen Panzer Vickers C, von dem die japanische Armee 1927 ein Exemplar angekauft hatte. Ein erster Prototyp erschien 1929, die Serienfertigung lief 1931 an. Die erste Version des Typ 89 (auch Typ 89 wurde von einem 100-PS-Ottomotor angetrieben, der dem 12,7 t schwere Fahrzeug eine Geschwindigkeit von bis zu 25 km/h ermöglichte. Die Panzerung war maximal 17 mm stark und die Bewaffnung des mit vier Mann besetzten Panzers bestand aus einer 5,7-cm-Kanone im Drehturm, einem 6,5-mm-MG in der Wannenfront sowie einem weiteren 6,5-mm-MG im Turmheck.

Nach 113 Exemplaren wurde die Fertigung des Typ 89A 1933 eingestellt und stattdessen der Typ 89B gefertigt. Diese Ausführung besaß einen 120-PS-Dieselmotor und war damit der erste in Großserie gebaute Kampfpanzer mit Dieselantrieb. Die Höchstgeschwindigkeit des 13 t schweren Fahrzeugs lag nun bei 26 km/h, Panzerung und Bewaffnung blieben unverändert. Allerdings wurde die Front vollständig umgestaltet und das Bug-MG auf die linke Seite verlegt sowie das Fahrwerk bzw. die Fahrwerksabdeckungen modifiziert. Da die bis 1939 gebauten 291 Typ 89B in fünf unterschiedlichen Unternehmen entstanden, weisen die Panzer Detailunterschiede im Bereich der Kommandantenkuppeln, der Fahrerfront und der Fahrwerksabdeckung auf.

Der Typ 89 war für die Infanterieunterstützung entworfen worden und wurde, obwohl seine Panzerung dafür eigentlich zu schwach war, in dieser Rolle zunächst in China und der Mandschurei eingesetzt. Auch während der japanischen Eroberungen in Asien und im Pazifik während der ersten Monate nach dem Beginn des Krieges im Pazifik im Dezember 1941 spiele der Typ 89 zunächst eine wichtige Rolle. Da er jedoch eindeutig veraltet war, wurde der Typ 89 ab 1942 aus dem Dienst an der Front zurückgezogen, blieb für sekundäre Aufgaben jedoch bis Kriegsende in Verwendung.

TYP 97 CHI-HA

Der Typ 97 Chi-Ha war der mittlere Standardpanzer der japanischen Armee während des Zweiten Weltkrieges. Die Entwicklung des Typs begann 1936, die Serienfertigung lief 1938 an. Fahrer und MG-Schütze saßen vorn in der Wanne, im Turm befanden sich der Richtschütze und Kommandant, während der 170-PS-Dieselmotor im Heck untergebracht war. Das Laufwerk des 14,3 t schweren Fahrzeugs war gut durchdacht und erbrachte ordentliche Leistungen. Obwohl moderner als andere japanische Fahrzeuge, war auch der Typ 97 primär für die Infanterieunterstützung gedacht. Seine kurze 5,7-cm Kanone war gegen Panzer nicht besonders wirkungsvoll und die Panzerung (max. 25 mm an der Turmfront) nach wie vor zu schwach, was sich bereits 1939 bei Grenzzwischenfällen mit sowjetischen Truppen in der Mandschurei deutlich zeigte. Daher wurde unter der Bezeichnung Typ 97 Shinhoto Chi-Ha eine Version geschaffen, die über einen neuen Drei-Mann-Turm mit langer 4,7-cm-Kanone verfügte. Diese Waffe besaß zwar eine höhere Durchschlagskraft als die kurze 5,7-cm-Kanone, war gegen den M4 Sherman aber noch immer nicht wirkungsvoll genug. Die Variante Shinhoto löste die ursprüngliche Version nach 1162 Exemplaren 1942 in der Fertigung ab und wurde bis 1943 insgesamt 930 Mal gebaut. Hinzu kamen ca. 300 ältere Chi-Ha, die mit dem neuen 4,7-cm-Turm versehen wurden. Aus dem Typ 97 wurde 1943 noch der Typ 1 Chi-He mit 50 mm Panzerung und 240-PS-Diesel entwickelt, der 170 Mal gebaut wurde, jedoch nie zum Einsatz kam und in Japan verblieb. Das Gleiche gilt für den auf dem Typ 1 basierenden Typ 3 Chi-Nu, der über einen neuen Turm mit einer langen 7,5-cm-Waffe verfügte und 1944–45 in ca. 150 Exemplaren gebaut wurde. Auf Basis des Typ 97 entstanden zudem Berge- und Brückenlegepanzer sowie verschiedene Selbstfahrlafetten mit Waffen bis zum Kaliber 15 cm.

Der Typ 74 besitzt ein hydropneumatisches Laufwerk, wodurch seine Bodenfreiheit stufenlos zwischen 20 bis 60 cm variiert werden kann. (Foto: Los688, © PD)

TYP 61

Die Entwicklungsarbeiten für diesen ersten japanischen Nachkriegspanzer begannen bereits 1954. Nach der Erprobung diverser Prototypen wurde das Modell 1961 von der japanischen Armee akzeptiert, die Serienproduktion lief 1962 an, bis 1975 wurden insgesamt 560 Typ 61 gebaut. Die letzten Typ 61 wurden erst 2000 ausgemustert. Statt einfach Panzer aus US-Produktion zu kaufen, forderte die japanische Armee ein Fahrzeug, das auf die Infrastruktur des Landes und die (damals) geringe Körpergröße ihrer Soldaten zugeschnitten war. Der Typ 61 wiegt 35 t und ist somit leichter und auch kleiner als zeitgenössische Entwürfe. Er ist eine konventionelle Konstruktion, allerdings wirkt der im Wannenheck befindliche 600-PS-Diesel auf ein vorn liegendes Getriebe. Die Höchstgeschwindigkeit beträgt 45 km/h, die maximale Panzerstärke an der Kanonenblende 114 mm, ansonsten 64 mm. Der Typ 61 verfügt nur über eine recht einfache FL-Anlage und die 90-mm-Zugrohr-BK ist weder stabilisiert noch besitzt sie eine Wärmeschutzhülle. IR-Scheinwerfer wurden erst später teilweise nachgerüstet. Auch ein ABC-Schutzsystem oder eine Tiefwatausrüstung waren nicht vorhanden. Auf Basis des Typ 61 entstanden zudem ein Brückenleger sowie ein Pionier- und Bergepanzer.

TYP 74

Die Planungen für den Typ 74 begannen in den frühen 1960er Jahren. Die 1968/69 vorgestellten Prototypen besaßen einen Ladeautomaten und ein fernbedientes Fla-MG, diese Merkmale fielen aber später fort. Erste Serienfahrzeuge wurden 1975 ausgeliefert, die Produktion endete 1989 nach 893 Panzern. Der Typ 74 ist eine konventionelle Konstruktion, weist jedoch einige interessante Merkmale auf, so verfügt das Fahrzeug über ein hydropneumatisches Laufwerk, mit dessen Hilfe die Bodenfreiheit des Panzers stufenlos zwischen 20–60 cm eingestellt werden kann. Zudem kann der Typ 74 vorn oder hinten abgesenkt werden (und so den Höhenrichtbereich der in Lizenz gebauten, voll stabilisierten 105-mm-BK L7 vergrößern) oder seitlich kippen. Das digitale FL-System verfügt über einen Laser-EM und IR-Scheinwerfer ermöglicht den Einsatz bei Dunkelheit. Eine ABC-Schutzanlage ist ebenfalls vorhanden. Der 720-PS-Diesel bringt das 38 t schwere Fahrzeug auf bis zu 60 km/h. Die maximale Panzerung des ballistisch günstig geformten Kampfpanzers liegt bei 120 mm. Allerdings weist der Typ 74 im Gegensatz zu anderen Entwürfen jener Zeit weder Schott- noch Verbundpanzerung auf und galt daher bereits bei seiner Einführung als nicht mehr ganz zeitgemäß.

Im Laufe der Produktion wurden einige Detailänderungen vorgenommen (Varianten A bis F), die einzige größere Modifikation aber (Typ 74 Kai oder Typ 74 G) wurde 1994 aus Kostengründen nach nur vier umgerüsteten Fahrzeugen abgebrochen. Neben passiven IR-Kameras und Kettenblenden sollte diese Version eine modulare Zusatzpanzerung der Wannenfront und des Turmes sowie ein Laserwarnsystem erhalten. Auf seiner Basis entstanden zudem ein Flakpanzer (Typ 87) und ein Brückenlege- (Typ 91) sowie ein Bergefahrzeug (Typ 78). Ursprünglich war geplant, dass der Typ 90 den Typ 74 vollständig ersetzten sollte. Das Ende des kalten Kriegs führte jedoch dazu, dass auch 2012 noch rund 300 Typ 74 vorhanden waren, die nach aktueller Planung schrittweise durch den Typ 10 ersetzt werden sollen.

Bewaffnet ist der Typ 74 mit der in Lizenz gebauten, voll stabilisierten 105-mm-Zugrohr-BK L7. (Foto: C.W. Haworth, © PD)

Der Typ 74 verfügt über keinerlei Verbund- oder Schottpanzerung, weshalb er schon bei seiner Einführung als nicht mehr ganz zeitgemäß galt. (Foto: C.W. Haworth, © PD)

Bei der Entwicklung des Typ 61 wurde die geringere Körpergröße der Japaner mitberücksichtigt. Als Hauptwaffe kam ein 90-mm-Zugrohr-BK zum Einbau. (Foto: Al Chang, © PD)

Der Typ 90 wurde ab 1992 serienmäßig gebaut. (Foto: Los688, © PD)

Weil der Typ 90 für die gebirgigen Inseln zu schwer ist, wurde speziell hierfür der leichtere Typ 10 entwickelt. (Foto: Daddy178, © CC-BY-3.0)

In den Typ 90 wurde in Lizenz die 120-mm-Glattrohr-BK L/44 von Rheinmetall eingebaut. Sein 1500-PS-Diesel sorgte für eine Höchstgeschwindigkeit von 70 km/h. (Foto: Max Smith, © PD)

Der Typ 10 kann mit anderen entsprechend ausgerüsteten Fahrzeugen vernetzt werden und Daten austauschen. (Foto: Goto, © PD)

TYP 90

Da bereits bei Einführung des Typs 74 klar war, dass der Panzer seiner Zeit hinterher hinkte, begannen bereits Mitte der 1970er Jahre Arbeiten an einem Fahrzeug, das dem T-72 gewachsen sein sollte. Erste Prototypen wurden 1982 fertiggestellt, weitere vier Versuchsfahrzeuge folgten zwischen 1984 und 1986. 1990 wurde das Modell offiziell von den japanischen Streitkräften akzeptiert, Serienfahrzeuge folgten 1992. Der 50 t schwere Typ 90 wird durch eine moderne Verbundpanzerung geschützt, der Turmfrontbereich ist modular ausgeführt. Ein 1500-PS-Diesel sorgt für eine Höchstgeschwindigkeit von 70 km/h. Die Hauptwaffe ist die in Lizenz gebaute Rheinmetall 120-mm-Glattrohr-BK L/44, wie sie auch im Leopard 2 zu finden ist. Die Waffe des Typs 90 wird über einen Ladeautomaten mit Munition versorgt, der eine Reduzierung der Besatzung auf drei Mann und einen kleineren Turm ermöglicht. Die ersten und letzten beiden Laufräder sind hydropneumatisch gefedert, während die mittleren beiden über Drehstäbe verfügen. Damit ist auch der Typ 90 in der Lage, die Wanne vorn oder hinten anzusenken, seitliches Kippen wie beim Typ 74 ist nun allerdings nicht mehr möglich. Der Fahrer kann zudem (auch während der Fahrt) die Bodenfreiheit zwischen 20 cm und 60 cm variieren. Die digitalisierte FL-Anlage mit WBG, Laser-EM und Querwindsensor entspricht modernsten Ansprüchen und wurde im Laufe der Produktion mehrfach aufgewertet. Der Typ 90 besitzt ein Laserwarnsystem, das bei Gefahr automatisch die Nebelwurfbecher auslöst. Obgleich ein sehr mobiler, gut geschützter und moderner Kampfpanzer, wurde der Typ 90 aufgrund der restriktiven Ausfuhrpolitik Japans nicht exportiert. Bis 2009 verließen insgesamt 341 Typ 90 die Werkshallen. Hinzu kommen Berge- (Typ 90 ARV) und Brückenlegepanzer (Typ 91 AVLB) auf Basis des Typs 90.

TYP 10

Die Entwicklung des Typ 10, der den Typ 74 ablösen und den Typ 90 ergänzen sollte, begann Ende der 1990er Jahre. Aufgrund seines relativ hohen Gewichts betrachtet die japanische Armee den Typ 90 nicht für alle Bereiche der gebirgigen Inseln Japans als geeignet. Ziel war daher ein leichterer Kampfpanzer, der die Infrastruktur im Gebirge nicht überfordert. Der Prototyp wurde 2008 vorgestellt, die ersten Serienfahrzeuge wurden Anfang 2012 ausgeliefert. Der Typ 10 besitzt ein hydropneumatisches Fahrwerk, mit dessen Hilfe sich die Bodenfreiheit stufenlos anpassen und die Wanne in alle Richtungen neigen lässt. Die modulare Verbundpanzerung ist modernster Bauart. In der Basis-Schutzstufe wiegt der Typ 10 ca. 40 t, werden weitere Panzerungselemente angebracht, steigt das Gewicht auf 44 t und in der maximalen Schutzstufe auf 48 t. Zudem wurde nicht nur die Frontseite stark gepanzert, sondern auch der Rundumschutz entsprechend wirkungsvoll ausgelegt. Ein Laser-, Radar- und IR-Warnsystem löst bei Gefahr oder Entdeckung des Fahrzeugs automatisch die Nebelwurfanlage aus. Dank seines 1200-PS-Dieselmotors, der mit einem stufenlosen Getriebe gekoppelt ist, ist das Fahrzeug in der Lage, sowohl vorwärts als auch rückwärts 70 km/h zu erreichen. Der Typ 10 besitzt ein FL- und Gefechtsfeldführungssystem modernster Bauart. Die Konstrukteure des Typ 10 legten besonderen Wert auf die C4ISR-Fähigkeiten (Command and Control, Communications, Computers, Intelligence, Surveillance, and Reconnaissance – Führung und Steuerung, Kommunikation, Computer, Informationsbeschaffung, Überwachung und Aufklärung) des Panzers. So ist der Typ 10 in der Lage, sich mit anderen (entsprechend ausgerüsteten) Fahrzeugen zu vernetzen und Daten auszutauschen. Die Hauptwaffe ist eine verbesserte Version der für den Typ 90 in Lizenz gebauten 120-mm-Glattrohr-BK L/44, die mittels eines im Turmheck befindlichen Ladeautomaten geladen wird. Die Besatzung beträgt daher nur drei Mann. Das 12,7-mm-Fla-MG ist von innen richt- und abfeuerbar. Da noch rund 300 Typ 74 beim japanischen Heer in Dienst stehen, ist damit zu rechnen, dass eine ähnliche große Zahl an Typ 10 produziert werden wird.

NORDKOREA

CH'ONMA-HO

Während der 1970er und 1980er Jahre erhielt Nordkorea eine Reihe von T-62, die aus der UdSSR und aus Syrien stammten. 1978 begann Nordkorea damit, eine Ch'onma-ho (Ch'onma – Pegasus, ho – Typ, Modell) genannte eigene Version des T-62 zu produzieren. In den folgenden Jahren wurde der Typ mehreren Kampfwertsteigerungen unterzogen, über die recht widersprüchliche Angaben und sich teils überschneidende Bezeichnungen vorliegen. Teil dieser KWS war die Ausrüstung mit Laser-EM über der BK, Wärmeschutzhüllen, neuen Optiken und FL-Anlagen, Kettenblenden sowie passiver und reaktiver Zusatzpanzerung an der Wannefront und dem Turm. Die Versionen Ch'onma-ho V und VI sind die modernsten Varianten dieses Kampfpanzers. Nachdem es Nordkorea Anfang der 1990er Jahre gelungen war, einiger T-72 habhaft zu werden, flossen Merkmale dieses Panzers auch in den Ch'onma-ho ein. So soll die Version V Verbundpanzerung, eine 125-mm-Glattrohr-BK mit Autolader, ein modernes FL-System und weitere Detailänderungen aufweisen. Der Ch'onma-ho VI dürfte einen erneut verstärkten Panzerschutz aufweisen. Wie viele Ch'onma-ho insgesamt in Nordkorea produziert wurden, ist unklar. Schätzungen gehen von 1000 bis 1400 Stück aus, die zusammen mit wahrscheinlich rund 800 importierten T-62 Dienst tun, die mutmaßlich den gleichen KWS unterzogen wurden.

Seitenansicht des P'okp'ung-ho. (Abb.: © Vincent Bourguignon)

P'OKP'UNG-HO

Der P'okp'ung-ho (P'okp'ung – Sturm(tiger), ho – Typ, Modell) ist der zur Zeit modernste Panzer Nordkoreas. Seine Existenz ist seit 2002 bekannt, die Entwicklung soll in den späten 1990er Jahren begonnnen haben. Erstmalig der Öffentlichkeit gezeigt wurde der Panzer jedoch 2010. Die über das Fahrzeug vorliegenden Informationen sind spärlich und teils widersprüchlich, da sie einzig auf Angaben des nordkoreanischen Fernsehens sowie der Analyse der wenigen bekannten Bilder basieren. Obwohl Kette und Laufrollen große Ähnlichkeiten zum Ch'onma-ho aufweisen, besitzt der P'okp'ung-ho eine verlängerte Wanne mit sechs (statt fünf) Laufrollen pro Seite und scheint vom T-72 beeinflusst zu sein. Allerdings befindet sich der Fahrer nach wie vor links vorn in der Wanne, im T-72 sitzt er mittig. Motorraumabdeckung und Wannenheck hingegen zeigen Ähnlichkeit zum T-72. Seit 2010 sind drei Versionen des Panzers zu beobachten gewesen. Der P'okp'ungho I trägt an der Turm- und Wannenfront eine auffällige Zusatzpanzerung und ist allem Anschein nach wie frühe Ch'onma-ho mit einer 115-mm-Glattrohr-BK ausgestattet. Ob es sich bei der Zusatzpanzerung um einen Verbund- oder eine Schottpanzerung handelt, ist nicht bekannt. Der P'okp'ung-ho II weist einen Gussturm mit aufgedickter Front auf, die an jene des T-72B erinnert und in die Verbundpanzerungselemente integriert sein könnten. Bei dieser Version wurden an der Wannenfront zudem ERA-Kacheln und im Turm eine 125-mm-Glattrohr-BK installiert. Die neueste Variante, der P'okp'ung-ho III, entspricht der Version II, trägt an der Turmfront aber zusätzliche ERA-Elemente.

Allen drei Modellen ist ein Laser-EM über der BK sowie ein Querwindsensor auf dem Turmdach gemein, der auf eine recht moderne digitale FL-Anlage schließen lässt. Das Turmheck wird von einem Staukorb umgeben, der zusätzlichen Schutz gegen HL-Geschosse bietet. Die Seitenschürzen sind flexibel, was an Gummi mit Metalleinlagen oder andere Verbundmaterialien denken lässt. Im vorderen Bereich sind jedoch pro Seite vier Metallelemente auszumachen, ob es sich dabei um simple Stahlplatten, Verbundmaterial oder ERA-Kacheln handelt, ist unbekannt. Die Nachtkampffähigkeit wird noch immer über IR-Scheinwerfer sichergestellt. Ob P'okp'ung-ho II und III über einen Ladeautomaten verfügen, ist unbekannt. Wurde zunächst über einen 1500-PS-Dieselmotor spekuliert, so scheint das Triebwerk nur um die 1000 PS zu erzeugen. Wie viele Panzer dieses Typs bisher gebaut wurden, ist unbekannt. Alles in allem stellt der P'okp'ung-ho eine wirksame Verbesserung dar, ist technologisch jedoch Welten von den K1 und K2 Südkoreas oder den M1 der US-Truppen entfernt.

Der Ch'onma-ho ist die nordkoreanische, modernisierte Version des sowjetischen T-62. (Abb.: Jason Biggs, © CC-BY-SA-3.0)

In den Ch'onma-ho sollen schließlich auch Merkmale des T-72 eingeflossen sein. Diese Aufnahme stammt von einer Parade in Pjöngjang. (Foto: © US DoD)

April 2012: Die neueste Version des P'okp'ung-ho, das Modell III, während einer Parade durch Pjöngjang. (Foto: © US Dod)

Als Ersatz für den französischen AMX-13 entwickelte Österreich auf Basis des Schützenpanzers Saurer 4K 4FA einen eigenen Panzer mit höherer Feuerkraft: den SK-105 Kürassier. (Foto: Tsui, © CC-BY-SA-3.0)

Der ab 1972 in Serie gefertigte Kürassier-Panzer besaß als weltweit erster Panzer über Laser-EM. (Foto: Tsui, © CC-BY-SA-3.0)

Die Variante A1 des Kürassier blieb bis Ende der 1990er Jahre in Dienst, der SK-105A2 sogar bis ins Jahr 2012. Neben Österreich fanden auch Argentinien, Bolivien, Botswana, Brasilien, Marokko und Tunesien Gefallen an dem Fahrzeug. (Foto: Pappenheim, © PD)

ÖSTERREICH

Mit seiner 105-mm-BK konnte der Kürassier bei Verwendung eines FL-Geschosses 350 mm Panzerstahl bei 0° Neigung auf 2000 m Entfernung durchschlagen.

JAGDPANZER SK-105 KÜRASSIER

Das österreichische Bundesheer hatte 1957 aus Frankreich 35 AMX-13 mit 75-mm-BK beschafft, deren Feuerkraft jedoch schon bald nicht mehr genügte. Hatte man zunächst an eine Ausrüstung der AMX-13 mit 105-mm-BK gedacht, so entschied man sich Mitte der 1960er Jahre jedoch dazu, einen leichten Panzer, bzw. Jagdpanzer auf dem Fahrgestell des Schützenpanzers Saurer 4K 4FA (auch SPz A1) zu schaffen. Dessen Wanne wurde dazu verlängert, Motor und Getriebe ins Heck verlegt, das Laufwerk modifiziert. Und der FL-12 Wiegenturm mit 105-mm-BK des AMX-13 installiert. Der untere Teil des Wiegenturms ist konventionell mit der Wanne verbunden und kann um 360° gedreht werden. Der obere Teil des Turms ist über zwei Lagerzapfen am Unterteil befestigt und in der Höhe schwenkbar. Die BK kann auf diese Weise zwar starr in den oberen Turmteil eingebaut, aber dennoch in alle Richtungen bewegt werden. Die starre Lafettierung erlaubt den Einbau eines halbautomatischen Laders im Turmheck, der von zwei sechsschüssigen Trommelmagazinen gespeist wird. Die Besatzung besteht aus nur drei Mann: Fahrer, Kommandant (links im Turm) und Richtschütze (rechts in Turm). Der Ladeautomat erlaubt eine Schussfolge von 10–12 Schuss pro Minute, muss dann jedoch von Hand nachgeladen werden. Die 105-mm-BK durchschlug bei Einführung mit einem HL-Geschoss 350 mm Panzerstahl bei 0° Neigung auf 2000 m Entfernung.

Ein erster Prototyp wurde 1967 vorgestellt, 1969 folgte ein zweites Fahrzeug mit kürzerer Wanne und einem etwas größeren Turm sowie diversen Detailänderungen. 1972 erschienen die ersten Serienexemplare, die den Namen Kürassier erhielten. Das österreichische Bundesheer beschaffte bis 1987 insgesamt 285 Kürassier. Hinzu kamen 36 auf dem Kürassier basierende 36 Bergepanzer Greif und 18 Pionierpanzer.

Der 17,5 t schwere Kürassier verfügte als weltweit erster Panzer serienmäßig über einen Laser-EM und war anfangs mit einem auf dem Turmdach montierten Weißlicht-/IR-Zielscheinwerfer ausgerüstet. Um die Silhouette zu verringern, wurde dieser jedoch später neben der BK angebracht. Der Fahrer besaß keine IR-Ausrüstung. Die Panzerung betrug max. 40 mm. Ab 1992 wurden 285 Kürassier generalüberholt (SK-105A1) und die 300-PS-Diesel durch solche mit 320 PS ersetzt und ein Automatikgetriebe installiert. Die Geschwindigkeit stieg damit von 65 auf 68 km/h. Der Fahrer erhielt ein Nachtsichtgerät, im Kampfraum wurde eine Explosionsunterdrückungsanlage eingebaut und die BK wurde für moderne KE-Geschosse mit Treibspiegel (APDS) eingerichtet. Des Weiteren wurden eine ABC-Schutzanlage und Staukörbe am Turmheck installiert. 1997/8 wurden 152 Fahrzeuge zur Version A2 modifiziert. Dazu erhielten sie neue FL-Anlagen, ein WBG und eine neue Richtanlage. Zudem wurden die Fahrzeuge zur Installation neuer Kettenblenden mit Keramikverbundplatten vorbereitet und eine neue HL-Munition mit Tandemsprengkopf eingeführt, die auch gegen Reaktivpanzerungen wirksam sein sollte. Die verbesserten Modelle A3 und Super Kürassier mit Zusatzpanzerung und stärkerer 105-mm-BK gingen nicht in Serie.

Nachdem die Variante A1 bereits Ende der 1990er Jahre eingemottet worden war, begann 2012 auch die Aussonderung der SK-105A2. Abgesehen von einigen Museumsexemplaren sollen sämtliche Fahrzeuge verkauft oder verschrottet werden. Neben Österreich beschafften auch Argentinien (112 SK-105 und 8 Bergepanzer), Bolivien (36 SK-105 und 1 Bergepanzer), Botswana (52 SK-105A1 und 2 Bergepanzer), Brasilien (18 SK-105A2S und 1 Bergepanzer), Marokko (111 SK-105) und Tunesien (42 SK-105) diesen Typ. Argentinien schuf zudem eine als Patagón bezeichnete Hybridversion, indem es 2001 eine kleine Anzahl neuer SK-105 Wannen beschaffte und diese mit Türmen versah, die von alten AMX-13 mit 105-mm-BK stammten. Ursprünglich sollten 40 derartige Panzer gebaut werden, tatsächlich waren es wohl kaum mehr als eine Handvoll. Insgesamt wurden von 1967 bis 2001 über 700 SK-105 gebaut, die in Ländern der Dritten Welt noch Jahrzehnte in Dienst stehen werden.

POLEN

TKS

Ab 1929 wurden in Polen auf der Basis importierter britischer Carden-Loyd-Fahrgestelle Prototypen zweier verschiedener Tanketten oder Kleinpanzer entwickelt. Diese TK-1 und TK-2 genannten Modelle waren recht beweglich, mit zwei Mann besetzt und trugen ein einzelnes MG in einem nach oben offenen Kampfraum. Ab 1931 erfolgte die Serienproduktion eines rundum geschlossenen Fahrzeuges, des TK-3. Rund 300 Stück wurden von diesem Typ hergestellt. Ab Mitte 1933 begann die Entwicklung einer verbesserten Version mit stärkerer Panzerung (max. 10 mm), robusterem Laufwerk und einem neuen 46-PS-Ottomotor. Bis September 1939 entstanden insgesamt 390 dieser TKS genannten und nur 2,74 t wiegenden Kleinpanzer. Ihre Höchstgeschwindigkeit lag bei 40 km/h. Um die Feuerkraft der Modelle TK-3 und TKS zu verbessern, begannen bereits 1936 erste Versuche mit dem Einbau polnischer 2-cm-MK. Bis zum Kriegsausbruch wurden jedoch nur wenige »Tanketten« umgerüstet. Die Mehrzahl war nach wie vor nur mit einem leichten MG bewaffnet und damit den deutschen Panzern weit unterlegen. Eine ungepanzerte Version der TK-Reihe (C 2 P) wurde als Zugmittel einsetzt.

7TP

Anfang der 1930er Jahre kaufe Polen bei Vickers-Armstrong 38 Exemplare des damals sehr modernen und erfolgreichen »Vickers-6-Tonners« und entwickelten daraus den 7TP, von dem zwischen 1934 bis 1939 135 Exemplare hergestellt wurden. Der 7TP war der erste mit einem Dieselmotor ausgerüstete Panzer Europas, verfügte über eine Funkanlage und war für die damalige Zeit sehr leistungsfähig. Ein Manko war jedoch die zu schwache Panzerung von nur 17 mm maximaler Stärke. Der 110-PS-PS Diesel ermöglichte dem 9,9 t schweren 7TP eine Geschwindigkeit von bis zu 37 km/h. Frühe Exemplare besaßen zwei kleine, nebeneinander befindliche Drehtürme mit jeweils einem 7,92-mm-Browning-MG (7TP dw), spätere Modelle einen Turm mit einer schwedischen 3,7-cm-Bofors-Kanone und einem koaxialen 7,92-mm-MG. Kurz vor Ausbruch des Krieges entstand noch eine schwerer gepanzerte Version (frontal bis zu 40 mm), die jedoch über das Prototypenstadium nicht hinauskam. Im Kampf gegen die Wehrmacht erwiesen sich die 7TP den deutschen PzKpfw I und II als überlegen und waren in etwa gleichwertig gegenüber den PzKpfw. 35(t) und 38 (t). Die mit dem 7TP ausgerüsteten Einheiten schlugen sich tapfer, wurden jedoch von der Übermacht der deutschen Invasoren schier erdrückt. Auf Basis des Laufwerks des 7TP erschien zudem ein ungepanzerter Vollkettenschlepper (C 7 P).

Den 7TP entwickelte Polen auf Basis des erfolgreichen Vickers-6-Tonners und war erstmals in Europa mit einem Dieselmotor ausgerüstet. (Foto: Adams3683, © CC-BY-3.0)

TKS im Kubinka-Tankmuseum. (Foto: Mike1979Russia, © CC-BY-SA-3.0

Der 7TP war zwar schwach gepanzert, erwies sich mit seiner 3,7-cm-Bofors-Kanone den deutschen Panzern I und II dennoch überlegen. (Foto: Huppo, © CC-BY-SA-3.0)

Ursprünglich war der TKS mit einem einzelnen MG bewaffnet, später bekamen einige Exemplare 2-cm-MG. (Foto: Thomas Quine, © CC-BY-2.0)

Obwohl er den deutschen Panzern bei Kriegsbeginn gewachsen war, war der 7TP nicht zahlreich genug und erlag daher der deutschen Übermacht. (Foto: Raf24, © CC-BY-SA-4.0)

Der LT-35 war der wichtigste Kampfpanzer der tschechoslowakischen Armee. Begehrt auch von anderen Ländern, gehörte dieses Exemplar der bulgarischen Armee. (Foto: Photonic, © CC-BY-SA-3.0)

Der LT-38 zielte direkt auf den Exportmarkt. Die tschechoslowakische Armee erhielt dagegen vor Kriegsbeginn nur einen Prototyp. (Foto: Adamicz, © CC-BY-SA-3.0)

Ein LT-35 in den Farben der slowakischen Streitkräfte auf dem Aberdeen Proving Ground, Maryland, USA. Der LT-35 galt bei Beginn des Zweiten Weltkrieges als moderner und innovativer Panzer. Der Lt vz. 38 wurde dann von der Wehrmacht als PzKpfw. 38(t) übernommen und sein Fahrgestell bis Kriegsende weitergebaut. (Foto: Raymond Douglas, © CC-BY-SA-3.0)

LTH bzw. Panzerwagen 39 »PRAGA« im Panzermuseum Thun, Schweiz. (Foto: © Panzermuseum Thun)

TSCHECHOSLOWAKEI

LT-35

Ende 1934 veröffentlichte die tschechoslowakische Armee eine Ausschreibung für einen leichten Kavallerie-Panzer, den Škoda gewann. Der Auftrag umfasste 298 Panzer, die bis April 1938 ausgeliefert wurden. Damit wurde das offiziell LT vz. 35 (»Lehký Tank vzor 35« oder Leichter Panzer Modell 35) oder kurz LT-35 genannte Modell zum wichtigsten Kampfpanzer der tschechoslowakischen Armee vor 1939. Zusätzlich wurden 1938 für Rumänien 126 leicht modifizierte Fahrzeuge gebaut, die dort als R-2 bezeichnet wurden. Bulgarien erwarb 1940 zehn LT vz. 35 mit einer verbesserten 3,7-cm-Kanone, die ursprünglich von Afghanistan bestellt worden waren, sodass insgesamt 434 Panzer dieses Typs gebaut wurden. Auch Großbritannien und die Sowjetunion waren an einer Lizenzproduktion interessiert, zu der es jedoch nicht mehr kam. Der LT vz. 35 wog 10,5 t und erreichte mit einem 120-PS-Ottomotor bis zu 34 km/h. Die maximale Panzerung lag bei 25 mm.

Der LT vz. 35 war ein für seine Zeit innovativer Entwurf, so waren die Fahrzeuge mit Funk ausgerüstet und besaßen ein pneumatisch betätigtes Getriebe, Lenk- und Bremssystem, das dem Fahrer die Aufgabe wesentlich erleichterte. Motor und Getriebe befanden sich im Heck und wirkten auf die hinten liegenden Antriebsräder, der Kampfraum blieb so frei von Antriebselementen. Der Fahrer saß vorn rechts, links neben sich den MG-Schützen/Funker. Im Ein-Mann-Turm waren eine 3,7-cm-Kanone und ein 7,92-mm-MG installiert. Der LT vz. 35 war zunächst von massiven Kinderkrankheiten geplagt, die erst durch grundlegende Modifikationen beseitigt werden konnten. Obwohl das Fahrzeug dennoch sehr wartungsintensiv blieb, galt es als ein moderner und leistungsfähiger Panzer. Dies spiegelt sich auch darin wieder, dass die Wehrmacht im März 1939 alle verfügbaren LT vz. 35 übernahm (244 Stück). 52 weitere Exemplare gingen an die Slowakei und zwei an Ungarn.

LT-38

1935 begann ČKD mit der Entwicklung eines Panzers für den Exportmarkt, erhoffte sich jedoch auch Aufträge aus dem eigenen Land. Der 1937 vorgestellte Prototyp war ein 7,3 t schweres Fahrzeug mit einer maximalen Panzerung von 25 mm und einem hinten liegenden 100-PS-Ottomotor, dessen Leistung über eine Kardanwelle zu den vorn liegenden Triebrädern übertragen wurde. Die Bewaffnung bestand aus einer 3,7-cm-Kanone im Turm sowie zwei 7,92-mm-MG. Das Laufwerk verfügte über vier große, gummibereifte Laufräder pro Seite, die paarweise an längsliegenden Blattfedern aufgehängt waren. Obwohl (oder gerade weil) dieses Fahrwerk sehr einfach konstruiert war, erwies es sich als erstaunlich robust und zuverlässig. Ab 1935 wurde dieser Entwurf mit unterschiedlicher Ausstattung zum Export angeboten. Der Iran (bzw. damals Persien) beschaffte ab 1935 50 als TNHP bezeichnete Panzer, die weitgehend dem Prototyp entsprachen. 1936–37 gingen 24 als LTP nach Peru, die über 125-PS-Ottomotoren verfügten und 40 km/h erreichten. Die Schweiz kaufte 1938–39 24 »Panzer 39« oder LTH genannte Fahrzeuge mit 120-PS-Otto- bzw. 125-PS-Dieselmotor und 2,4-cm-MK. Die Panzer 39 verfügten über eine bis zu 32 mm starke Panzerung und waren mit 7,7 t etwas schwerer. Litauen orderte unter der Bezeichnung LTL 21 Panzer mit 2-cm-MK, die jedoch aufgrund der Besetzung des Landes durch die UdSSR nicht mehr ausgeliefert wurden, übernahm später die Slowakei und setzte sie an der Ostfront ein.

1938 erprobte auch die tschechoslowakische Armee diesen Typ und bestellte 150 Panzer, welche die offizielle Bezeichnung »LT vz. 38« erhielten. Bis zum Einmarsch deutscher Truppen im März 1939 war jedoch nur der Prototyp an die tschechoslowakischen Streitkräfte ausgeliefert worden und ganze acht Fahrzeuge befanden sich bei ČKD kurz vor der Komplettierung.

SCHWEDEN

STRIDSVAGN M/42

Der Stridsvagn m/42 basiert auf einem von Landsverk für Ungarn entworfenen Typ mit der Bezeichnung Lago. Ende 1941 gab die schwedische Regierung eine größere und stärker bewaffnete Version in Auftrag. Zwischen April 1943 und Januar 1945 wurden insgesamt 282 Strv m/42 produziert, die in drei Versionen auftraten: 100 Strv m/42TM und 125 Strv m/42 TH mit zwei 162-PS-Ottomotoren und einem elektromechanischen (TM) bzw. hydraulischem Getriebe (TH) sowie 57 Strv m/42EH mit hydraulischem Getriebe und einem 380-PS-Triebwerk. Da die elektromechanischen Getriebe nur mangelhaft arbeiteten, wurden 70 Strv m/42TM 1948 mit einem mechanischen Getriebe versehen (m/42TV) und 30 zu m/42TH mit hydraulischem Getriebe umgerüstet. Der Strv m/42 war bei seinem Erscheinen bereits veraltet, vor allem, da die 75-mm-BK L/31 aufgrund ihrer langsamen Mündungsgeschwindigkeit gegen Panzer nur beschränkt wirksam war. Um die schwedischen Brücken nicht zu überlasten und zivilen Straßenverkehrsvorschriften zu genügen, wog das Fahrzeug nur 22,5 t und war nur 2,35 m breit. Dies führte dazu, dass der Strv m/42 im Verhältnis zu seiner Länge viel zu schmal geriet und daher schwierig zu steuern war. Zudem war seine Panzerung nur recht schwach (max. 55 mm) und ballistisch nicht besonders günstig geformt. Zwischen 1957 und 1960 wurden die 225 Strv m/42TV und TH mit Scania-Zwillingstriebwerken und neuen Türmen mit langer 75-mm-BK zu Strv 74 umgerüstet, 56 Strv m/42EH mit Volvo-Motor hingegen wurden zu Infantrikanonvagn 73 (Ikv 73) modifiziert. Dabei wurden im Grunde nur einige Detailänderungen vorgenommen. Die letzten Ikv 73 wurden 1965 verschrottet, die letzten Strv 74 blieben bis 1984 im Dienst.

Um veraltete Fahrzeuge zu ersetzen wurde Ende der 1960er Jahre der Ikv 91 (Infanterikanonvagn 91) in Auftrag gegeben und dann von 1974 bis 1978 hergestellt.
(Foto: Mats Persson, © CC-BY-SA-3.0)

INFANTERIKANONVAGN IKV 91

Mitte der 1960er Jahre forderte das schwedische Heer dringend Ersatz für eine Reihe veralteter Fahrzeuge und Hägglunds erhielt im April 1968 den Auftrag zum Bau dreier Prototypen, die 1969/1970 fertiggestellt wurden. Nach intensiver Erprobung dieser Fahrzeuge orderte die schwedische Regierung ab 1972 212 leicht veränderte (u.a. größerer Turm, Automatikgetriebe) Infanterikanonvagn 91 (Ikv 91). Die Serienproduktion lief 1974 an und endete 1978. Der 16, 3 t schwere Ikv 91 nutzte einige Elemente des Schützenpanzers Pbv 302. Wanne und Turm widerstanden frontal 20-mm-Geschossen. Die Panzerung der oberen Wannenseiten war in Schottbauweise ausgeführt, wobei der Hauptanteil der Panzerung innen lag. Zwischen diesen beiden Stahlschichten befanden sich Dieseltanks oder Ausrüstungsteile wie z.B. Batterien. Der obere Teil des Laufwerks wurde durch Gummiblenden mit Stahleinlage geschützt. Der Ikv 91 war schwimmfähig und wurde im Wasser durch seine Ketten angetrieben. Vor der Einfahrt ins Wasser wurde am Bug ein Schwallschild aufgerichtet. Aufgrund seines geringen Bodendrucks kam das Fahrzeug auch bestens mit Schnee und sumpfigen Böden zurecht. Die Hauptbewaffnung bestand aus einer 90-mm-BK L/54 mit Rauchabsauger und Wärmeschutzhülle, die HE- und HL-Munition verschoss. Der Ikv-91 besaß als erster Serienpanzer eine automatische, elektronische FL-Anlage inklusive Laser-EM. Allerdings war die BK nicht stabilisiert. Obwohl IR-Fahrscheinwerfer vorhanden waren, besaßen weder Kommandant noch Richtschütze eine Nachtsichtausrüstung. Für Nachtgefechte konnten jedoch auf dem Turm zwei Lyran-Leuchtgranatenwerfer montiert werden. Das Fahrzeug war ABC geschützt und Hägglunds hatte großen Wert auf die ergonomische Optimierung gelegt. Der Typ war daher bei seinen Besatzungen sehr beliebt, nicht zuletzt wegen seiner auf schwedische Winter zugeschnittenen Heizung und seines geräumigen Innenraumes, der das Tragen dicker Winterkleidung erleichterte. Der diagonal eingebaute 330-PS-Dieselmotor konnte vorgeheizt werden, sprang auch bei -35° Celsius zuverlässig an und ermöglichte eine Höchstgeschwindigkeit von 70 km/h. Die letzten Ikv 91 wurden 2002 aus dem Dienst genommen.

Der Ikv 91 war teilweise in Schottbauweise gepanzert. Seine Hauptbewaffnung war eine 90-mm-BK L754 mit Rauchabsauger und Wärmeschutzhülle. Zudem war er schwimmfähig. (Foto: © Massimo Foti)

Zwischen April 1943 und Januar 1945 führte Schweden 282 Exemplare des neu entwickelten Stridsvagn m/42 ein. (Foto: Jorchr, © CC-BY-SA-3.0)

Der Stridsvagn m/42 war bei seiner Einführung bereits aufgrund seiner langsamen Mündungsgeschwindigkeit und zu schwacher Panzerung veraltet. (Foto: Jorchr, © CC-BY-SA-3.0)

Mitte der 1950er Jahre begann die Entwicklung des Stridsvagn 103, von 1966 bis 1971 wurde er dann in Serie produziert. (Foto: Jorchr, © CC-BY-SA-3.0)

Auffälligstes Merkmal am Stridsvagn 103 ist sein fehlender Turm. Zudem war seine 105-mm-BK starr installiert. (Foto: Andreas Lakso, © CC-BY-SA-4.0)

Zu den Besonderheiten des Stridsvagn 103 gehörte sein hydropneumatisches Laufwerk, mit dem er die Wanne vorne und hinten anheben oder senken konnte, um die starre 105-mm-BK in der Höhe zu richten. Für die Seitenrichtung musste das gesamte Fahrzeug gedreht werden. Man beachte die seitlichen Dieseltanks an diesem Strv 103C, die den Schutz gegen Hohlladungsgeschosse erhöhen sollten. (Foto: Jorchr, © CC-BY-SA-3.0)

Der Stridsvagn 103C besaß u.a. eine modernere FL-Anlage mit Laser-EM, einen neuen 290-PS-Motor und seitliche Dieseltanks. (Foto: Jorchr, © CC-BY-SA-3.0)

STRIDSVAGN 103

Die Entwicklung des Stridsvagn 103 (Kampfwagen 103) begann Mitte der 1950er Jahre. Nachdem Bofors 1958 einen offiziellen Konstruktionsauftrag erhalten hatte, folgten 1961 die ersten Prototypen. Von 1966 bis 1971 verließen insgesamt 290 Serienfahrzeuge die Werkshallen. Der auch S-Tank genannte Panzer wies eine Reihe ungewöhnlicher Eigenschaften auf, die bei seinem Erscheinen für Aufsehen sorgten. Auffälligstes Merkmal war der fehlende Turm. Die 105-mm-Zugrohr-BK war starr installiert und musste mit dem gesamten Fahrzeug gerichtet werden. Dazu besaß der Strv 103 die Möglichkeit auf der Stelle zu drehen und die Wanne mittels einer hydropneumatischen Federung vorn oder hinten anzuheben – der Höhenrichtbereich betrug so -10° bis +12°. Dadurch war es auch möglich die Bodenfreiheit abzusenken, um den Aufzug noch weiter zu verringern. Die Richtgeschwindigkeit lag für eine 180°-Drehung bei 2 Sekunden (aus der Bewegung) bzw. 12 Sekunden (im Stand). Der Panzer besaß trotz der unorthodoxen Auslegung ein präzises und feinfühliges Richtverhalten Die BK selbst war eine modifizierte Version der englischen L7 mit längerem Rohr (L/62 statt L/51), das eine höhere v0 und so eine bessere Durchschlagsleistung ermöglichte.
Die BK verfügte über eine Ladeautomatik, die ca. 15 Schuss/min erlaubte und aus einem 50-Schuss-Magazin gespeist wurde. Die starre Lafettierung machte allerdings eine Stabilisierung und damit eine gezielte Schussabgabe während der Fahrt unmöglich – der S-Tank musste also Ziele aus dem Halt bekämpfen. Die Besatzung bestand aus drei Mann, dem Fahrer/Richtschützen, dem Kommandanten sowie einem Funker/Rückwärtsfahrer, der mit dem Rücken zum Kommandanten saß. Die Idee eines turmlosen Kampfpanzers entstand, nachdem schwedische Untersuchungen ergeben hatten, dass die meisten Treffer im Bereich des Drehturms erzielt werden. Ein möglichst niedriger Aufzug versprach daher eine bessere Chance auf dem Schlachtfeld. Zudem wurde die Wannenfront beschussgünstig gestaltetet, was den Schutz weiter erhöhte. Auch der vorn liegende Antrieb trug zum Schutz der Besatzung bei. Ein 240-PS-Diesel wurde bei Bedarf von einer 300-PS-Gasturbine unterstützt – der S-Tank war damit weltweit der erste Panzer mit Turbinenantrieb.
Ab dem 80. Serienfahrzeug (Strv 103B) kam eine stärkere (490 PS) Turbine sowie ein Räumschild zum Graben teilgedeckter Stellungen zum Einbau. Mittels eines aufrichtbaren Schwimmbalgs wurde der S-Tank zudem amphibisch. Alle früheren Strv 103 wurden auf den Stand der B-Variante gebracht. Der 39,7 t schwere Strv 103B erreichte bis zu 50 km/h und war maximal 100 m stark gepanzert.
Ende der 1980er Jahre wurden die Strv 103B durch den Einbau einer moderneren FL-Anlage mit Laser-EM, eines neuen 290-PS-Dieselmotors, zusätzlicher seitlicher Dieseltanks sowie weiterer Detailverbesserungen zum Strv 103C. Nach Einführung der Strv 121 und 122 (Leopard 2) ab 1997 wurde der S-Tank schrittweise abgelöst, der letzte Strv 103 wurde 2001 ausgesondert. Obwohl der S-Tank von den USA und Großbritannien mit guten Ergebnissen getestet wurde, kam es zu keinen Exportaufträgen.

Die verbesserte Version Stridsvagn 103C. (Foto: Mats Persson, © CC-BY-SA-3.0)

SCHWEIZ

PANZER 61

Ende 1951 erhielt die Eidgenössische Konstruktionswerkstätte den Auftrag zur Entwicklung eines mittleren Kampfpanzers, von dem 1957 10 Vorserienfahrzeuge (Panzer 58) bestellt wurden. Die mit britischen 83,4-mm- oder schweizerischen 90-mm-BK ausgerüsteten Panzer 58 erfüllten jedoch die Erwartungen nicht, sodass 1961 schließlich 150 Exemplare einer Version mit neuem Turm und 105-mm-BK bestellt wurden, die zwischen 1965 und 1967 zur Truppe kamen. Der Panzer 61 wies einige interessante Eigenschaften auf, so waren Wanne und Turm aus einem Stück gegossen und anstatt eines koaxialen MG wurde eine 20-mm-MK installiert. Zudem besaß das Laufwerk keine Torsionsstäbe, sondern Tellerfedern – ein ungewöhnliches System, das sonst nur noch bei einigen deutschen Entwürfen aus der Endphase des Zweiten Weltkriegs zu finden ist. Das Lenkgetriebe des Pz 61 war besonders für steile Gebirgskurven ausgelegt und die geringe Breite des Typs resultiert aus der Notwendigkeit, enge Straßen und Eisenbahntunnel passieren zu müssen. Ein 630-PS-Diesel beschleunigte den 38 t schweren Pz 61 auf 55 km/h, die Panzerung war bis zu 120 mm stark. 1994 wurden die letzten Pz 61 ausgesondert, bis dahin war der Typ mehrfach modifiziert worden, so wurde u.a. die 20-mm-MK gegen ein 7,5-mm-MG ausgetauscht und die BK erhielt eine Wärmeschutzhülle. Auf Basis des Pz 61 entstand zudem ein Bergefahrzeug (Entpannungspanzer 65).

Panzer 68 im Leopardenlook. Von 1971 bis 1974 wurde der Panzer 68 produziert. (Foto: Vdv-r31, © CC-BY-SA-4.0)

PANZER 68

1968 beschloss das Schweizer Parlament, 170 Exemplare eines weiterentwickelten Pz 61 zu beschaffen, die in den Jahren 1971–1974 ausgeliefert wurden. Neben zahlreichen Detailverbesserungen waren die Hauptunterschiede zum Vorgängermodell eine Stabilisierung der Hauptwaffe, verbesserte FL-Anlage und Optiken, Ersatz der 20-mm-MK durch ein 7,5-mm-MG, 660-PS-Motor mit modifiziertem Getriebe, neue Ketten sowie ein Gepäckkorb am Turmheck. 1974 wurden weitere 50 Pz 68 geordert, die eine BK-Wärmeschutzhülle sowie Leuchtgeschosswerfer erhielten. Ältere Fahrzeuge wurden entsprechend nachgerüstet. Die 1975 bestellten 110 Panzer wiesen einen vergrößerten Turm und eine leicht veränderte Wanne auf, sie wurden als Pz 68/75 bezeichnet. 1978 wurden noch einmal 60 Pz 68/75 bestellt, sodass bis 1983 insgesamt 390 Fahrzeuge gebaut wurden. Das Gewicht des Pz 68 betrug 40,8 t, Geschwindigkeit und Panzerung blieben zum Pz 61 unverändert. Der Pz 68 hatte immer wieder unter technischen Problemen zu leiden, die erst ab 1980 ausgeräumt werden konnten. Ab Ende der 1980er Jahre erhielten 175 Pz 68/75 und 20 Pz 68 u.a. ein modernes FL-System mit Laser-EM, eine Brandunterdrückungsanlage und eine neue Kommandantenkuppel (Pz 68/88). Pz 68 wurden bis 2000, Pz 68/88 bis 2004 aus dem Dienst genommen. Versuche, das Modell 68/88 an Thailand zu veräußern, scheiterten. Auf Basis des Panzer 68 entstanden zudem 30 Brückenpanzer 68. Die Prototypen einer Panzerhaubitze und eines Flak-Panzers kamen über das Versuchsstadium nicht hinaus.

Panzer 61 der Schweizer Armee. (Foto: SimonQ, © CC-BY-2.0)

Der Panzer 68/88 verfügte über ein modernes FL-System mit Laser-EM, eine Brandunterdrückungsanlage und eine neue Kommandantenkuppel. (Foto: LutzBruno, © CC-BY-SA-3.0)

Erst zu Beginn der 2000er Jahre wurde der immer wieder nachgebesserte Panzer 68 aus der Truppe genommen. (Foto: Alf van Beem, © PD)

Die Vorserienexemplare des Panzer 61 waren zunächst mit 83,4- oder 90-mm-BK bewaffnet, die jedoch enttäuschten. Anschließend wurde das Fahrzeug mit einer 105-mm-BK ausgerüstet. (Foto: Patrik Nylin, © CC-BY-SA-3.0)

K1 verlässt während eines Manövers ein US-Luftkissenlandungsboot. (Foto: © US Dod)

K1 (oder Typ 88) bei Manöverübungen der südkoreanischen Armee.
(Foto: Republic of Korea Armed Forces, © CC-BY-SA-2.0)

K1 88 Panzer landen an einer Küste an. Bei der Entwicklung des K1 88 wurden die speziellen landesspezifischen Gegebenheiten Südkoreas ebenso berücksichtigt wie die geringere Körpergröße der Soldaten. (Foto: James E. Lotz, © PD)

Der K1 (oder Typ 88) besaß eine in Lizenz gefertigte 105-mm-Zugrohr-BK M68 mit Wärmeschutzhülle und Rauchabsauger. (Foto: Republic of Korea Armed Forces, © CC-BY-SA-2.0)

K1

Seit Mitte der 1970er Jahre suchte die südkoreanische Regierung nach einem modernen Nachfolger für ihre M47 und M48, der auf die landesspezifischen Gegebenheiten (gebirgiges Terrain, geringe Körpergröße der Soldaten, Infrastruktur) zugeschnitten sein sollte. Da die eigene Industrie nicht in der Lage war, ein solches Kampffahrzeug zu entwerfen, wurde der Auftrag 1979 schließlich an die US-Firma Chrysler Defence (heute General Dynamics Land Systems) vergeben. Erste Prototypen (XK1) wurden 1983 fertiggestellt, die Produktion lief 1985/86 an. Der K1 (auch Typ 88 bzw. ROKIT – Republik of Korea Indigenous Tank) weist im Erscheinungsbild einige Ähnlichkeiten zum M1 Abrams auf, da dieser ebenfalls bei Chrysler entworfen wurde. Wie der M1 wird der K1 frontal und seitlich durch eine in den USA produzierte Verbundpanzerung des Typs Chobham geschützt und verfügt über eine in Korea in Lizenz gefertigte 105-mm-Zugrohr-BK M68 mit Wärmeschutzhülle und Rauchabsauger. Bis auf die französische Optik des Kommandanten stimmen die FL-Anlage sowie die BK-Stabilisierung in weiten Teilen mit denen des M1 überein. Speziell auf die südkoreanischen Wünsche zugeschnitten ist jedoch das Fahrwerk. Nur die mittleren Laufrollenpaare verfügen über Torsionsstäbe, die Laufrollenpaare 1, 2 und 6 sind hydropneumatisch gefedert, sodass der Panzer die Wanne vorn oder hinten anheben bzw. senken kann, um den Richtbereich der BK zu vergrößern – im gebirgigen Terrain Koreas ein erheblicher Vorteil. Die beiden in den USA gebauten Prototypen waren noch mit US-Dieselmotoren (AVCR-1790) und US-Getrieben bestückt, die Serienfahrzeuge erhielten jedoch einen aus Deutschland stammenden Antriebsstrang. Der dabei verwendete 1200-PS-MTU-Diesel ist eine kompaktere Version des Motors, der den Leopard 2 antreibt und dafür sorgt, dass der 51,1 t schwere K1 bis zu 65 km/h erreicht.

1996 wurde der erste Prototyp des verbesserten K1A1 vorgestellt, dessen Serienfertigung 1999 begann. Der K1A1 verfügte über eine in Korea gefertigte 120-mm-Glattrohr-BK M256 (die US-Version der Rheinmetall 120-mm-Kanone L/44 des Leopard 2) sowie eine verbesserte Fl-Anlage mit neuen WBG, neuem Laser-EM und neuer BK-Stabilisierung. Zudem wurde die Panzerung verstärkt. Diese enthielt nun (wie bei späteren Versionen des M1) eine Schicht aus abgereichertem Uran. Das Gewicht stieg dadurch um gut 2 t an. Insgesamt verließen bis 1998 1027 K1 und von 1999 bis 2010 484 K1A1 die Werkshallen von Hyundai Rotem. Hinzu kamen ein in Zusammenarbeit mit MaK (Kiel) entwickelter Bergepanzer sowie ein gemeinsam mit Vickers konstruierter Brückenleger.

Beschussübung eines K1 88. (Foto: Republic of Korea Armed Forces, © CC-BY-SA-2.0)

SÜDKOREA

K2 BLACK PANTHER

Der K2 ist als Nachfolger und Ergänzung des K1 geplant, seine Entwicklung begann 1995. Der 2007 erstmals öffentlich gezeigte K2 gilt als einer der modernsten und teuersten Kampfpanzer der Welt. Der Beginn der Serienfertigung musste aufgrund anhaltender Schwierigkeiten mit Motor und Getriebe mehrfach verschoben werden, von 2013 bis Ende 2016 wurden jedoch 100 Serienfahrzeuge gebaut, deren Zahl sich auf 206 erhöhen soll. Obwohl der Panzer von der Korean Defence Agency entwickelt wurde und rund 90 % der Komponenten aus Korea selbst stammen, waren auch europäische Firmen wie GIAT (heute Nexter) und Diehl beteiligt. Der K2 ist mit einer Verbundpanzerung neuester Art ausgestattet, die im Frontbereich gegen Beschuss aus der 120-mm-BK L/55 schützen soll. Zusätzlich kommen seitlich und oben ERA-Elemente zum Einsatz. Neben einem Laser- und Radarwarn- sowie Störsystem besitzt der K2 ein eigenes Millimeterwellenradar, das vor Projektilen warnt und automatisch die Nebel- und Täuschmittelwurfanlage aktiviert, die den Panzer nicht nur optisch verbirgt, sondern auch Laser-, IR- und Radarstrahlung blockiert. Das System berechnet, woher das Geschoss abgefeuert wurde, sodass die Besatzung unmittelbar gegen die Bedrohung wirken kann. Zukünftig ist zudem der Einbau eines Hard-Kill-Systems geplant, das anfliegende Geschosse bekämpft. Als Hauptwaffe war ursprünglich eine von Rheinmetall konstruierte 140-mm-Glattrohr-BK vorgesehen. Da die Entwicklung dieser Waffe jedoch abgebrochen wurde, kommt stattdessen eine in Lizenz gefertigte 120-mm-Glattrohr-BK L/55 von Rheinmetall zum Einbau. Diese wird mittels eines im Turmheck befindlichen Autoladers (ähnlich jenem des Leclerc) mit Munition versorgt, was die Besatzung auf drei Mann (Fahrer, Richtschütze, Kommandant) reduziert. In die Oberseite des Turmhecks sind sogenannte »blow out panels« integriert, die sich bei einer Munitionsexplosion öffnen und so die Detonationsenergie vom Kampfraum wegleiten.

Der K2 verfügt über eine in Korea entwickelte digitale FL-Anlage modernster Bauart mit Laser-EM, Querwindsensor, WBG und unabhängig drehbarer Kommandantenoptik. Die FL-Anlage ist zudem mit der bordeigenen Radaranlage gekoppelt und in der Lage, ihre Daten mit anderen entsprechend ausgerüsteten Fahrzeugen auszutauschen. Überhaupt wurde beim Entwurf großer Wert auf die Fähigkeit zur netzwerkzentrierten Kriegsführung (Network centric Warfare) und die C4I-Fähigkeiten gelegt. Der Panzer verfügt zudem über eine Freund-Feind-Erkennungs-Anlage (IFF) und ein GPS-Navigationssystem. Die koreanischen Streitkräfte hoffen, zukünftig ein kleines unbemanntes Radfahrzeug (XAV) in das K2-System integrieren zu können, das der Aufklärung gefährlicher Gebiete dienen soll. Der K2 besitzt ein hydropneumatisches Fahrwerk, dessen sechs Laufrollen jeweils einzeln angesprochen werden können. Auf diese Art vermag der K2 sich in jede Richtung zu neigen bzw. zu kippen und die Bodenfreiheit zu verändern. Ursprünglich sollte der K2 mit einem in Korea entwickelten Antriebsstrang ausgerüstet werden. Anhaltende Probleme führten jedoch dazu, dass die Serienfertigung immer wieder verschoben werden musste. Die ersten 100 K2 sind nun mit MTU-Dieselmotoren und deutschen Getrieben ausgerüstet, die dafür sorgen, dass der 55 t schwere Black Panther 70 km/h erreicht.

Panther mit ausgebreitetem Munitionsarsenal. (Foto: 대한민국 국군 Republic of Korea Armed Forces, © CC-BY-SA-20

K2 mit einem Tiefwatschacht auf der Kommandantenluke, der dem Panzer erlaubt, bis zu 5 m tiefe Gewässer zu durchqueren.
(Foto: Republic of Korea Armed Forces, © CC-BY-SA-2.0)

K2 mit MTU-Dieselmotoren und deutschen Getrieben. (Foto: Simta, © CC-BY-SA-3.0)

Dank seines im Turmheck befindlichen Autoladers sind zur Bedienung des K2 nur noch drei Mann erforderlich. (Foto: © Hyundai Rotem)

Schussübung mit der in Lizenz gefertigten 120-mm-Glattrohr-BK L/55 von Rheinmetall. (Foto: Republic of Korea Armed Forces, © CC-BY-SA-2.0)

Letzter Prototyp des Altay-Panzers. (Foto: Selçukbey, © CC-BY-SA-3.0)

Obwohl er auf dem K2 basiert, weist der Altay erhebliche Modifikationen gegenüber diesem auf. (Foto: Selçukbey, © CC-BY-SA-4.0)

Altay-Panzer bei einer Parade in der Türkei. Als Hauptwaffe kommt die 120-mm-BK L/55 von Rheinmetall zur Anwendung. (Foto: Selçukbey, © CC-BY-SA-4.0)

Der Altay ist der erste in der Türkei entwickelte und gebaute Kampfpanzer. (Foto: © OTOKAR)

ALTAY

Der Altay basiert auf dem koreanischen K2, weist jedoch erhebliche Modifikationen auf. Bereits 2005 schob die türkische Regierung den Bau eines eigenen Kampfpanzers an, 2007 wurde dann eine Zusammenarbeit mit Hyundai Rotem vereinbart. Ein erstes Mock-Up wurde 2011 vorgestellt, 2012 begann die Erprobung erster Versuchsfahrzeuge, komplette und voll funktionsfähige Prototypen wurden 2016 vorgestellt. Die Türkei plant (in vier Baulosen zu je 250 Stück) bis zu 1000 Altay zu beschaffen. Hauptunterschied zum K2 sind eine längere Wanne mit sieben statt sechs Laufrollen, ein neuer Turm, der Verzicht auf einen Ladeautomaten sowie eine stärkere Panzerung. All diese Änderungen machen den Altay erheblicher schwerer als den K2, das Gesamtgewicht wird bei rund 66 t liegen. Zahlreiche Komponenten, darunter Panzerung, FL-Anlage und Elektronik sind türkische Eigenentwicklungen, die 120-mm-Hauptwaffe L/55 von Rheinmetall wird unter Lizenz gefertigt. Auf dem Turmdach soll eine fernbediente Waffenstation mit 12,7-mm-MG zum Einbau kommen. Über die Ausstattung mit ECM-, Soft- oder Hard-Kill-Systemen liegen bisher keine verlässlichen Angaben vor. Die ersten beiden Baulose (500 Panzer) sollen mit dem 1500-PS-MTU-Diesel ausgestattet werden, der für eine Höchstgeschwindigkeit von über 70 km/h sorgen soll. Danach hofft man ein in der Türkei entwickeltes 1800-PS-Triebwerk zur Verfügung zu haben. Wann die Serienfertigung anläuft, war bis Anfang 2017 noch unklar.

Die Veränderungen des Altay gegenüber dem K2 erhöhen sein Gewicht auf 66 t. (Foto: Selçukbey, © CC-BY-SA-4.0)

Zunächst ist ein 1500-PS-Triebwerk geplant, das dem Altay eine Höchstgeschwindigkeit von 70 km/h bescheren soll. (Foto: Selçukbey, © CC-BY-SA-4.0)